U0233763

穿 行　诗 与 思 的 边 界

本书获得西北工业大学精品学术著作培育项目资助。

Ben Wilson

URBAN JUNGLE

城市丛林

城市的野化，历史与未来

Wilding the City

［英］本·威尔逊 著

朱沅沅 译

中信出版集团 | 北京

图书在版编目（CIP）数据

城市丛林：城市的野化，历史与未来／（英）本·
威尔逊著；朱沅沅译 . —— 北京：中信出版社，2024.8
ISBN 978-7-5217-6509-0

Ⅰ.①城… Ⅱ.①本… ②朱… Ⅲ.①生态城市－城
市建设－研究 Ⅳ.① X21

中国国家版本馆 CIP 数据核字 (2024) 第 075587 号

URBAN JUNGLE by Ben Wilson
Copyright © Ben Wilson, 2023
First published as URBAN JUNGLE in 2023 by Jonathan Cape, an imprint of Vintage.
Vintage is part of the Penguin Random House group of companies.
Simplified Chinese translation copyright © 2024 by CITIC Press Corporation
ALL RIGHTS RESERVED
本书仅限中国大陆地区发行销售

城市丛林：城市的野化，历史与未来

著者： [英]本·威尔逊
译者： 朱沅沅
出版发行：中信出版集团股份有限公司
（北京市朝阳区东三环北路 27 号嘉铭中心 邮编 100020）
承印者： 北京通州皇家印刷厂

开本：880mm×1230mm 1/32 印张：10.75
插页：4 字数：220 千字
版次：2024 年 8 月第 1 版 印次：2024 年 8 月第 1 次印刷
京权图字：01-2024-1445 书号：ISBN 978-7-5217-6509-0
定价：88.00 元

版权所有·侵权必究
如有印刷、装订问题，本公司负责调换。
服务热线：400-600-8099
投稿邮箱：author@citicpub.com

目　录

前　言

　　粗壮的树根缠绕着砖石，长成一团令人着迷的缠结体，看起来既美丽又可怕。这些强有力的榕树毁坏公路，撕裂混凝土，简直就是城市屠夫。它的种子由风和鸟带到人类建筑狭小的裂隙中。它的根奋力向外、向下生长，把砖石团团包裹起来，以便在混凝土和沥青的缝隙里汲取养分。榕树极其适应在人类创造的干燥又坚硬的城市环境中生存，这里没有它无法跨越的障碍。墙壁和建筑任由它的根一圈一圈地紧紧盘住，就像神话中的猎物被海怪的触须缠住，最终窒息而死。

　　一座城市怎么可能对抗这样的力量呢？柬埔寨著名的吴哥窟遗址就被无助地压在榕树的魔爪下，显示着当它们肆意生长时会发生什么。

　　然而，尽管榕树有破坏城市的潜力，它却是东南亚城市的典型树木。广州就有 276 200 棵榕树，数量惊人。走在香港的科士街，你可以看到榕树磅礴的力量，22 棵榕树牢牢地贴在一段墙壁上生长，树冠遮蔽了下面的街道。没有人种植这些树，然而它们依然在令人生畏的钢筋混凝土丛林中繁茂生长。像任何真正的城市人一样，它们能适应恶劣的环境。据香港"树木教授"詹志勇统计，在香港 505 座人造建筑上，有 1 275 种附生植物，它们都是热带树木，可以克服重重困难在几乎任何表面生长。最常见的是中国榕树，有的高达 20 米。"它们占不了多少地面空间，"他解释道，"几乎不需要人为干预或照料就能自然生长。……它们呈现了一个特殊的栖息地，那里有丰富的植物群，对原本没有树木的街景来说是显著的增光添彩。"[1]

香港以其摩天大楼和人口密集著称，但从另一个角度看，香港也是一座榕树之城，这些树木违抗地心引力，长成自然界的摩天大楼，组成悬空森林，使人类文化与自然相融合。科士街的榕树使人想起一种古老的亚洲城市化形式。像榕树这样的树木，尽管它们体型庞大且具破坏力，但因为它们是神圣的，所以在城市景观中占有一席之地。它们也提供生态服务，给人们带来荫凉。15 世纪末，葡萄牙进行殖民扩张，当欧洲人到达印度洋、马六甲海峡和南海时，遇到的城市不同于欧洲那些紧凑、缺少树木的大城市。一位法国耶稣会士描述了 17 世纪苏门答腊的港口城市亚齐："想象一下，一片由椰子树、竹子、菠萝树、香蕉树组成的森林……建于其中的房屋多得不可思议……草地和树林把不同的区域分隔开，居民散住在整个森林里，数量多得足有一个镇住满人时那么多，你会对亚齐有一个相当准确的印象。……一切都疏于照管而又自然、质朴，甚至有些荒蛮。当船停泊时，你看不到一点儿城市的痕迹和样貌，沿着海岸的大树隐匿了所有房子。"[2]

"疏于照管而又自然、质朴，甚至有些荒蛮"：在这里，城市和自然以种种方式相互交织，而我们已经被训练得去忽视或轻视这些交织方式。这种乡村城市可能是热带地区和中美洲的特征，但在几乎所有纬度的城市中，文明的虚饰都薄如纸片。揭开任何一座城市的外壳，你都会发现一个丰富的野生动植物世界。

在写这本书时，我给自己定下了探索城市野生地带的任务，即城市生活中那些早已不在历史学家研究范围内的场所：垃圾堆、垃圾场、废弃工地、空屋顶，铁丝网围栏后和沿铁路线的狭长地带。这些地方往往在传统城市史的记载中被忽略或轻视。在历史上，城市中的野生地带有多样的动植物群，它们为花盆提供养料，为炉火提供燃料，有仍待开发利用的药用成分，也是玩耍和娱乐的去处。城市和乡村的界线曾经是模糊的，只在相对晚近一些的时期我们才打破了这些传统。

城市中凌乱的地方，比如路面的缝隙、建筑工地、被遗忘的沼泽和破破烂烂的荒地，是大自然能自由支配、肆意生长的地方。为写这本书而做研究时，最让我感到惊讶的与其说是城市中异常繁茂的自然形态（尽管这无疑是非凡的），不如说是活力十足的城市生态系统。城市中的自然就如同其中的居民一样，具有毫不停歇、快节奏、四海为家的特点。不可思议的事在城市发生，这我们都知道。但它往往就发生在混凝土缝隙或不起眼的郊区后花园。这就是为什么我要从历史和全球的角度展开写作：只有深入地回望过去、审视当下，并着眼于未来，我们才能真正理解这个极富魅力的生态系统和它的巨大潜力。

今天我们所处的时代遭遇了气候危机和生物多样性崩塌，人们有充分的理由对城市中的自然非常感兴趣。这本书不仅是要唤醒读者认识城市中绿色植被的重要性，更重要的是要考察城市居民和环境之间长期而复杂的关系，这一关系既包括大城市内部，也包括紧邻大城市的周围区域。城市化与自然之间存在深入且固有的联系，城市就是一个生态系统。我们只有去发现或再发现这种联系。这本书最重要的是讲述了一些人的故事，他们渴望在钢筋混凝土的灰色世界中拥有绿色植被，为此他们与开发商、城市规划师和投资者抗争。总而言之，我想告诫读者，人与自然的关系被破坏会产生什么后果。

纽约市拥有比约塞米蒂国家公园更多的物种。英国的埃塞克斯郡坎维岛有一座废弃的炼油厂，因其丰富的稀有植物和昆虫而被称为"英格兰雨林"。澳大利亚的城市在每平方千米中庇护的濒危物种多于非城市地带。城市及其周边地区并不是贫瘠或沉闷的，它的生物多样性令人吃惊，通常比附近的乡村还要丰富，而我们花了很长时间才意识到这一点。

美国社会学家路易斯·沃思（Louis Wirth）在 20 世纪 30 年代写道："在大城市特有的生活条件下，人类与大自然的距离再远不过。"如今我们可能或正开始对此有不同的理解，但沃思触及了一个共同的感受。城市和乡村曾被认为是不可调和的、分裂的区域。如果你渴望田园和野生景象，就得离开城市。在《小杜丽》（1857）中，查尔斯·狄更斯就想象出一座 19 世纪城市，并描绘了它死气沉沉的样子："忧郁的街道披着煤灰的忏悔外衣，把那些被发落到这里开窗凝视这外衣的人的灵魂，浸入了极度的沮丧之中。……没有图画，没有珍稀动物，没有奇花异草，没有天然的或人造的古代世界的奇观。……什么也看不到，唯有这街道，街道，街道。什么也呼吸不到，唯有这街道，街道，街道。什么也找不到，去改变那沉重的心，去振奋那沉重的心。……一座紧挨着一座的房屋，绵延数英里，东南西北，朝远处伸展，在这仿佛深井、深坑的房屋里，居民们挤得透不过气来。流过城中心的是一条污秽的下水道，而不是一条清澈见底的河流。"[1]在我看来，最后一句话很好地总结了为什么人们会对城市中的自然持悲观态度。在工业化的 19 世纪，工业废水与腐败的动物内脏以及未经处理的污水使曾经孕育生命的河流、小溪和池塘充满了死亡气息和恶臭。同样，城市中的动物——成千上万服务于城市交通的马匹，每天被屠宰的成群的牛、羊、家禽和猪，大量在垃圾堆中觅食的狗，传播了致命的人畜共患疾病。

1　译文引自狄更斯：《小杜丽》，金绍禹译，上海，上海译文出版社，2021 年，第 43~44 页。（本书脚注若无特殊说明则均为译者注）

有一个广为流传的城市传说清晰地说明了这一点，关于生活在下水道的短吻鳄。城市里的野生动植物已经变成一种潜在威胁，是一种变异的、反常的、不自然的危险存在，依赖人类排放的污水生存。因此，城市生态系统被认为受了污染且对人类健康有害。生物学家也附和着：真正的自然存在于别处，远离烟雾弥漫的、有毒的大城市，远离患病的动物、肮脏的老鼠和有害的外来植物。甚至到了 20 世纪，城市仍不是一个有自尊心的植物学家合适的研究对象。

城市的混乱已成了致命问题。那些清理城市使它清洁卫生的举措导致对自然过程的破坏。河流和小溪被掩埋，并入下水道系统。沼泽和湿地被填实，铺平。在《小杜丽》中，读者看到狄更斯笔下现代城市中自然衰亡的凄凉描写后，没几页，就会遇到一幢老屋，关于它那"杂乱无章的屋顶"和"荒芜滋蔓"的院子。啊哈，终于在单调的城市里有了绿色植物。但，可叹的是，这并非自然应有的样子。

工业城市曾由植物装点，大部分的自发生长植物曾是食物来源，但到了 19 世纪，人们已无法容忍它们。尤其是欧洲和美国城市中的大面积野草，尽管那里的人们曾经任其生长，但后来它们却引发了社会焦虑。究其原因，乔治·R. 斯图尔特（George R. Stewart）创作的《地球忍受》（*Earth Abides*，1949）提供了一个线索。这部后启示录经典小说描述道：瘟疫刚夺走大部分人口的生命，之后不久，"青草和杂草在混凝土的每个小裂缝里露出绿色"。大自然重新改造人类环境的种种迹象已成为社会崩溃和荒废的证据。珀西·比希·雪莱将19世纪初的罗马圆形大剧场描写成无异于多岩石的地中海山丘，那里长满了野橄榄、桃金娘和无花果树："当你漫步在灌木丛的迷宫中，它遮蔽着你，在这百花齐放的季节里，野草在你的脚下盛开。"

几个世纪以来，罗马圆形大剧场都是生物多样性的庇护所。19世纪中叶，那里有420种植物，其中许多是外来的。但它们很快就被拔除净尽，因为罗马的古建筑要被修复成纪念碑和旅游景点。自然在城市环境中取得的胜利在罗马最为明显，这被视为自然挫败文明的证据，既生动又可怕。19世纪后期，失落的玛雅城市蒂卡尔和柬埔寨寺庙吴哥窟的遗迹都被热带雨林吞噬，这激发了人们的想象：它们是所有城市最终命运的生动展现。失落的丛林之城，像罗马圆形大剧场一样日渐衰败的古迹，都有力地警告人们任由自然野蛮生长的危险。不被监管的植被、缠结在一起的建筑和自然，代表着疏忽，并最终象征着文明的衰败。

雪莱把未来的伦敦想象成"无人居住的沼泽中那无形又无名的废墟"，只有"芦苇丛和柳树小岛"上的麻鸭发出低沉响亮的叫声，打破了寂静。雪莱笔下描绘的未来伦敦湿漉漉的景象也是它曾经的样子：沼泽在人类来到这里之前就有，后来被排干了。它可能发生在柏林或拉各斯，纽约或上海，巴黎或曼谷。实际上，成百上千的城市都建于湿地上。终于有一天，软泥会重申它的地位，将一切吞噬。这种比喻常见于小说和电影中：一旦灾难来临，城市逐渐回到自然状态，到处长满树木和野草，破坏砖石建筑和钢结构的摩天大楼，到处都有野生动物。这一景象提醒我们自身并不安全，以及大自然有可怕而势不可挡的力量。

城市的植物群遭到严厉除草法令的损害，后来，大量化学除草剂和大批手持除草机的工人也参与了除草行动。城市植被与污染并列成为社会焦虑的根源，这将在第 3 章进行详细介绍。因为它们（像许多城市居民一样）难以控制、毫无约束，而且适应性很强，就像坚韧的野草一样遭人厌恶。当这些植物失去食用和药用价值时，就变得无人喜爱、不受欢迎，也因此显得不堪入目。当水从其他地方被输送到城市，其中的河流也会遭到和植物同样的命运。然后，当煤和天然气替代树木成为主要燃料，城市的森林也会如此。城市农田曾经在城市中非常多产又引人注目，而一旦食物从遥远的土地上被低价空运过来，农田也会遭此厄运。难怪想象中的城乡差距越来越大。当城市不再依赖其直接腹地的生态系统，环境与城市健康之间的联系就更难辨识了。硬工程和技术取代了自然过程。自然与城市之间的平衡被打破，我们现在只是在努力接受这一点。

这并不是说自然在城市中不存在。相反，工业化时代标志着现代城市公园的诞生。但这种公园与一种新的自然观密切相关，我称之为"城市化的自然"（urbane nature），而不是"城市中的自然"（urban nature）。城市公园是那些自然被清理干净并简化的地方。在那里，野生动植物的自发性和混乱性被制止，人类对统治的渴望最为明显。如果自然要在大城市中生存，它得严格遵守人类的条件。草坪可以代表这一过程——那些修剪整齐、施过化肥又浸着农药而往往毫无生气的草地。我们对美的标准和接受，或至少是那些城市掌权者对美的标准发生了巨大变化，他们能把自己的观念强加于社区中较贫穷的公民和被殖民者。杂草和自然生长的植被，难闻的农场和蓬乱的草地，野生动物和原生态的河流，所有这些在城市范围内出现时，就预示着废弃。

如果没有耗费这么多时间和金钱美化城市，那些不受欢迎的和被鄙视的自然形态将依然存在。它们的后代存留下来，好像隐匿的逃亡者，在那些被我们隔开和忽略的地方找到了栖息地。野生动物悄悄潜入城市，大量繁殖，并适应了与人类共存。在没有太多关注的情况下，城市生态系统持续以惊人的方式演变。直到最近，我们才开始认识到这些生态系统和荒野的凌乱之美有不可估量的价值。

面对气候危机，城市的处境岌岌可危。尽管人们在工程上创造了奇迹，但对城市的设计根本无法应对更高的气温、不可预测的风暴和不断上升的海平面。工程技术不足以拯救城市居民；相反，焦点已经转移到所谓"绿色基础设施"上。

城市迫切需要重新自然化的河流、修复的湿地、恢复的潮汐湿地，以及城市森林的阴凉树冠，来抵御气候危机。如果你想象未来的城市，不要太在意智能技术、飞行汽车和摩天大楼，而要多想想层层叠叠的叶饰、平屋顶上的农场、粗糙的城市草地，以及茂密的森林。城市正在迅速变化，它们历来如此。21世纪的趋势是它们要变得更加环保，这是一种自我防卫形式，而非别的。城市和荒野间的界线将变得更加模糊。

城市有许多绿地，但如果愿意的话，我们也有更多机会把绿化引入每个角落和缝隙。城市地区有大量未使用和未充分利用的空间。想想那些光秃秃的平屋顶，那些建筑物之间和道路两旁闲置的空地，所有用于行车和停车的巨大面积。此外，郊外后花园的面积巨大，约占城市面积的1/4。忘掉公园吧，只要我们容许自然自由地发展，它就能潜入几乎所有的人造环境。我们能提供给自然的空间是广阔的。21世纪的挑战是城市第一次成为亲生命的（biophilic）城市，而且城市要积极鼓励并最大限度地发挥生态系统的功能。

为什么我们应当这样做呢？城市的野化使生物多样性更加丰富，并有助于缓解气候变化的影响，坦率地说，这将有助于我们生存，因为它使城市成为我们愿意居住的地方。鼓励自然植被最大限度地生长让城市变得美丽。城市环境毕竟是我们的主要栖息地，我们一直本能地受到自然的吸引。最重要的是，研究表明，容易接近的绿地可以显著改善身心健康。它可以减轻压力，同时还能促进儿童的认知发展。然而，这并非任何种类的"自然"。城市绿地给心理和身体带来的益处与物种丰富度有密切关系。半野化的城市区域中发现的生物种类远比公园等简化景观中的更适合我们。使蜜蜂和蝴蝶、游隼和狐狸受益的环境，也使我们更健康，更快乐。我们应该让现代大城市更像现代早期的亚齐一样是被忽视的、自然的、质朴和荒蛮的，因为生物多样性在杂乱中变得繁盛，而我们也与它共同兴盛。越来越清楚的一点是，动植物栖息地正因集约化农业和气候变化而遭到破坏。然而，如果管理得当，城市就能给这些动植物和昆虫提供庇护。城市有高达 1/5 的表面积是闲置的建筑用地，另外 1/4 是私家花园，多达 1/10 的面积由路边和环岛的草地组成，城市区域有许多可以管理的绿地来提升生物复杂性。如果包括公园、墓地、高尔夫球场、河流、社区园圃、平屋顶和被忽视的边缘土地网络，你会发现各种栖息地如马赛克般错综复杂地拼在一起。人类活动和自然过程相互交织。我们如何对待这种关系取决于我们自己。[3]

　　一直以来，我们作为城市的一员，都在以不同方式让它变得更翠绿，从而更宜居。人们常常拒绝传统城市，寻求其他东西，包括发明花园城市，或大规模郊区化，以寻找城市和农村之间的最佳平衡点。

　　我阐述的这段历史证明了人渴望与自然共处的强烈意愿。今天，在全球许多地方，城市比以往任何时候都更加环保。但是，在大多数情况（并非所有情况）下，这种趋势在富裕的后工业化大城市中最为明显。对大多数的城市居民来说，特别是对大约 10 亿住在贫民窟、棚户区和其他非正规住区的居民来说，任何一种自然都是稀缺品。情况历来如此。城市中最环保、最宜人的空间总是留给富人。让大城市的所有地方都能享受到城市中的自然，是一个事关社会正义的问题。

　　我的希望在于，如果城市本身被视为有趣的、有价值的生态系统，我们可能会重新审视城市在地球生态系统中的位置。尽管城市有潜在或隐藏的生物多样性，我们也正在有所改变，但城市仍然极具破坏力，对碳排放、污染、资源开采浪费和物种灭绝负有最大的责任。以纽约为例，它消耗的能源和排放的污染物比撒哈拉沙漠以南的所有非洲国家加起来还要多。当前的一个紧迫问题就是要建设生态足迹（ecological footprints）[1] 大幅减少的可持续城市。良好的起点肯定是理解并欣赏我们已经形成的独特生态系统，它就在我们的门口和脚下，有时是看不见的。

1　也称"生态占用"，是指特定数量人群按照某种生活方式所消费的、自然生态系统所提供的各种商品和服务功能，以及在这一过程中所产生的废弃物需要环境（生态系统）吸纳，并以生物生产性土地（或水域）面积来表示的一种可操作的定量方法。

第 1 章

边缘地带

边缘地带（the edge）、外围地区（the fringe）、城市与荒野的分界（the urban-wilderness interface）、城乡接合部（desakota）、城市过渡区域（twilight zone）、中间地带（interzone）、城郊地区（rurban）、半城市化地区（peri-urban）、郊区（suburbia）、城市远郊（exurbia）、模糊地带（terrain vague）、内陆地区（the hinterland）……有许多描述大城市边缘诡异地带的词语。在那里，城市与自然猛烈碰撞。维克多·雨果称之为"混杂的乡村"（bastard countryside），他说："观赏城市边缘地带，犹如观赏两栖动物。屋顶紧连着树木，铺路石紧挨着荒草，店铺紧接着耕田……"[1]

如果有这么清晰的界线就好了。城市边缘通常是过渡地带。印度尼西亚语中的desakota由desa（村庄）和kota（城

---

1 译文引自雨果:《悲惨世界》，潘丽珍译，南京，译林出版社，2019年，第525页。

镇）两个词组成，描述一种边缘区域，那里的集约农业和乡村生活杂乱地分布在工业区、郊区、违建村落和迅速增加的道路系统中。desakota 指东南亚、印度次大陆和非洲发展中国家无限蔓延的城乡区域，表现了世界各地现代城市周边奇怪又模糊的杂合性，以及它们令人不安的混合用途——农场和购物中心、办公园区和古老林地、高尔夫球场和拖车停车场、水库和垃圾堆、城外办公室和废弃荒地。我们都知道这些边缘地带。[1]

这种诡异地带在 19、20 世纪之交，给纽约画家欧内斯特·劳森（Ernest Lawson）的创作带来灵感。在他描绘的纽约都市周边，我们可以看到被曼哈顿的公寓大楼团团围攻、不断被侵占的乡村的惨状。一旦炸毁岩石，压平土地，砍倒树木，所有的乡村和野外都将变成平坦的网格状街道。同时，这是一片被杂草占领的废弃田地。劳森的一个赞助人问道："郊区荒野有肮脏的木屋、荒凉的树木、垃圾场和所有其他我们熟知的难以处理的场景，除了劳森，还有谁能把那里画出美感？"

劳森捕捉到大自然转变为混凝土之前的瞬间。边界永远不会长久地停留在那里。大约在同一时期，博物学家詹姆斯·鲁埃尔·史密斯（James Reuel Smith）说，直到 19 世纪 80 年代，纽约 72 街以外的地方还处于"原始森林状态"。所有这些都在 20 年内消失了，取而代之的是"沥青马路和修剪的草坪"。到 20 世纪初，你必须冒险爬上靠近后来的 171 街的华盛顿高地，才能目睹"山丘和山谷中几乎连绵不断的森林，其中散布着深山峡谷，众多喧闹的溪流、岩石、倒下的树木，以及遥远的乡下才有的荒野"。但好景不长，所有这一切每天都"以飞快的速度从人们的视线中消失，仅仅几个月时间，曼哈顿岛上可供观赏的景物就所剩无几了"[2]。

纽约市景观的全面重组始于欧洲殖民时期，在19世纪随着人口的增长而加速。1790年纽约仅有33 000人，1850年增长到515 000人，而1900年的人口已多达348万人。随着人口的增长，城市扩张到哈德逊湾河口，那里的湿地和草地是地球上生物多样性最丰富的地区之一。正如泰德·斯坦伯格（Ted Steinberg）在他令人不寒而栗的鸿篇巨制《不羁的哥谭：大纽约的生态史》（*Gotham Unbound: the ecological history of Greater New York*）中详述的那样，山丘被夷为平地，沼泽中填满了废品和成堆的垃圾。对"毫无价值""不雅观"的湿地实施的排水、填埋等城市化改造，被媒体誉为"公共改善"。在政治家、规划者和房地产商看来，它是一种将无收益的空地转化为金钱的方式。在20世纪30—40年代的开发狂潮中，总面积相当于曼哈顿大小的湿地消失了，而这仅仅拉开了随后几十年持续猛攻的序幕。[3]

拉瓜迪亚、肯尼迪和纽瓦克国际机场都建在被填埋的湿地上，主要的航运码头也是如此。新泽西州的哈肯萨克草原有

32 000 英亩[1] 的白雪松沼泽，这是距帝国大厦仅 5 英里的一片荒野，它被觊觎为"全世界最具潜在价值的未建区域"。参加伦敦闪电战的船只在返航时，把废墟瓦砾当作压舱物带回，随即连同垃圾和化学废料一起丢进沼泽地。到 1976 年，沼泽地已消减到 6 600 英亩。20 世纪 40 年代，纽约的总体规划师罗伯特·摩西（Robert Moses）看着斯塔滕岛上 2 600 英亩的弗莱士河湿地，这是大都会最后一片完整的沼泽地，他舔了舔嘴唇说："大片的草地……目前没有价值。"一如既往，把它从生态宝库变成高价房地产的第一步，是用垃圾填满它。到 1955 年，弗莱士河成为世界上最大的垃圾填埋场。连续多年，它每天收到 29 000 吨的城市垃圾。平坦的盐沼地在几年内被改造成人类的垃圾山，顶部高达 225 英尺。在曼哈顿摩天大楼的视线范围内，弗莱士河垃圾填埋场成了噩梦般的纪念碑，控诉着城市对生态系统的破坏。城市以巨大的胃口吞噬了自然界，输出污染和垃圾，毒害河流和湿地，将自然生境变为有毒的垃圾填埋场。[4]

1970 年，在这场对弗莱士河破坏的狂欢中，前纽约市卫生专员塞缪尔·J. 基林（Samuel J. Kearing）目睹了垃圾场对湿地荒野的加速破坏。他问道，是不假思索地搞城市发展重

1　本书保留英制单位，1 英亩约合 0.004 平方千米，1 英里约合 1.609 千米，1 英尺约合 0.3048 米，1 平方英里约合 2.59 平方千米，1 英制加仑约合 4.55 升。

要，"还是保护野生鸟类和它们以及我们共同的生物群落"更重要？"我将投票支持这些鸟类，"他宣告说，"如果人们在我第一次视察卫生部门在弗莱士河填埋垃圾时与我在一起的话，我想更多的人也会这样投票。它就像一场噩梦。我仍然可以回忆起从控制台俯视填埋操作的情景，我想到弗莱士河的历史……几千年来，它是一个壮丽的、充满生命力且能真正提升生命质量的潮汐沼泽。仅仅过了 25 年，它就消失了，埋在纽约市的数百万吨垃圾下。"[5]

基林的声音是孤独的。1946 年，《纽约时报》盛赞大都会战胜了自然界施加给它的限制："我们将大海推回海里，把沼泽填满，兴建公园和机场。"它说，沼泽中开辟干地的"进步之路"是"明智地使用了垃圾桶和其他废物"的结果。大自然给发展设下的极限已被摧毁。边缘地区的生态和景观是一种可消耗、可改造、可完全重塑的资源，而且几乎没有妥协的余地。到 20 世纪末，90% 的潮汐湿地和淡水湿地已永远消失。[6]

在大纽约地区，自然界被转化为城市，似乎无用的被开发成有利可图的，景观以近乎彻底转换的方式被开发，这成为20 世纪后期世界各地开发模式的先驱。以新加坡为例，和纽约一样，为了充分利用其贸易中心的地理优势，这个并不理想的地方需要加以改造。在殖民时期，新加坡通过填埋红树林沼泽、排水和扩大海岸线的方式，使国土面积增加了 740 英亩。自 1965 年完全独立后的 30 年里，这个城市国家又从海中填出 34 100 英亩的土地，在这个过程中，大规模地扩大了面积，并（真正）为经济地位的提升创造了条件。因此，新加坡的整个海岸线几乎都是人造的，这对该地区丰富的生物多样性造成了毁灭性影响。1819 年时的 30 平方英里红树林仅有 5% 存活至今，大部分的沙滩已经消失，而 40 平方英里的珊瑚礁有60% 已被毁掉。

世界上一个又一个的城市为给经济发展铺平道路，改造了整个生态系统。位于城市边缘的水生地带遭到破坏，那里有讨人嫌的沼泽地、密实的红树林和看不见的珊瑚礁。这种破坏象征了城市与大自然之间，更重要的是与人类世（the Anthropocene）[1]之间的冲突。

20 世纪后期以来，随着世界各国效仿美国加速的城市化进程，劳森所描绘的顽强的纽约边缘地带迅速减少，这成为全球城市的特征。一位现代孟加拉国"混杂的乡村"观察者写道："几乎没有未开拓的地方，但从哪里开始，又到哪里结束，往往无法判断。"在 1982—2012 年期间，美国有 4 300 万英亩，相当于华盛顿州面积的农田、森林和荒野被占为郊区，相当于每分钟有 2 英亩空地被占。[7]

城市边缘和沉闷的郊区几乎没有什么浪漫的东西，我们匆匆路过那里。然而，我们需要注意那些易被回避且无人喜爱的中间地带。边缘地带是地球上变化最快的栖息地，是生态灾

---

1 又称人类纪，地质学术语，表示自工业革命以来，人类活动对地球生态和地理环境产生重大影响的地质时代。

难的发生地，是濒危动植物的埋葬场。城乡边缘地带也正变为现代人的主要栖息地。

每天都有一块面积相当于曼哈顿岛的土地经历城市化改造，这堪称城市大灭绝事件。2010 年，50% 的人类生活在城市，到本世纪中叶，这一数字将达到 75%。而且，我们正在向外扩张，铺设混凝土和沥青的土地比例的增长速度，明显比人口增长速度更快。到 2030 年，2/3 的城市地带都是 2000 年后修建的。我们应该警惕的不是城市规模，而是占用了哪里的土地。我们选择将城市建在三角洲、雨林、林地、草地和湿地上，而这些地方是地球上最重要的生物多样性热点地区（biodiversity hotspot），包含对我们的生存至关重要的生态系统。对生态的局部影响是严重的，而累积起来后，对全球生态系统的破坏更是灾难性和不可逆转的。[8]

在整个地球上，约有 423 个快速扩张的城市正在吞噬3 000 多种极度濒危动物的栖息地。亚马孙、印度尼西亚和刚果盆地的雨林正在被侵蚀。位于印度-缅甸地区、西非和中国的丰饶的热带湿地，由于城市化而急剧减少。仅仅 5 年时间，埃塞俄比亚首都亚的斯亚贝巴就失去了 24% 的城郊农业。在过去 30 里，印度尼西亚雅加达的大都会区吞噬了边界上700 平方英里的植被，农业被城市化浪潮推向离城市更远的地方，破坏了曾经遥远而未被开发的森林。吞噬周边荒野使城市遭受洪水和海平面上升的侵害：爪哇岛的生存岌岌可危。纽约和新奥尔良已经牺牲了大片湿地，而这些湿地曾经保护它们抵御飓风、洪水和海平面上升的危害。因为破坏了保护自己免受沙尘影响的森林屏障，德里和北京面临着荒漠化问题。就人类和地球的未来而言，没有什么比那些被忽视的、不可爱的、支离破碎的城市边缘更重要。这个全球气候变化的故事，在数百万个地方范围内被讲述着。

城市的边缘地带是它的生命支持系统，一个运转正常的生态系统有森林、草原、湿地和潮汐沼泽，它们是应对气候变化多重影响的重要缓冲。然而，人类贪婪的开发使这些边缘地带极易受到影响，其危险是实实在在的。闯入迄今为止未被破坏的生态系统，意味着更多的人类居住区不得不与野生动物近距离接触。在城市边缘退化的生态环境中，动物群落更有可能携带致命的新病原体并成为人畜共患疾病的源头，而拥挤的人类城市是它们完美的滋生地，因此流行病能在全球城市网以惊人的速度传播。如果我们关心人类在地球上的未来，我们就应该关注城市与自然的边界，那里就是战场。

一个温暖的春日夜晚，人们蜂拥着离开令人憋闷、中规中矩的城市，穿过城门，享受乡野间狂放的自由。这是一群喧闹、有趣的城里人，他们抛开了城市生活方式，学徒与市政要员擦肩而过，男人与女人厮混一起，阶级和性别规则在新鲜空气和田野中被暂时遗忘。

这是歌德《浮士德》中著名的第 2 场戏，人们为了享受一晚的自由，从狭小、坚固的莱比锡城涌出。城市与乡村、秩序与自由之间的边界是明显的，但从城市的束缚中逃离却从不遥远。在德国文学中，城市被原始森林和荒野包围，是格林兄弟笔下狼、仙女、小矮人和神奇动物的藏身处。森林比耕地更重要，因为它们为城市提供了一种关键必需品——燃料。像纽伦堡这样的中世纪城市，食物来自 100 多英里外的地方，但它需要的木材（运输成本高）就来自城墙附近的森林。这就像城市生活的阴阳平衡：城市的文明和保障与乡村林地的荒蛮和怪诞并存。住在城市中有拥挤和不卫生的弊端，这被进入森林和田野的便利所平衡。[9]

当真正原生态的大自然就在身边时，谁会想逛公园呢？

如果说城市周围的森林滋养了德国人的城市想象力，英国人则有另一种野趣滋润心田。伦敦城（City of London）[1] 边上有一片叫作穆尔菲尔兹的非营利性湿地，它从罗马城墙向北延伸到伊斯灵顿，并与芬斯伯里绿地更大的一块空地相连，直到 18 世纪，那里一直是城市生活的中心。这片没有排水的沼泽地长满了莎草、灯芯草和夜鸢尾，是伦敦人特别是年轻人喜爱的去处，他们在那里参加体育活动，玩喧闹的游戏，做爱，开庆祝会，抗议，打架，练习射箭和锻炼。僧侣威廉·菲茨斯蒂芬（William Fitzstephen）在《伦敦纪述》（*A Description of*

1　又名伦敦金融城，是金融资本和贸易中心，面积仅有 2.6 平方千米。英国大伦敦都会区由伦敦城和另外 32 个自治市组成，被划分为伦敦城、西伦敦、东伦敦和南伦敦四个区域。

London）中记录了12世纪后期伦敦人在冰冻的沼泽上滑冰的情况。大约在同一时期，年轻人在那里举行了第一次有记录的足球比赛，好几百人参加了这场喧闹又混乱的比赛。

直到19世纪，伦敦北部和西部有45 000英亩的公地和石楠荒野，南部也有几乎相同面积的区域。跟森林一样，草原和湿地可以生产干草，为数以万计的马匹提供不可或缺的能量，使它们完成驮运、拉车等运输任务。大部分的伦敦周边乡村由草地组成，其中最著名的是豪恩斯洛希思（Heath）[1]。它从伦敦西部向外绵延5英里，直到越过希思罗的小村庄，包括6 000多英亩的草地、荆棘、金雀花、石楠花和一排排树木。"时间像荒野，似乎一望无际，绵延南北……伸向远远的地平线。"[10]

伦敦周边的原始生态是上个冰河时代结束后长出的森林。尽管荒野看起来是野生的，实际上却是森林砍伐和放牧的结果。但是，这些大面积轻度放牧的酸性草场，为草类、地衣、苔藓、真菌、草本植物、小野花、灌木、穴居昆虫、小型哺乳动物和蝴蝶提供了极其丰饶的栖息地。荒野里盛产荆豆，可用作廉价或免费的木柴，还有欧洲蕨和石楠花可以制成茅草屋顶和家畜褥草。从伦敦向南的道路"通往一片连着一片的野生荒野"，形成一条"美丽的公地链"，从城里出发很容易抵达。半野生的环境包围着伦敦，这也为"野蛮人"提供了方便，拦

---

1 常见于英国地名，意为石楠植物，或荒野、荒原。

路抢劫的强盗用荆棘丛作掩护，在偏僻道路抢劫驿站马车。[11]

"在 5 月……每个人，除非有阻碍，都会来到令人愉悦的草地和绿色的树林，"约翰·斯托（John Stow）描写了 16 世纪的伦敦人，"在那里，人们因花朵的美丽和芬芳而感到欢欣，鸟儿欢叫的和声是对上帝的赞美。"整个欧洲的城市周边不仅代表着休闲，也意味着机会。城市贫民靠边缘地带的公地和森林获取建材、木柴，也在那里放牧和觅食，这事关残酷的生存问题，不只是享受。从整个 17 世纪到 20 世纪中期，在纽约的湿地边缘，城市捕猎者在皇后区的法拉盛草原、长岛的牙买加湾和斯塔滕岛的弗莱士河等湿地中捕获麝鼠，出售毛皮以增加微薄的收入。沼泽地出产野味和鱼，还有浆果、蘑菇和木柴。19 世纪末，许多住在柏林周边简陋的自建住宅中的穷人之所以能活下来，是因为生活在城市和乡村之间达到了平衡。随着城市的发展，周边荒地实际上成了公地，供穷人拾荒并开展游击式耕种。[12]

在散文家利·亨特（Leigh Hunt）看来，近在咫尺的"绿色牧场"是伦敦的"荣耀"，"在那里我们有田野，人们可以在真正的草地上散步……那里有树篱、梯磴、田间小路、牛羊和其他牧场设施"。直到 19 世纪初，伦敦人同莱比锡人和纽约人一样，每逢周末就走出大都市，前往乡村边儿上的茶园、酒馆和剧院。城市和乡村之间的边界是松散的。托马斯·德·昆西（Thomas De Quincey）写到夜晚沿着牛津街散步瞥见一条小巷的喜悦之情，它"向北穿过玛丽勒本中心直达田野和森林"。德·昆西捕捉到大自然的亲近，并深知它有抵抗城市幽闭恐惧症的作用。[13]

讽刺作家、记者、终身伦敦人威廉·霍恩（William Hone）在 19 世纪 20 年代写道："童年时，只要得到父母许可，我就会在田野和美景中漫步。但在'改良精神'的影响下，田野现已不复存在，景色也面目全非或丧失殆尽。35 年就改变了一切。"霍恩的密友乔治·克鲁克香克（George Cruikshank）在 1829 年创作了一幅题为《砖块与砂浆进行曲》（The March of Bricks and Morta）的漫画，描绘了噩梦般的场景：一个由机器人组成的步兵营，带领林立的排屋和工厂，手持冒着浓烟的镐头、铲子和铁锹，用砖头大炮轰击伦敦周边的乡村田园，入侵者使树木恐惧蜷缩，使牛羊逃离。这就是城市的破坏力，扩张是赤裸裸的暴力，而失控的郊区化发展是生态灭绝。[14]

这一幕可能现在看来很老套，但它发表之时，在读者内心产生了强烈的震撼。因为正是在珍贵的伦敦北郊，郊区化迅速以势不可挡的破坏力吞噬一切，这是我们现在最熟悉不过的。一位当代评论家写道："对建设的狂热充斥着每一个原本令人愉快的地方，无论你往东西南北哪个方向走，都有砖块、砂浆、垃圾和永恒的脚手架追着你跑。"[15]

这些城市周边没有收益的公地被称为"废地"和"荒野"，农业改良者认为它们的存在"侮辱了大都市的居民，是可耻的"。1819 年，理查德·菲利普斯爵士（Sir Richard Phillips）从伦敦走到郊区一个叫基尤的乡村，对大片闲置的土地表示非常不满，期待"人类艺术的幸运制品能完胜大自然拙劣又原始的荒蛮"。拿破仑战争期间，农业委员会主席约翰·辛克莱尔爵士（Sir John Sinclair）更夸张地说要向"废地宣战"："让我们不要满足于解放埃及或征服马耳他，而要制服芬奇利公地；让我们战胜豪恩斯洛希思，迫使埃平森林屈服于改良的枷锁。"[16]

1816 年，芬奇利公地被围起来出售，侵占行为已将它的面积从 1 240 多英亩减少到 900 英亩。此后，几乎所有的绿地都让位于郊区开发。刘易舍姆区在 1810 年损失了 850 英亩公地，曾经使华盛顿·欧文想起美洲荒野的 500 英亩锡德纳姆公地也全被侵占。18 世纪时的 6 万英亩公地和荒地到 19 世纪 90 年代已减少到 13 000 英亩；今天，这一珍贵的生态系统仅存 3 889 英亩。曾经巨大的豪恩斯洛希思，由于郊区化和后来的机场开发，从 6 000 英亩减少到 200 英亩。[17]

这是城市历史上的重要时刻。当然，伦敦始终在发展，但从未这样快速，也从未入侵人们钟爱的伊斯灵顿和汉普斯特德周围的乡村。这里是伦敦人周末逃离城市烟尘、恶臭和拥挤，蜂拥而至的地方。大规模修建住房的时代来临。那种不管什么时候，只要离开房屋就踏进半野生边缘地带的经历已经一去不返了。这意味着城市居民与自然的疏离。在一首著名歌曲中，一个工人阶级伦敦人发挥想象力，相信自己住在乡村的乐土上。他将自己少得可怜的市中心后院种满了盆栽蔬菜，夸口说，"要不是因为中间的房屋"，他还能享受遥远的青福德、亨顿和温布利一览无余的美景。人们被封闭在城市里，似乎看不到头的排屋把人与自然隔开。

或者说，至少穷人是这样。乔治·克鲁克香克也许震惊于城市的发展，但他也深陷其中。1823 年，他搬到一处位于本顿维尔郊区的新开发项目，该项目为中产阶级家庭所建，使其在城市附近就能享受半乡村的生活方式。克鲁克香克从家里可以俯瞰田野和溪流，难怪他想要阻止其他家庭涌入他的世外桃源，阻挡他的视线并破坏他的田地。对他来说，伦敦已经扩张得够远了。[18]

克鲁克香克是现代郊区的开拓者之一，在郊区流行之前，就是邻避者（nimby）[1]。19 世纪 20 年代，低廉的融资为郊区快速发展开辟了道路。公共汽车，随后的有轨电车、火车首次使通勤成为可能。接着，工业革命使城市变得拥挤并受污染，而且霍乱和犯罪泛滥。人们离开土地来到城镇，到 1851 年，英国的城市人口已占多数。到 19 世纪下半叶，伦敦的外环郊区每 10 年增加 50%，而这些地方的人口在整个英格兰增长最快。在这段时期，城市扩张的势头骇人，变化迅猛且混乱，人们对城市的信心崩溃了。如果你有钱，就会逃到周边乡村。然后，如果你像乔治·克鲁克香克一样害怕别人打扰，还会再次逃跑。随着荒地、田野、蔬菜农场和私人花园被占满，有乡村魅力的区域迅速变得稠密。愉悦往往是稍纵即逝的，刺激人们

1　又称 "不得在我后院论者"，由短语 not in my back yard 的首字母构成。

向更远的地方寻找新的边缘地带。所谓"中间的房屋"不断涌现。[19]

　　边缘地带有一种魔力，那里是最佳地点。难怪从最早的城市到 19 世纪初，人们全都喜欢在那里定居。但随着城市向外扩张，边缘地带也不断变化。约翰·克劳迪厄斯·劳登（John Claudius Loudon）既是郊区的捍卫者、苏格兰的杰出学者，又是园林设计师，现代城市生态深受他的影响。劳登对伦敦的变化速度感到担忧，因此，在 1829 年，也就是克鲁克香克漫画出版的同年，劳登提出了一个非常有远见的建议。激发他们发声的，是城里地形崎岖的汉普斯特德希思将被卖给开发商，而这块地是最受市民欢迎的、最珍贵的野生荒地。劳登认为政府应该购买首都周边现有的乡村和公地，这些绿地组成的环带，与以圣保罗大教堂为圆心的城市中心区域相距一英里。这个设计会形成半英里宽的绿带，向外是一英里宽的城市建设带，然后在它之外是另一个半英里宽的乡村绿地环带 1，如此等等。劳登写道，如果这样实施，"没有哪个居民距离开阔通风的绿地超过半英里，在那里他能自由地散步或骑马"。乡村环带有河流和湖泊组成的半野生景观，可以种植乔木和灌木，那里有"岩石、采石场和石头，还有模仿荒野和洞穴的野生环

1　原文为 another mile of countryside，是笔误。经查证劳登 1829 年发表的原图和说明，他设计的城市绿地是半英里宽的乡村绿色环带和一英里宽的城市建筑环带相互交替的环带布局。

境，以及石窟、溪谷、幽谷、峡谷、山丘、山谷和其他自然景观"。无论如何，这并非要保护农田或建设公园，而是呼吁将野性融入扩张的城市矩阵。[20]

1806 年时劳登曾写道："我现在 23 岁，可能已经度过了生命的 1/3，然而我做了什么惠及同胞的事呢？"这些痛苦的话是他因风湿热发作而致残的那年在日记中吐露的，告诉我们许多关于他的事情。劳登将园林设计师、发明家、植物学作家的职业和激进的政治活动相结合，并致力于服务公众。使现代城市更宜居，特别是对穷人来说，这是他改革愿景的核心。劳登提倡接近各种各样的绿地，包括广场、公园、墓地，他认为这是消除工业城市局限和痼疾的良方。他相信接触自然是现代城市的特征，而同样重要的是，城市应美化得像花园。

劳登在游览法国和德国不久之后，写出了这本小册子。从 18 世纪晚期到 19 世纪，莱比锡与德国和奥地利的其他几个城市拆除了废弃的城墙，取而代之的是两旁栽有菩提树的公共步道，环绕着历史悠久的城市中心。这些公园绿地中最著名的是维也纳的环城大道，即使在拆除后仍然保持了城市核心的独特性。劳登的绿带建议肯定影响了澳大利亚南部阿德莱德的设计。阿德莱德由威廉·莱特（William Light）于 1837 年设计，由托伦斯河两岸的两个建筑群组成，周围有 2 332 英亩的公园绿地，按连续的"8"字形排列。

在约翰·劳登之前就有人试图阻止伦敦的扩张。伊丽莎白一世和奥利弗·克伦威尔禁止在大都市周边密集建房。约翰·伊夫林（John Evelyn）要求修建由花园和果园组成的绿带，以使伦敦成为"世界上最芬芳、最美味的住所"。劳登超越了这些简单的、限制性的想法。从一开始，他就认可城市扩张的必然性和可取性。作为一名城市规划师，他热爱城市的活力。但他也懂得，富有激情的城市生活必须通过回归自然来平衡。他呼吁赶在建筑公司和开发商到来之前，保护充满生机的大片荒野。城市应围绕这些有显著野性的地方扩张，而不是破坏它。

从第一批城市开始，就有关于"城市中的乡村"（*rus in urbe*）的理想。19 世纪出现的大型城市公园，仅能部分地满足这种想与大自然以及财富和权力之源共存的愿望。在城市加速扩张的时代，城市生活和乡村的联系正一去不返。怎样保持这种联系呢？对此并不缺少卓有远见的人。

在劳登的提议发表之后的 1898 年，埃比尼泽·霍华德爵士（Sir Ebenezer Howard）提出了"花园城市"（Garden City）的概念，即在紧凑的居住地周围修建乡村缓冲带。与劳登明显不同的是，霍华德是反城市的。他的理想居住地是一个超大乡村、一个城乡混合体，在那里，每个住所都被花园包围。1895—1910 年期间，阿图罗·索里亚·伊·马泰（Arturo Soria y Mata）提出了非常有影响力的线形城市（*Ciudad Lineal*，lineal city）方案。他想让马德里沿着两边各有单排房子的狭窄交通廊道延伸到周围乡村。因为穿过后院就很容易进入大自然，每个人都与自然有亲近、亲密的关系。索里亚的雄心无异于霍华德，就是要"使城市乡村化，使乡村城市化"[21]。

埃比尼泽·霍华德称他的花园城市概念开启了新文明。沿着相同的理想脉络，美国建筑师弗兰克·劳埃德·赖特（Frank Lloyd Wright）在 1932 年构想了"广亩城市"（Broadacre City）。他说这是一个无处不在却又并不存在的新型大都市，是一个去中心化、沿着乡村延伸的城市。广亩城市和花园城市一样是反城市的，会彻底重组已存在千年的大都市。他饶有兴致地说："现代交通可以使城市分散。应在城市里开辟呼吸场所，绿化并美化城市，使它适宜于人类的高级秩序。"[22]

激进的思想来自柏林，19 世纪末欧洲发展最快的城市。该市的自然遗迹保护专员马克斯·希尔茨海默（Max Hilzheimer）为柏林市民的权利辩护，认为他们被"石头沙漠"囚禁，不能体验"我们柏林城周围不为人知的美"，即未被开发的森林、沼泽、沙丘、湖泊和小溪。它们代表了后冰河时期勃兰登堡地区的独特景观。希尔茨海默称，正是在那里，在柏林的边缘地带，城里人才能"发现自由的大自然，并随意享受它，那里的树木和丛林不受人类的控制和安排而自然地生长，那里的水源、小溪与河流按照自然的规律流淌"。野生边缘地带的生态之所以非常宝贵，就是因为它们距离城市和渴望自然的民众非常近。如果你的家门口就有一片荒野，那就不需要长途跋涉去远方了。[23]

柏林在发展的同时，保护城市周边生态的行动也在进行。1929 年实施的一项大胆的"综合绿地计划"，将生态保护行动推向了高潮。这个计划要求修建 26 个楔形绿地，从市中心不断向外辐射，直到野生边缘地带的大型自然保护区。这项计划在重塑现代城市方面很有远见，这些城市是大萧条时期财政紧缩的牺牲品，最终又是纳粹的受害者。英国城市规划师帕特里克·艾伯克隆比（Patrick Abercrombie）在第二次世界大战摧毁英国城市后复兴了这项计划，他要求在伦敦用大片楔形绿地取代闪电战前的高密度建筑。他想象每个伦敦人漫步其中，"从花园到公园，又从公园到林荫大道，再从林荫大道到楔形绿地，最后从楔形绿地来到城市周边的绿化带"，这是一条从市中心到周边乡村的路线，没有建筑物，也没有车辆。[24]

楔形绿地、花园城市、线形城市、广亩城市，所有这些提议，用劳埃德·赖特的话讲，都是为了消除"城市和乡村生活之间人为划分的界线"，然而它们都失败了。这些提议推出的时候，人们，特别是穷人，走出城市、进入自然几乎是不可能的，因为他们必须乘公交车或火车才能领略乡村景色。仅在战后时期，伦敦才强制在城市周边修建了绿化带，然而那时，邻近的乡村和坑坑洼洼的荒地已被郊区耗尽。伦敦周边的绿化带被照搬到世界各地，以防止城市随意扩张，并使乡村免于开发。它以限制为目的，几乎没有将城市边缘地带构想为生物多样性丰富的地方，也没能从根本上影响城市内部的生态。

从 1829 年劳登提议交替使用野生环带和人造环带来美化

城市景观开始，现代城市的绿化带已经走过了很长的路。尽管劳登（和他的继承者）没能大规模地改变城市，然而，在小范围内他们却做到了。城市扩张时，周边地带从一个生态系统转变成另一个生态系统。如果传统的欧美城市是紧凑、密集的，19世纪的新兴城市则呈环状发展，有绿地交织其中。虽然这并非提议者希望的那样，用楔形绿地改造剩余的公有野生空间，但它还是长满了植被。

今天，伦敦几乎有1/4的面积由围绕在密集的建筑核心区周围的郊区花园构成；在布里斯班，这个数值接近1/3；在城市密度更大的欧洲大陆，这个数值大约是1/5。从1945年起，美国大部分郊区住宅的后院都有植被，总面积相当于佐治亚州的面积。在尼加拉瓜的莱昂，86%的绿地由私人露台组成。城市中占主导的生态系统类型并不像人们以为的那样是公园、游乐场和墓地，而是私家花园。劳登在自家后花园培育植物，从而培育了现代城市的生态环境，在这方面很少有人比他做得更多。[25]

来到波切斯特露台3—5号，你就置身于伦敦最豪华的区域，那里属于中东王室、神秘的寡头和衣着考究的大使。但你在那里找到的房子有奇怪的历史血统，它们的曾曾祖父是郊区半独立式住宅，这种房屋催生了数以百万计的模仿者，并协助灌输了一种令人向往的生活方式。

劳登于1825年建造了这座房屋，它展现了一种新的城市居住方式。它有玻璃穹顶温室和门廊，体现了中产阶级的家庭生活。正如劳登所写的那样，房屋宏伟的外表掩盖了它的可购性，因为目的是要让两个小房子看起来像一个大房子，而且是相当壮观的大房子，以此从外部给两个房屋留下"尊严和重要性"的印记。

劳登热爱郊区，当19世纪20年代郊区兴起时，他就庆祝这种新的居住方式。在他眼中，郊区融合了城市和乡村的最好部分，避免了缺陷，也创造了一种新型自然。劳登站在普及园艺的最前沿，把它作为休闲娱乐活动来推广。为了把园艺学和园艺知识第一次向社会各阶层的人群传播，他为尽可能多的读者写作。他是《园艺百科全书》（*An Encyclopaedia of Gardening*，1822）的作者，创办并编辑了《博物学杂志》和第一本园艺学杂志《园艺杂志》。他的大量作品都是与妻子简·劳登（Jane Loudon）合作完成的，简撰写园艺领域书籍和文章，也是插画师。劳登夫妇是19世纪初最广为流传的园艺作家，对之后的几代人都产生了影响。[26]

1838年，约翰·劳登发表了《郊区园丁和别墅指南》（*The Suburban Gardener, and Villa Companion*），这本书指导人们在不断扩大的城市边缘的新房子里创造完美花园。实际上，这本书不仅是自助园艺书，也是郊区生活手册。劳登夫妇可以帮你选择正确的植物品种，也会建议你如何把房屋内外装饰得既漂亮又体面，以及如何装饰书架、布置家具。劳登夫妇是维多利亚时代的生活方式大师。

波切斯特露台3—5号可能并不是第一幢建成的半独立式

别墅，但它为维多利亚时代早期有抱负的中产阶级展示了郊区生活方式的样子。最重要的是劳登夫妇的花园。门廊的柱子上缠绕着月季、紫藤、茉莉花和山茶花。门廊周围摆满了开着季节性植物的花盆。花园本身比两个网球场要小，但挤满了2 000种异域植物，"是1823—1824年期间伦敦苗圃里能买到的几乎所有乔木和灌木的样本"，以及许多种不同的苹果、梨、李子、桃子、油桃、杏子、无花果和葡萄藤。目的是在大都市中创造一个微型的、易管理的土地庄园，为职工家庭和商人家庭提供一种新的生活方式。[27]

劳登将园艺作为一种可供选择的生活方式介绍给新的郊区居民。它与锻炼、求知欲和炫耀性消费有关，使男男女女在一种既不是乡村也不是城市，而是介于两者之间的环境中，与质朴的本能重新建立联系。在劳登看来，园艺使人获得对土地的控制，使它服从你的意愿。劳登是全世界最受欢迎的园林作家，他不仅在英国，而且在澳大利亚、新西兰、美国和其他欧洲国家帮助创建了维多利亚式花园。劳登的"园林式"设计包括整齐的草坪、分组的观赏灌木、花圃和精心布置的乔木；他还围绕私家花园、林荫道和空地设计了风格质朴的低密度"花园郊区"，他的设计已经征服了全球。

劳登的园林设计形成于他对波切斯特露台的设计，强调建筑的表现力和观赏性。他不拘一格地从全世界搜寻各种乔木和灌木，哪怕被之前世代的人看作是离奇的、不和谐的。新进口的植物品种一经上市，他就在《园艺杂志》的专栏中热情地宣传。一位关注中产阶级伦敦郊区发展的观察家说："我们注意到现代别墅替代了［古代庄园宅第］，那里配备了整齐的小型游乐场、花园和温室。温室内是南方异域气候，它的产物取代了历来种植的大型树木。"在劳登的影响下，用我们今天的话讲，这个"新型生态系统"以讲究的方式混合了外来植物和本地植物，使郊区变成令人惊叹的世界主义植物宝库。[28]

英国城市的植物色调代表了帝国的战利品，也象征着伦敦处于全球贸易线路网的核心。反过来说，郊区化也是一种内部殖民形式，因为城市占据了乡村和农场，用砖块和三角梅改造了那里的生态。郊区本身也由帝国塑造，大部分投资资本推动了建筑业的繁荣，而这些资本就来自大英帝国在印度和其他地方的盈利。

现代郊区的园林特征实际上并不是英国人的发明，而是从其他国家引进的。从 18 世纪开始，英国的官员、商人和军官没有在印度知名的商业、贸易和宗教中心与当地人一起生活，而是选择居住在像印度的马德拉斯（今名"金奈"）和加尔各答市郊的"花园住宅"中。南亚城市比欧洲城市更绿，更广阔。有人说马德拉斯"似乎不像一座城市，而像一个里面有很多房子的巨型花园"，而班加罗尔的建筑被"完全隐藏"在树林中。艾玛·罗伯茨（Emma Roberts）在 1836 年这样描述马德拉斯："道路两边栽种了树木，花园中坐落着……别墅，那里繁花的艳丽被树丛的浓荫调和了，一切能悦人眼目和激发想象的都完美无缺。"不像在欧洲，英国人"全然住在花园住宅里，这个称呼恰如其分，因为房屋完全被花园包围，它们紧密相连，乃至很少能看见邻近的房子"[29]。

伦敦的一些地方开始呈现亚洲特色。殖民探险家退休后会住进圣约翰伍德、肯辛顿和贝斯沃特等新郊区的半独立式别墅。由于这些别墅明显的英印两国特征，这些地方被称为"小亚细亚"。许多新半独立式别墅都体现了加尔各答和马德拉斯花园住宅的建筑风格，有门廊、阳台、藤架、凉廊、露台、飘窗，和极为重要的观赏花园。约翰·劳登著名的半独立式别墅就位于贝斯沃特。

占地面积很大的苗圃业和种苗目录出现了，以满足人们对色彩鲜艳的异域花草和树木的需求。伦敦的花卉库存通过苗圃公司得以扩充，如詹姆斯·科尔维尔（James Colvill）位于斯隆广场附近的异域苗圃，那里提供墨西哥大丽花，喜马拉雅山杜鹃花，美国丝兰、加利福尼亚州罂粟和山月桂，中国木兰、牡丹和玫瑰，以及最畅销的日本斑月桂。乔治·克鲁克香克可能描绘了乡村被砖块轰炸的情景，但他同样可能把外来种子比作炮击，描绘种子喷射到城市周边的景象。郊区环境开始获得丰富的物种，其数量超过乡村。这要归功于像劳登夫妇等人的倡导，他们使外来植物成为时尚。

对外来植物的喜好也影响了贫穷的工薪阶层，他们或住在市中心没有花园的狭窄房屋内，或住在贝思纳尔格林等快速城市化的郊区。1851 年，记者和社会活动家亨利·梅休（Henry Mayhew）在他关于工薪阶层的著作《伦敦劳工与伦敦贫民》（*London Labour and the London Poor*）中，着重描绘了人们对东区色彩鲜艳的异域花卉的喜爱。当工人们的花园被新建住房占满时，种子贸易已经衰退，被 19 世纪中叶赚钱的生意取代。5 月末，花贩的货摊和手推车"极其美丽，手推车就好像移动的花园"。他们出售可以在窗栏花箱或花盆里种植的天竺葵、木樨草、大丽花、倒挂金钟和西洋樱草等盆栽植物。1859 年成立的陶尔哈姆雷茨菊花社证明这种植物在劳动者中非常受欢迎。1860 年为工薪阶层新成员举办了第一届橱窗花园年度展览。4 年后，查尔斯·狄更斯与上万人一起欣赏了满溢的玫瑰、倒挂金钟、天竺葵、凤仙花、旋花、木樨草和大丽花。到更晚的 1939 年，《图片邮报》（*Picture Post*）评价道："每个伦敦人都渴望有个花园，但很少有人买得起大花园。然而，成千上万人在后院、窗栏花箱，甚至在房顶种植了绚丽的花卉。"[30]

人们需要绿化更好的城市，也渴望有私家花园可以种植菊花、大丽花和蔬菜。这促使埃比尼泽·霍华德设计了花园城市，将土地分配给没有土地的人，以满足人本能的、对种植和栽培的渴望。如果说霍华德没有完成城市化革命，那么他的思想却从根本上重塑了全球现有的城市。花园郊区是 20 世纪城市扩张的主流模式，由绿色植物笼罩的低密度家庭住宅组成。第一次世界大战后，伦敦建设了大约 400 万套新住宅。伦敦的面积增加了一倍，而人口仅增加了 10%，这意味着花园郊区住宅是一项分散政策，对伦敦郊区景观来说，它却像一场突如其来的暴力革命。伦敦郡议会 [1] 在首都外围的农业区为工薪阶层建造了 8 个巨型的"农舍住宅区"（cottage estates）。最引人注目的是贝肯特里住宅区，它有 25 769 套以半独立式住宅为主的房屋，供 116 000 人居住，成为世界上最大的住房开发项目。

1991 年，《就像乡村一样：定居新农舍住宅区的伦敦家庭回忆，1919—1939》（*Just Like the Country: memories of London families who settled the new cottage estates, 1919—1939*）一书记录了伦敦家庭离开内城拥挤的贫民窟，搬进花园郊区的经历。梅·米尔班克（May Millbank）记得自己小时候从国王十字区萨默斯镇的公寓搬到焦橡区的沃特林住宅区的经历："我们看着窗外，比我小两岁的弟弟说：'那边是什么？'他不知道绿色的是什么，也不认识花园里的花，我很高兴他问了，因为我也不确定花是否也叫草。"[31]

沃特林住宅区是典型的两次世界大战之间的花园郊区。它的修建是对 19 世纪贫民窟艰苦环境的反抗，代表人们渴望回到英格兰失去的（或者更确切地说是想象的）昔日村庄和朴素的乡村生活。许多行道树是古树篱残存的部分，仅在不久前

1　伦敦郡（County of London）在 1889—1965 年是英格兰的一个郡，相当于今天的内伦敦，由伦敦城（City of London）和外围的伦敦自治市（London boroughs）组成。伦敦郡议会（London County Council，1889—1965）是当地政府机构，后来被大伦敦议会（Greater London Council，1965—1986）取代。

被用来分割田地或乡村车道。住宅区内的景观设计包括沿着公园和娱乐场的宽阔绿化带、街角和交通环岛，使它呈现出乡村的开阔感觉。女贞树篱把私家花园和街道隔开，房屋（或"农舍"）在花园里面远离街道的地方。

"我的父母着手建造一个花园，"乔伊斯·米兰（Joyce Milan）回忆起全家搬到位于埃尔瑟姆的佩奇住宅区的情景，"这是他们从不了解却十分渴望做的事。母亲主要负责经营花园，这些年中她所取得的成就非常了不起……利用了花园的每一寸土地，养了各种各样的花。……门那边，我们也种了各种蔬菜，有马铃薯、胡萝卜、卷心菜和球芽甘蓝。甚至也尝试了芹菜和黄瓜。母亲种了一株小苹果树，结出了美味的果子。"米兰的母亲并非一个人在行动。随着半独立式住宅街区成为工人和中产阶级的主要住所，许多人开始喜欢园艺，这完全出于一种拥有小块绿地的兴奋感，特别是在内城生活了一辈子之后。20 世纪 30 年代是园艺的全盛时期：1938 年，多达 65 000人参加了伦敦花园协会举办的比赛，争夺年度最佳花园奖。即使不想得奖，人们也有拿着锄头和小铲子出来的冲动，因为整齐、精心栽培的花园是租住农舍住宅的一项租赁条件。[32]

对自然来说，很长一段时间里，城市化是一股破坏力，而真正的自然是未受影响的、天然的和野生的，它无处不在，在乡村，在自然保护区，在大山和森林中。1966 年，一位一流生态学家轻蔑地称家庭花园是"生物沙漠"。实际上，郊区的生态系统几乎没有被研究过。[33]

动物学家詹妮弗·欧文（Jennifer Owen）博士改变了这一情况。欧文于 1958 年从牛津大学毕业，在密歇根大学获得博士学位，在乌干达和塞拉利昂担任学术职务。在塞拉利昂，她发现自己花园里的野生动物比附近森林里的要多。1971 年，回到英国的莱斯特大学后，欧文开始了她对 741 平方米郊区花园长达 30 年的研究。在此期间，她记录了 2 673 个物种，包括 474 种植物、1 997 种昆虫、138 种其他无脊椎动物和 64 种脊椎动物。因为无法研究极小的蝇类动物和土壤里的生物，欧文估计昆虫的实际数量应有 8 450 种。同理，她估计郊区植物应有每公顷 3 563 种（非洲雨林每公顷有多达 135 种植物）。欧文的花园并非被有意管理成生物多样性丰富的栖息地，它只是一个普普通通的后花园。然而，英国大约 9% 的物种都可以在那里找到。[34]

对其他城市花园的进一步研究支持了欧文的发现，城市花园比同等大小的半野生乡村栖息地支持更多的物种。城市物种繁多，并非"生物沙漠"，而这一称呼其实更适用于乡村无数英亩的单一作物农业。相比之下，郊区反而更显繁华。[35]

花园物种之所以如此丰富，部分原因是人们在那里栽种了一系列自然界没有的植物，形成了极其复杂的环境，这是劳登等园艺大师给全球留下的长期遗产。砾石小径模仿沿海生境，肥料堆像林地的碎屑层，灌木和树篱类似于落叶林环境，草坪代替了放牧的牧场，庇护着多达 159 种小型植物。在一个不大的花园里，可以嵌入不同的生境，有的潮湿，有的干燥，有的阴暗。伦敦的私人花园里有 250 万棵成龄树木，占城市森林相当大的比例。花园植物都不尽相同，因此郊区后院廊道为觅食的物种提供了甚至更多样化的食物资源。有趣的是，生物多样性和人口规模直接相关。一个小镇平均有 530—560 种植物，一个多达 40 万人口的城市大约有 1 000 种，而一旦城市人口超过百万，这个数字就跃升至 1 300 种以上。[36]

　　因此，城市花园共同构成了城市生境，它由成千上万独特的微生境构成，形成不断变化的生态系统。不列颠群岛有 1 625 种本地植物，但是可供出售给家庭园丁们的类别多达 55 000 个（其中许多几乎无法区分，清单列出的水仙变种就多达 6 413 个），而且流行的物种也在不断变化。一个典型花园里有 30% 是本地植物，70% 是外来植物。欧文统计了她的花园，其中共有 214 种非英国植物，它们来自欧洲其他各地、美洲、非洲和亚洲，为这里的食草动物提供了丰富的食物。世界上的植物群已经传播到莱斯特，并在这里安了家。[37]

　　郊区丛林的出现直到最近才引起生态学家的注意。正如我们将在本书中看到的，在世界范围内，随着生态系统的成熟，位于城市边缘的绿带会吸引大量且数量越来越大的动物，如鸟类和昆虫来栖息，其中许多动物之前因集约化农业和气候变化已濒临灭绝。然而，在推土机和建筑工的夹击下，这一切尚不清楚，生态学家们只看到了破坏。

　　在全球范围内，洛杉矶都象征着郊区化对自然的吞噬，这是个非常有说服力的例子。为了有力地修正工业城市化进程，早年的洛杉矶是城市和自然完美结合的典范。根据公理会牧师和洛杉矶支持者的说法，在被太阳亲吻的南加利福尼亚州，人们有幸拥有能种菜、养鸡的花园，也能方便地来到海滩、山脉、森林和乡村，在那里"穷人可以像国王一样生活"。

事实证明它太有吸引力了。1958 年，威廉·H. 怀特（William H. Whyte）乘飞机从洛杉矶飞往圣贝纳迪诺。从飞机的舷窗望出去，他看到"一个令人不安的教训，就是人类破坏环境的能力极大"。胆战心惊的怀特说："乘客可以看到众多的推土机正在啃噬两个城市之间仅存的一片绿地，从圣贝纳迪诺的方向有另外一众推土机向西啃噬。"洛杉矶从梦想的环保城市变成了生态噩梦。也许讽刺的是，导致它发生的正是数百万人想要住在自然中的深切渴望。该地区盛行的植被是以干旱落叶灌木为主的灌丛和沿海鼠尾草丛，而它们几乎被完全破坏了。除了零星几个残余斑块（patches）[1]，大洛杉矶地区的整个生态环境或多或少都被破坏了，这显示出 20 世纪城市化的惊人力量。[38]

照片里，战后被毁掉的城市周边地带就像月球表面，没有树木和其他植物，只有一排排相似的、批量生产的平房。那里看起来就像生态灭绝的定义本身，但也处于生态重建的边

1　指在地理空间上具有明确边界的、相对较小的连续区域，具有相似的特征或属性。

缘。几年内，这里将有树冠笼罩并长满外来植物。

现在，洛杉矶人造的生物群落比它所取代的生态系统有更多的森林、更丰富的色彩、更浓密的树荫和更环保的生态。其部分原因是大量的水从数百英里外的欧文斯河和科罗拉多河通过管道输送过来，使这里更加湿润。洒水车在二战后投入商用，景观得到了非常充分的灌溉，现在可以有力地支持从全球各大洲收集来的植物群，使它们在南加利福尼亚州温暖的地中海气候中茁壮成长。沿海鼠尾草区域的树木或草地不多。到 20 世纪 60 年代，洛杉矶拥有 95 平方英里的草坪，面积相当于 4 个曼哈顿岛的大小。2019 年发表的一项调查发现，住宅院子里有 564 种树木，而自然区域只有 4 种。与现存的原生栖息地斑块相比，种植区内每平方米的植物种类增加了 7 倍。[39]

据说，如果水浇得适量，任何东西都可以在洛杉矶的土地里生长。洛杉矶的新住户接受了挑战，到 20 世纪 60 年代，洛杉矶在销售观赏植物方面领先全美。来自东岸和中西部的居民偏好英式审美，这一倾向可以追溯到约翰·劳登的影响，他们喜欢的花园式景观包括整齐的草坪、不拘一格的外来观赏植物和挺拔、成荫的树木。他们不喜欢本地的沿海鼠尾草灌木丛，因为它一年中大多数时间都是棕色的。在科罗拉多州莱克伍德，美国为蓝领阶层大规模修建的首批郊区之一，亚马孙蓝花楹、秘鲁胡椒树和印度橡胶树都风靡一时。橘子树和鳄梨树占据了郊区庭院。在 20 世纪 60 年代，由非洲百慕大草和其他非洲变种杂交繁殖的草坪可以常年保持绿色，满足了人们对青翠草坪的渴望。我们所谈论的是一个世纪中几乎彻底的物种更新，一个由几代居民创造的、与本地生态系统完全不同的城市生物群落。[40]

我们倾向于把沥青和混凝土、砖块和灰浆看作城市对大自然的侵袭。但城市化以更基本的方式重塑了城市的边缘地带，因为花园占了大量土地面积，它用外来种替代了本地种。在欧洲温带国家，这可能没什么问题。一方面，大多数植物离开人的精心照料后活不长，因而仅有少数植物成为入侵者。另一方面，花园时尚从不同地方引进了许多资源丰富的植物，为昆虫提供了食物，而所有生命最终都依赖于此，包括我们自己。

然而，在地中海气候城市和热带城市，外来植物一旦逃逸变成入侵者，就会对局部生态系统产生影响。从南美洲和中美洲引入印度花园的马缨丹（来自马鞭草家族），对当地的生物多样性特别是森林下层植被产生了破坏性影响。漂亮的亚马孙凤眼兰对全球的河流和湿地生态系统造成了巨大破坏。在新西兰，殖民者为了使当地的城市景观像英国一样，种植了殖民者熟悉的植物，对当地生态系统造成了灾难性后果。克赖斯特彻奇市（又称基督城）的 317 种维管束植物中，仅有 48 种是本地的。许多幸存的本地草本植物被视为杂草。英国殖民者的到来引入了超过 2 万种外来植物，其中许多战胜了本地植物群。在中美洲、南美洲、非洲和亚洲，许多快速发展的城市都处于生物多样性热点地区，逃逸植物发现这些地方的气候和土壤完全符合它们的口味。一项对墨西哥恩塞纳达的研究发现，该市公园和花园之外的野地里有 61% 的植物是外来种；智利康塞普西翁的一项类似调查发现，在街道和荒地上有 113 种外来植物，几乎没有任何本地植物。下一章将详细讲述，全世界有大量的城市都铺着修剪整齐的草坪。欧洲以外，许多草种从国外进口，由于它们不是本地种，因而需要大量的水、杀虫剂和化肥才能把本地植物群抵御在外，并保持引以为傲的绿色。大片的草坪装饰着郊区，与它们所征服的生态系统毫无相似之处，结果往往是毫无生气。草坪草是攻击地球的最具破坏性的入侵者。[41]

　　在北半球的温带地区，情况虽然没有那么严重，但也同样令人担忧。佩勒姆湾公园（Pelham Bay Park）是纽约市最大的自然区，50 年来，平均每年损失 2.8 个本地种，增加 4.9 个外来种。19 世纪末 20 世纪初，对中央公园的调查发现了 356 种植物，其中 74% 是本地种，26% 是外来种。2007 年时，那里有 362 种植物，其中 40% 是本地种，60% 是外来种。这种模式在世界范围内非常普遍：城市化增加了现有物种的总数，同时也造成了局部的灭绝。我们所谈论的全球城市是单一的，有类似的摩天大楼、美食、品牌和咖啡馆。但是，全球化也以其他方式施加影响，这些方式在很大程度上是不可见的，也很少被讨论。城市自然的全球化被称为"生物均质化"（biotic homogenisation）。[42]

　　20 世纪，我们把城市边缘地带的野生、半野生或者农业状态改变为其他状态，即广阔的郊区，其中很大一部分是类型差异很大的开放空间，它们复杂地嵌于郊区各地。几代生态学家都认为这是一件坏事：景观的改变以及外来植物对本地植物的取代使该区域遭受破坏，变得极不自然且混乱。真正的自然存在于"原始"或未开发的区域，而郊区代表了人与自然过程互动的所有弊端。

然而，也可以从其他角度看待此事。在全球范围内，边缘地带的郊区化已经创造了新型生态系统，形成了人工与自然生境相互交织的混合生境。城市化对本地野生动植物来说，是可怕的破坏性事件。但这个过程也创造了新的生活方式。喜欢与否，这种栖息地就是现实，而且不可逆转。与其希望它消失，不如拥抱它。我们眼前的是一个丰富的、充满生机的生态系统，如果它要蓬勃发展，就需要我们珍惜它。如今的挑战是优化这些市中心周围面积巨大却不受重视的边缘地带。因为，就像我们星球上的其他栖息地一样，它已濒临灭绝。

想象一下，如果伦敦当局要向开发商出售海德公园、摄政公园、维多利亚公园、汉普斯特德希思和埃平森林，会引发怎样的抗议。如果牺牲 3 000 公顷的休闲空间和野生动植物栖息地，那将是一场无以复加的悲剧，一次大都市的生态危机。然而，1998—2006 年期间，伦敦损失的绿地面积就有这么大，那是由于花园被铺平，要么变成了装饰地面，要么在上面建了房子。这些花园和公园一样具有生态价值，甚至更有价值。[43]

虽然伦敦有 1/4 的面积被指定为园林空间，但其中仅有

58% 的面积栽种了植被，其余 42%（占伦敦总面积的 10%）有可能被绿化，而目前只是灰色丛林的一部分。在这座大都市里，多达 12.4 平方英里的停车场由门前花园铺设而成。与此同时，加利福尼亚州为了缓解住房危机，修订了法律，允许在郊区后院修建单独房屋；因此，2018—2020 年期间，加利福尼亚州颁发了 33 881 份修建"附属住宅单元"的许可证。相比之下，在德国花园上铺设路面需要支付更高的水费账单，以赔偿减少的绿地面积。2021 年，荷兰举行了"打破地砖"运动，各个城市竞相拆除家庭、公寓和办公室门前的地砖铺装区域，并以植物和灌木丛来替代。鹿特丹和阿姆斯特丹正面交锋，比赛谁能移除最多的地砖。最后的成绩是，鹿特丹移除了 47 942 块，阿姆斯特丹移除了 46 484 块。[44]

然而，全球趋势却与此相反，花园变得更少而柏油路面变得更多。由于花园开始消失，或者改变用途，城市生境大量缩减。此外，有的花园比其他花园对城市健康更有益。

布拉德和艾米·亨德森（Brad and Amy Henderson）是一对 30 多岁的年轻夫妻。2003 年，他们因在洛杉矶的朗代尔市造成扰民而被传唤。他们的罪行？因为允许"前院杂草丛生"，导致城市"困境"，形成"贫民窟"环境。据《洛杉矶时报》记者普雷斯顿·勒纳（Preston Lerner）的报道，布拉德和艾米拒绝了人们理想中整齐的郊区花园，他们不喜欢修剪过的草坪、整齐的灌木和规整的花圃，他们更喜欢"混乱的、扭动的、缠结在一起的大杂烩，有紫色鼠尾草、暗褐色荞麦、小球花酒神菊、针叶草和其他数十种耐旱的本地植物,让它们像橄榄球混战一般自然地生长"[45]。

布拉德和艾米反对那种破坏生态的郊区草坪,尽管朗代尔市因它们而获得了田园诗般的名字[1]。美国有 4 000 万英亩的草地。在城市执法官员看来,布拉德和艾米的院子是一种公害,而在布拉德和艾米看来,这是本地野生植物花园,用布拉德的话说,"是完全城市化环境中的岛屿",它不需要破坏性的水和杀虫剂投入。[46]

最终,亨德森夫妇获得社区支持,赢了诉讼,同时他们也同意在这些野生植物侵占人行道时进行修剪。这是为生态目的而非观赏目的而培育的城市花园的胜利。那些有点野性、凌乱的花园——草本植物高大、草坪不频繁修剪、植物能自然生长,违反了长期确立的郊区美景典范和当地的杂草条例。但它们充满了野生植物需要的资源,包括必不可少的传粉者和无脊椎动物。

城市和郊区需要更多像亨德森夫妇这样的人。这就是为什么理解并宣传花园具有增加生物多样性的能力是非常重要的,因为花园才是城市生态系统的关键。如果我们以相应的方式打理花园,它们就有能力惠及自然。它们不仅仅是观赏性或娱乐性的,而且可以比乡村或城市公园提供生物多样性更丰富的关键微生境。城市环境的绿化只能一点一滴地在一座座花

1　朗代尔市的英文名为 Lawndale, lawn 意为草地、草坪, dale 意为山谷。

园、一个个花盆里进行。只有当园丁们充分认识到他们的小块土地对生物多样性的重要贡献时，城市环境的绿化才能发生。

生物学家用术语"群落交错区"（ecotone）来描述两个截然不同的生物群落之间的过渡区，在这里，生态环境发生碰撞与融合。它可能是森林与草原相遇或河流与沼泽交汇的地方。这个词源于希腊语 oikos（家）和 tonus（张力）。它是一个不断被重塑的动态环境，是一个既相互斗争又相互依存的地带。因此，群落交错区有极高的生物多样性、物种丰富性和适应性。

我们应该开始看到城市边缘地带就是群落交错区，因为在那里生物多样性可以蓬勃发展，那里是人与自然栖息地交汇的半野生地带。1978 年，W.H."兔子"·蒂格尔（W. G. "Bunny" Teagle）发表了简短但极具影响力的小册子《无尽的村庄》（The Endless Village）。在英格兰西米德兰兹郡的伯明翰和黑乡地区，他乘公交或步行穿越了 1 300 英里后工业化的边缘地带，这本小册子即是这次开拓之旅的成果。这片伤痕累累的土地曾是席卷全世界的工业革命的奠基地，那里是一片人为改造的景观，有采石场、矿山、矿渣堆、工厂、烟囱、铁路线、运河、发电站、住宅区和高速公路。用蒂格尔的话讲，它就像"杂乱无章的马赛克"，他捕捉到人类活动和自然相交织的时刻。让蒂格尔大吃一惊的是，这片被遗弃和滥用的土地充满活力。人类对这片土地的忽视给自然留下蓬勃发展的机会。

在这些废弃的边缘地带，在灌木丛、荒野、泥塘、沼泽和树林中，自然找到了容身之所，得以再生。这是新生的野生环境。或许它也是过去的野生环境，是城市周围灌木丛生、崎岖不平的边缘地带的回归，还是市民静修的去处。

蒂格尔的研究结果是针对黑乡的，但几乎每个城市都有类似的剩余土地。这是一种野生景观、一个交错群落，在那里，人工和天然景观深度融合。在蒂格尔对黑乡周边进行开创性调查之后仅 20 多年，英国又有了新发现。这次是对埃塞克斯工业景观的调查。坎维岛上有一个面积达 240 英亩的废弃油库，被夹在炼油厂、新建住房、环形公路和超级市场之间，被围起来搁置了 30 年之久。这是典型的野生边缘地带，曾经用于燃烧篝火、摩托车越野和非法倾倒垃圾。然而，尽管那里环境粗粝，却富有魔力。"坎维的雨林"是它的昵称，那里包括一些稀有和濒危物种，每平方米的物种比自然保护区的还多。"在英国，没有其他地方比这里的自然更丰富，"来自无脊椎动物保护信托基金"虫子生命"（Buglife）的马特·沙德洛（Matt Shardlow）这样告诉《卫报》，"它的质量好得离谱。我想不出和它规模一样的任何地方有比它更丰富的多样性。"[47]

20 世纪的大部分时间，生物多样性保护策略集中在对原始自然环境的保护上，忽略了城市栖息地和凌乱的周边地区。同时，绿化带被保留下来用于农业，并限制无序扩张，而它们对生物多样性和野生动植物的价值被忽略了。但为了实现自然保护，现在是时候优先对待城乡边缘的交错群落了，因为它可以成为极多产的栖息地。

绿化带是个错误。地球需要的是野生带或城市边缘的生态缓冲区，即野生动植物保护区。这种区域既能保护本地生态，也能作为防御墙抵御严重的洪水、有毒的空气、水资源短缺和荒漠化。这些半野生的地带不仅是不错的附加品，而且是经济和生存的必需。如我们将看到的，纽约有理由为失去几乎全部的潮汐湿地而遗憾，德里也要为失去四周的森林而后悔。一旦我们不需要从城市腹地获取食物、燃料、建筑材料和水，取而代之的是从更远的地方获取这些能源，我们可能会忘记城市与腹地之间的关系。但是，气候变化迫使我们重新审视城市在其周围环境中的地位。

历史学家托马斯·詹维尔（Thomas Janvier）在 1894 年猛烈地抨击说，在纽约"创造美丽城市"的时机简直被"浪费、错过了"。如果街道是围绕曼哈顿的自然地形而不是按照网格来规划，纽约看起来会非常不同，那里的公路会随着地形轮廓而弯曲，环绕山丘、大片林地，以及"仅仅是为了美景而保留的土地"。事实上，城市规划者下令要"砍伐森林、铲平山丘、填平凹地、掩埋溪流"，以便严格按照街道的规划方案修建出笔直的矩形街道。[48]

在詹维尔的想象中另有一个纽约，它围绕着自然地形发展，而不是破坏它，这样就可以保留相当大片的野生区域，体现我们今天所说的"景观都市主义"（landscape urbanism）设计概念，使城市与自然环境在某种程度上和谐共存。这一城市规划概念可以追溯到劳登，他认为城市有可能成为大花园。生物敏感的城市发展方式以"斑块—廊道"模型为核心。根据该模型，城市能够、将要也应该发展，但如果城市将新开发项目集中在密集且中等规模的中心区域，并将其安置在大片的本地植被残留区域，尤其是雨林、林地、湿地、草地、大草原和河流地带，则可以把对环境的影响降到最低。这些斑块由绿色廊道连接，因为这可以确保本地种的存活，并为动物提供活动空间，使它们不因城市化而被驱散、围困或孤立。这带我们回到了近两个世纪前劳登所设想的野生空间，那时各地城市开始超高速发展，随之产生了对绿化带和楔形绿地的需求。只是在今天，紧迫的环境优先事项和生态科学的发展决定了对这种干预的需求。换句话说，我们已经从注重审美转向了自我保护。[49]

我们现在知道，城市的影子地带可能对自然界特别有利，即使它们看起来不像传统的荒野。那里是野生动植物适应与人类近距离生活的地方，当我们的贪欲和造成的浪费触及每个生态系统时，这也是人类世的迫切需求。如果我们保护城市边缘地带，那里可以成为未来的野生动植物保护区，庇护众多物种不受城市的密集程度和工业化农业的影响。对过去城市丛林中的动物来说，德国城市周围的森林、纽约附近的湿地和伦敦周边的荒野都是崎岖不平的、半野生的避风港。想象一下，如果我们可以步行、骑自行车或乘火车离开城市，不是进入田野，而是直接进入荒野和自然保护区，那会是什么情形。我们将在本书的其余部分看到，边缘地带对城市至关重要，它们保护城市免受气候变化的可怕影响，而且也是休闲和逃生的去处。在 20 世纪后半叶，斯塔滕岛的弗莱士河变成城市对区域生态环境产生不良影响的典型。但即使这个被肆意破坏的地方，也正在变成新的城市野生家园。

第 2 章

公园与休闲

在地下深处，微生物将半个世纪的城市垃圾转化为沼气。气体和渗滤液通过大规模的地下管道提取出来，为 22 000 个附近的家庭供电。1.5 亿吨垃圾在看不见的地下逐渐分解，地面以上，原来的垃圾填埋场变成了草甸、林地和盐水沼泽，是野生动植物的港湾，也是纽约市民的大型公园。

这是 21 世纪 20 年代弗莱士河的景象。2001 年，当时那个臭名昭著的垃圾填埋场接受了最后一批也是最让人伤心的一批垃圾——烧焦的世贸中心残骸。从那时起，它被改造成一座 2 315 英亩的公园，面积是中央公园的三倍，是一个多世纪以来纽约市最大的新建公共绿地，集野生动植物栖息地、自行车道、运动场、艺术展馆和游乐场于一身。这是被毒害的土地：50 年来填埋的垃圾摧毁了该市最富饶的湿地生态系统。复原是不可能的。然而，崭新的生态系统正在有毒的垃圾上出现。

这要归功于人类工程。不透水的塑料覆盖物、土工织物和一层薄土使垃圾与环境隔离，有毒的液体和气体用泵抽走。

垃圾斜坡要经过一个叫作带状种植的过程。土丘上生长迅速的植物被反复翻耕以增加土壤中的有机物。当土壤变肥沃，下一步就是种植"主力"物种，即坚韧的原生草甸草和野花，比如印第安草、小须芒草、鸭茅状磨擦禾、紫菀和秋麒麟草。

坚韧的草地为最初定殖的物种提供栖息地，包括首先来到这里的花草、微生物、昆虫、小型哺乳动物和鸟类。这里有全世界最大的污染土地回收及回归自然的实验。草地基质已经为生命创造了条件：很多种花草和树木在过去的十年中出现，还有麝鼠、锦龟、秃鹰、鹗、苍鹭和濒危的蝗草鸫。接下来要发生的基本上不受人类控制。在未来的几十年里，弗莱士河公园的大片土地将（如同它的新名字一般）由任何被吸引到草地基质上的物种所改造。自然将完成大部分的工作，而非人类。随着风和鸟把种子带来，这里的生物多样性将稳步增加。自然演替生长过程是自然界从森林大火、地震、火山活动和气候剧变这样的自然灾害中恢复的过程。只不过前文提到的灾害是人为的。[1]

一位学者把典型的城市公园称为"波将金花园"（Potemkin gardens），以弄虚作假的"波将金村"命名。据称，当俄国女皇叶卡捷琳娜二世在 1787 年访问克里米亚时，为了给她留下繁荣的印象，当地建造了这个虚假的"波将金村"。就像这些假村庄一样，城市公园呈现出自然的外表，但实际上，它们提供的生态价值有限。大多数公园被设计成风景优美、提供休闲的地方，并不以加强城市生态为目的。然而，弗莱士河公园并不是这个意义上的典型公园。[2]

　　它被称作"生命景观"（lifescape），与"风景景观"（landscape）相对。也就是说，这个地带由不可预测的自然过程形成，而非某个总体规划设计。这是多年破坏之后的补偿与救赎行为，也是响应回收空地并在现有密集的城市景观中开辟公园的需求。在世界各地的城市中，一些场所正被改造成公园，包括垃圾填埋场、废弃工厂、机场、军事基地、水处理设施、采石场和监狱。在德国北杜伊斯堡景观公园，植被和先锋林正在吞没蒂森-梅德里希钢铁厂高炉腐朽的残骸，曾经污染严重的区域现在为濒危物种提供了多种多样的生境。伦敦东部的雷纳姆沼泽长期以来被用作部队的射击场，以及河口淤泥的倾倒地。它位于大规模的仓库、轧石场、垃圾填埋场和工业区之间。A13 高速公路和英吉利海峡隧道铁路从中穿过。然而，从 2000 年开始，它被恢复为湿地自然保护区，成为密集城市化进程中的"世界都市荒野景观"。

　　以弗莱士河公园为典范的城市再野化工程，为 21 世纪的公园提供了一个新概念，它首要关注的是经过数十年或数百年滥用后的生物多样性和本地生态恢复状况。最重要的是，这些工程传播了一个令人欣慰的信息，就是无论我们如何破坏自然，野生动植物都有能力恢复。当然，它们对环境的关注点是新的，但也可以追溯到数千年来人们想要在城市建立自然田园的尝试。然而，什么才算是田园呢？它的概念总在变化。今天，它以本地生态的野化和恢复为中心，是气候变化时代的补救行为。然而，在我们大部分的城市历史上，城市绿化在有意地证明人类对自然界的野性、危险性和不稳定性的绝对控制。自古巴比伦到纽约的中央公园，人类追求在灰色城市中开辟园林绿地，这并非要把自然引入大都市，而是要创造一个更美好的自然。

古巴比伦利用当时地球上最先进的工程技术，建造了一座大青山，它由逐级上升的梯台花园组成，上面长满了乔木、灌木和藤蔓。巴比伦空中花园存在的证据很简略。历史学家斯蒂芬妮·达利（Stephanie Dalley）坚决主张尼尼微城有这样的花园。当然，亚述国王西拿基立（Sennacherib，公元前704—前681年在位）在尼尼微创建了极其奢华的花园，把50英里外的水通过自动闸门、水渠和推水螺旋桨输送到尼尼微。这使灌溉高于城市景观的梯台花园植物成为可能。橄榄树、无花果树、椰枣树、橡树、雪松、葡萄藤和杜松，从西拿基立的砖山上悬垂下来，仿佛藐视干旱的自然环境和密集的泥砖建筑，并与之形成鲜明的对比。在尼尼微和巴比伦，这些花园令人惊叹，它们表明了人类对世界的统治，以及国王至高无上的权力。

尼禄皇帝把乡村带到了罗马正中心，彰显出他狂热、不受约束的权力的范围。公元64年那场摧毁帝国首都的大火也烧掉了之前被穷人占据的空间，为尼禄建造金宫清理了空间。这是一座占地200英亩的宫殿建筑，后来成为罗马圆形大剧场所在地。金宫由帕拉蒂尼山、俄比安丘和西里欧山的缓坡环抱，它的景观设计给人留下未经开垦的野生环境的错觉，并不像正式的园艺。那里有小树林、草场、葡萄园和一大片人工湖，是历史上迄今为止创建城市乡村的最大胆尝试。正如人们对尼禄的评价："真正的奢华不在于拥有金银珠宝，这些在当时是很常见的，而是能在城市中拥有乡村草地和公园，在那里一个人可以完全与世隔绝，要么被阴凉的灌木丛包围，要么有开阔的草地、葡萄园、草场或者狩猎场。"

据苏埃托尼乌斯（Suetonius）说，整个方案"挥霍无度"，试图把帝国大都市的一部分打造成理想化的世外桃源梦幻景象，是骄傲和狂妄的极端例子。这样一来，尼禄的金宫试图实现并超越罗马人所崇敬和怀念的逝去世界，在那里人与自然和谐相处。艺术和诗歌中对田园的向往出现在激烈的城市化进程中，当时的罗马正朝着百万人口的城市迈进。罗马本身就拥有第一批公园，即剧场、神庙和浴场建筑群内的观赏花园。在尼禄修建游乐园之前的一个世纪里，庞培、恺撒和阿格里帕等有权势的政治家就把这些花园遗赠给罗马人民。在奥古斯都皇帝的统治下，玛尔斯广场，即战神广场，被改造成类似公园的地方，那里的开阔地有神庙、坟墓和陵墓。奥古斯都继承了一幢大房子后，命人把它拆掉，修建了美丽的利维娅门廊和一座花园，其中有一株葡萄藤在步道上方生长，在老普林尼（Pliny the Elder）看来，它一年能生产 12 个双耳瓶的葡萄酒。城市绿地彰显了超级富豪的财富和权力，也是他们赠予民众的厚礼。它尤其显示了人支配生命之水的最高权力，因为只有最富有的人才能这样操控环境，克服干旱的城市景观，并通过复杂又昂贵的技术提供常年的绿色植物。[3]

最早的城市已经开始培育城市绿色植物。尼禄为重建失落的世外桃源美景，建造了极其奢华的城市宫殿。与此类似，阿兹特克皇家花园的设计是为了建立与神话和神灵的联系。比如，特诺奇蒂特兰（Tenochtitlan）[1]的中心有一座花园，再现了墨西哥北部崎岖的沙漠地形，在人造悬崖上种有仙人掌、龙舌兰和丝兰等植物。

沙漠花园将阿兹特克人带回时间深处，回到他们的祖先离开的严酷自然环境，回到创建特诺奇蒂特兰之前的几个世纪。那里是回忆仪式的起点，回忆神话般的过去，回忆他们从干旱的沙漠长途跋涉到位于世界中心的大都市的旅途。在另一处的植物园和动物园里，有从很远的地方迁移来的动植物，它们生动地再现并象征了特诺奇蒂特兰广泛的帝国影响力。与后来欧洲殖民者的植物园一样，它们是征服者的战利品。对阿兹特克人来说，城市花园建立了与遥远地形的感官联系，抹去了时间和空间，作为神圣空间而存在。[4]

撇开尼禄创造的外观天然的世外桃源，大多数城市的绿

1　墨西哥特斯科科湖南部沼泽岛上的古都遗址。阿兹特克人从 1325 年起在这里建城，自 1344/1345 年起在这里统治墨西哥，直到 1519 年被西班牙人征服。

化工程都要迫使自然形成某种几何图案。野外的自然可以说是粗粝的、乱蓬蓬的，而城市中的自然则是有序、整齐又和谐的。没有人比巴布尔（Babur）——乌兹别克的统治者和莫卧儿帝国的创建者，更能说明这种控制自然的必要性。公元 16世纪初，在他的统治下，从喀布尔一直到阿格拉的城市都被改造成令人惊叹的花园城市。

与阿兹特克人一样，城市花园联系着统治者和王朝的起源。巴布尔的宫廷生活在城市的户外花园里进行。凉亭和帐篷使他回忆起祖先在大草原上的游牧生活方式，回忆起伟大的蒙古征服者成吉思汗和突厥帝国缔造者帖木儿。在阿富汗和印度城市创建花园使巴布尔和帖木儿非常紧密地联系在一起，因为14 世纪的征战之后，帖木儿的花园代表了最杰出的中亚文明。帖木儿的花园采用了古波斯的查赫巴格（*chahar bagh*）风格，这种风格可以追溯到公元前 6 世纪居鲁士大帝的时代，它用笔直的水渠把矩形的围墙花园分割成四块。四分的花园象征宇宙的四季与四种元素——土、风、水和火。它的对称性反映了宇宙深层的和谐性。英语中"天堂"（paradise）一词来自拉丁语的 *paradisus*，这个词是从希腊语 paradeisos 借来的，而希腊语的这个词又来自古波斯语 pairidaēza，表示有墙的花园。天堂是田园诗般的花园。

古老又美丽的几何图形花园中有草坪、溪流、八边形水池和遮阴的果树。穆斯林认为这是《古兰经》所描绘天国的人间再现。界定查赫巴格风格的四条水道对应天国中的四条河流——水河、乳河、酒河和蜜河。伊朗和中亚的花园建在台地上，这可以控制水流，形成层层叠叠的瀑布。为了使自然和人类的原理相融合，自然被设计成有序的几何图案，并因此形成神圣的东西。帖木儿在撒马尔罕精心打造了气势恢宏的花园，既强调他作为世界统治者的地位，也使他的征服合法化。

在巴布尔的自传中，他从未提及在征服后要建清真寺或伊斯兰学校的事。相反，他一心扑在修建许多花园上。花园设计无疑体现并反映了他的治国方略。不仅如此，花园是其世界观的中心。说他痴迷于花园，只是一种温和的说法。从孩提时起，他就去参观祖先在撒马尔罕的花园，那里给他留下了终生难忘的印象："就美丽、空气和景色而言，很少有［花园］能与达尔韦什·穆罕默德·塔坎斯的查赫巴格花园媲美……它呈对称分布，一层台地接着一层台地，种满了美丽的榆树、柏树和白杨。"

巴布尔被迫离开祖先在费尔干纳盆地留下的土地，他早年过着颠沛流离的生活，远离那些美丽的花园。这位四处漂泊的王子想要发家致富，并终于在 1504 年占领了喀布尔。他着手以祖先确立已久的方式修建花园，将喀布尔变成由一系列查赫巴格风格花园组成的绿意盎然的城市。花园里种有橘子树和石榴树，开满了鲜花，还有溪流和水塘，这里是他的私人天堂，使他与祖先帖木儿相提并论。这些花园是征服印度之后首先建成的，因为它们传播了莫卧儿统治的意义：常青、茂盛的花园代表了神圣君主的无尽财富，而对称分布的花园表示了有序的统治。

这些花园比自然更好。如果天国乐园由几何图案的围墙花园组成，充满了美善的事物，那么世俗世界则是混乱和罪恶的，有丛生的杂草、不规则的风景和野兽。通过培育完美的花园，巴布尔用秩序替代混乱，除去丑陋和不规则的自然。他说，一旦在花园里看见"曲折、不规则的溪流，我就要使它变得直而有序，这个地方因此变得非常美丽"。用这种方法创造的人间天堂，与其说它表示虔诚，不如说它表现了君主的身份和尊严。只有君主有权力让自己在今生就置身于来世所应许的美景中；只有他能使河流变直，并控制自然。有围墙的城市花园是完美世界的缩影，那里剔除了混乱和杂草。城市给花园的创造者提供了完美的白板，所有美丽宜人的东西都可以被纳入，而所有丑陋、混乱或危险的东西都可以被驱逐。

花园也服务于另一个目的。它们首先是征服与镇压的不可磨灭的印记。还有什么比重新安排整个景观更能彰显权力呢？花园也使城市更舒适。莫卧儿的精英不喜欢阿格拉扑面的灰尘和炎热的天气，想带着战利品离开。通过将阿格拉打造成像喀布尔一样的花园城市，巴布尔使那里从外观到小气候都更像他的中亚指挥官们所熟悉的地方。他的花园出产甜瓜和葡萄，这是他从家乡引入印度的水果。在巴布尔看来，印度的地形是"无序的"，城市并不宜人，那里缺乏自来水，所以"我一直想着，无论在哪里定居下来，都要在那里架起水车，使水流动起来，而且场地也要布置得整齐对称"。因此，为了再现费尔干纳盆地的溪流，花园成了展示先进技术的地方。

对花园的热情由巴布尔、他的继承者、贵族和富商展现出来，这种热情改变了城市。花园本身并非我们所理解的公园。它们是宫廷和行政生活的背景，也是精英阶层处理事务和休闲享乐的地方。在特定场合，它们也对社会开放，有的也随着莫卧儿帝国的衰落变成公园。但是，由于这些充沛的水源能灌溉绿地并满足人们对凉爽的需求，城市围绕着这些水源发展起来，这从根本上影响了印度的城市空间。树木、花卉、草本植物和水果从印度和中亚各地聚集到这里，创造了城市景观中新的生物多样性。莫卧儿园林布满了茂密的绿叶，浓密的鲜花和果树，其中许多是该地区从未出现过的。一位游客这样描述艾哈迈达巴德："从〔夏希巴格门〕到哈吉普尔，路的两旁有高大的绿树荫凉，树的那边坐落着属于高级警官和贵族的美丽花园。整个情景就像一个祖母绿色的梦境。"[5]

"花园之城"是人们给艾哈迈达巴德起的名字，因为那里的绿色植物非常繁茂。同样的名字也给了拉合尔，皇帝沙·贾汗在那里创建了莫卧儿最伟大的园林，即 1641—1643 年期间修建的夏利玛尔花园。它标志着莫卧儿园林设计的巅峰，堪称"最崇高天国的实例"。夏利玛尔花园较高的梯台留给女眷；中间的梯台有精巧的喷泉，属于皇帝；较低的留给贵族，有时也给公众使用。

沙·贾汗乐园的建成使拉合尔的面貌发生改变，因为贵族们竞相创造他们自己的天国花园。在拉合尔，园林绿化有意识地将城市与乡村、人类与自然融为一体。这种渴望实现天然与人工相和谐的愿望，使花园城市链从波斯一直延伸到孟加拉湾，在许多方面与被西班牙征服前的中美洲广阔的城邦有相似之处。直到 1885 年，莫卧儿王朝灭亡很久之后，英国驻印度总督达弗林侯爵夫人（Marchioness of Dufferin）仍为拉合尔青翠的植物所倾倒。即使身处城市之中，她也看不出有什么城镇的样子，因为它被"郁郁葱葱的叶子和花朵"掩盖，被"树木所笼罩"；无论达弗林夫人的车开到哪里，都能看到厚厚的玫瑰树篱。她热烈地赞扬道，什么时候拉合尔的居民离开住处和狭窄的街道，"他就发现自己置身于车前草、玫瑰花、棕榈树、芒果树、菩提树和可爱的正开花的石榴树中"[6]。

印度莫卧儿王朝的巴布尔花园给我们讲述了许多有关城市中自然的信息。我们向来希望创建有秩序的景观。同样，日本和中国城市的寺院园林、文艺复兴时期意大利的规则式园林（formal gardens）也是如此，这些地方试图创建规范的、改良的世界与人间天堂般的模型。我们试图驯服大自然的野性，而城市也允许我们这样做，因为城市离自然相对较远，可以变成我们能够开展实验的受控环境。正如城市表明了人类在构建有效益的环境方面取得的成就，城市中的花园意味着人类对自然的控制。公园出于政治的、帝国的、审美的和道德的原因进入了城市领域。

纽约中央公园的游客可能会以为，这里是持续恶化的人类城市中存留的曼哈顿原始景观遗迹，是残余的自然景观，也是坚不可摧的网格状街道规划方案的例外。但它也反映了周围的人造环境，和沙·贾汗的夏利玛尔花园甚或今天的弗莱士河公园一样，是精心设计的。1857 年之前，那里是一片灌木丛生、崎岖不平、多沼泽的地带。许多年来，那里被广泛用作军事营地、采石场、垃圾堆、养猪场、农场和煮骨厂。19 世纪50 年代时，那里有一大片贫民窟，并非一块处女地。"尽管它不具备公园最理想的特征，或者说，要形成这些理想特征，需要耗费更多的时间、人力和金钱，但岛上再难找到另一块 600 英亩的土地了。"[7]

这是中央公园的共同创建者弗雷德里克·劳·奥姆斯特德（Frederick Law Olmsted）的原话。时间、人力和金钱是让自然服从纽约意志的关键组成部分。奥姆斯特德和他的商业伙伴卡尔弗特·沃克斯（Calvert Vaux）在 1858 年的公园设计比赛中胜出。接下来的几年里，那里使用了比葛底斯堡战役中更多的火药来清理场地。大约 140 000 立方米的土壤和岩石被清理，替代它们的是从新泽西州和长岛引进的更适合的表土层。他们还改造了丘陵和斜坡，安装了人造悬崖。小河消失在地下，进入巨大的管网，把草甸沼泽的水引向池塘和瀑布，使那里的风景极其优美。他们从英格兰、苏格兰和法国的苗圃进口了数十万株花草和灌木。奥姆斯特德和沃克斯重新布置了整个区域。在建设期间，对本地动植物来说，它的破坏性无异于重建这个地方。

奥姆斯特德把公园设计成了绿色诗篇，以弯曲的道路为特点，有意使漫步者通过一系列的感官体验和交替的风景走在田园景象中。他想让公园具有"令人愉悦的不确定性和微妙的神秘色彩"。中央公园的游客如同置身一幅徐徐打开的画卷前，满眼是连绵不断的美景。奥姆斯特德运用绿色植物遮掩了相邻的城市，使公园呈现出"乡村空旷感"。人工创造的痕迹通过公园的有机感来掩饰，其间没有生硬的界线，乔木、灌木丛、草坪、山谷和池塘彼此融合。在设计芝加哥南方公园时，奥姆斯特德被问及花圃的位置，他令人难堪地回答道，在公园外的任何地方。田园景观的整体效果在于滋养心灵，它不需要烦琐的细节或分散注意力的花卉。在奥姆斯特德看来，"城里人似乎在宽阔的绿地上找到了无拘无束的活动空间，这和他们平常受事务所限不得不走的室内地板或铺砌路面，形成最令人振奋的对比"。如果"天堂"一词最初意味着一座花园，中央公园则有意成为世俗化和城市化时代的天堂。[8]

我们用"公园"表示服务于城市休闲的绿地，它来自德语单词 parrock，意思是小围场、牧场。它进入拉丁语后是 *parcus*，在中古法语中是 parc，进入英语后是 park，主要指一大块围着的、用于饲养狩猎动物的林地和草场。这个词源给我们提供了一个线索，解释了为什么中央公园和世界上的许多公园是看起来的样子。奥姆斯特德所构想的城市中的自然应有的样子，源自中世纪欧洲。

狩猎公园因放牧呈现出特定景观，包括宽阔草皮上的片片树林，与风景秀美的林地相接。在 17 世纪末 18 世纪初，这种景观成为英国贵族的乡村庄园所钟爱的理想景观。它呈现了对完美世外桃源的幻想，包括平缓起伏的山丘、广阔的绿色牧场、迷人的水景和穿插的林地。为了设计得像克洛德·洛兰（Claude Lorrain）、尼古拉斯·普桑（Nicolas Poussin）或萨尔瓦多·罗萨（Salvator Rosa）的画作，这个艺术的乡村组合景观抹去了农场实际运行的痕迹。它"仍是自然，但却是按特定顺序呈现的自然"，改良的景观反映了使 18 世纪英国农业发生彻底变革的进步和生产力。

就像巴布尔的花园，这些公园被精心打造成政治宣言。一度流行的烦琐几何布局过时了，它是对意大利和法国花园的模仿，再往前可以追溯到阿卡德、罗马和伊斯兰传统。新流行的景观看起来是大自然自发的创造。英国公园比规则式园林更显凌乱和天然，它有意识地象征着英国宪法的所谓有机性，也标志着自由战胜了欧洲大陆的专制君主制。[9]

英国贵族将他们的品味带到城市。伦敦送给全球城市化的礼物之一就是住宅花园广场，它首先出现在伦敦西部边缘的精英庄园，然后在郊区成为那里的显著特征。这些广场的布局随着乡村庄园变化的轨迹而改变。17 世纪时，广场砾石路边种植的修剪平整的树篱、落叶灌木和修剪过的乔木，被高大雄伟的英国梧桐和美国梧桐等树木取代。草坪替代了砾石和铺路石。18 世纪时，在欧洲面积最大、增长最快的大都市，绿化是一项精英工程。就像在拉合尔，绿色植物和花园是富裕区域的特征，而且它也是政治性的。通过在城市住宅区复制乡村庄园，它传达的信息是，土地权力而非商业财富决定了首都的命运。"城市中的乡村"具有双重含义。

在更广泛的意义上，伦敦的园林绿化追随拥有土地的贵族的品味。海德公园是世界上第一批大型城市公园。1536 年时，它是亨利八世的鹿苑，101 年后，公众被允许有限度地进入。在 18 世纪 20 年代，海德公园按照乡村庄园风格对景观进行了大规模的重新设计，巨大的九曲湖是首批被建成外观天然的人工湖，成为公园的焦点。格林尼治公园，以前是规则的巴洛克风格花园，也被按照自然主义风格进行了改造。这些公园是皇家公园，也是贵族和绅士的游乐场所。18 世纪，当之前的禁猎区成为城市绿地并逐渐融入城市结构时，贵族的不规则风格主导了公园设计就不足为奇了。它成为一种可出口的商品：慕尼黑的英国花园（1789）、斯德哥尔摩的哈加公园（1780—1797）、巴黎的布洛涅树林和万赛讷树林（二者均建于 19 世纪 50 年代），以及柏林的蒂尔加滕公园（1833—1840），更不用说中央公园，它们都是城市中的英式景观花园获得国际青睐的早期例子。

这种公园类型将会成为城市景观的主宰。它由园林设计和城市规划的元老约翰·克劳迪厄斯·劳登进一步完善。他的园林式风格吸收了不规则公园美景的基本要素，增加了异国的一年生和多年生开花植物，把它们集中种在弧形和圆形的花圃中。由约翰·纳什（John Nash）设计的摄政公园彻底地背离了城市发展。那里的公园由农田而非之前的狩猎场开辟, 而且有部分贵族住宅区融入城市景观。庄严的观赏树木和繁茂的不规则花圃使摄政公园展现的园林风格看起来是对自然的模仿。然而, 劳登清楚地知道, 城市公园永远也不该被当作真正的自然:"任何被看作艺术品的创作, 都一定不能被误认为大自然的杰作。"[10]

劳登成功参与了用栏杆替换海德公园围墙的运动, 使绿地和灰色空间能融为一体。1840 年, 纺织厂主和慈善家约瑟夫·斯特鲁特 (Joseph Strutt) 委托他创建一个休闲场所, "给 [德比] 城的居民提供和家人一起享受锻炼和娱乐的机会, 使他们在专门用于这个目的的公共步道和场地上呼吸新鲜空气"[11]。

热衷于在城市中为工薪阶层提供自然景观的劳登, 在德比得到了属于他的机会。当时, 以公共卫生为由, 绿化城市的压力越来越大。在纽约市长看来, 当城市遭遇动荡并有诸如霍乱这种能致命的流行病时, 公园 "是公共卫生的基本辅助工具……是劳苦大众重要的呼吸场所"。它们是城市的肺, 可以驱散瘴气和有毒烟雾。[12]

劳登的德比植物园是英国第一座公有休闲公园。劳登种植的 800 种树木有许多是从国外进口的, 人造的小丘使树木彼此相隔, 长满杂草的堤岸把公园另一边的城市屏蔽在外, 再现了乡村庄园元素。园内起起伏伏的景观中有 6 000 英尺长的蜿蜒小径, 游客可以沿着它漫步。德比植物园是劳登最后的作品。1843 年，它竣工没多久，60 岁的劳登就去世了。但是，在公园时代来临之际，他的影响力会持续存在。

劳登的忠实助手约翰·罗伯逊（John Robertson）为默西赛德郡的伯肯黑德公园起草了设计规划，它是世界上第一座由公众出资建造的公共绿地，也是历史上最具影响力的公园之一。它的总设计师约瑟夫·帕克斯顿（Joseph Paxton）把湿地抽干后修建了湖泊，用挖出的石头和泥土建造梯台、山丘和岩石露头。伯肯黑德公园被昵称为"人民的花园"，代表了贵族式风景的胜利，以及园林式景观在市政领域的实现。继而，它成为世界城市公园的样板。最直接的是，它启发了中央公园的修建。奥姆斯特德在 1850 年参观伯肯黑德公园时写道："我简直无法描述这么好的品味、明显采用的技巧及其产生的效果，我只想告诉你，我们走过大片绿地上的蜿蜒小路，其景观不断变化，四面八方都长着各种灌木和花卉，比自然界中的还要优美，而且它们嵌在最碧绿、最密实的草皮中间，一切都保持着完美的整洁。"[13]

英国公园和花园组成的田园景观立刻吸引了奥姆斯特德。他相信公众的健康需要公园，但又不只如此，它们还能对心理产生影响。"公园是艺术品，"他说道，"它的设计要对人的心智产生影响。"奥姆斯特德思想的核心是追求社会正义和民主，他在城市领域的景观设计彰显了这样的信念。他认为，中央公园营造的氛围影响了"城市各阶层中最不幸和最目无法纪的群体，使他们与周围相和谐，并不断提升自己。这种影响力有利于培养礼貌、自律和节制的品格"[14]。

如果公园要制止醉酒和不良行为并提升人的心灵，就必须对此专门设计。对奥姆斯特德来说，英国的田园景观中"美丽的森林风景"，对人的心智有协调的作用。自然植被能产生杂草和林下灌丛，而这些地方往往是颠覆性享乐行为（subversive pleasures）的发生地。伦敦城边上杂草丛生的穆尔菲尔兹长期以来是非法性行为（主要是同性恋）的保留地。与此相反，从植物学和人类的角度来看，清除了林下灌木丛的公园是受控区域。伦敦东部工薪阶层的贝思纳尔格林修建了维多利亚花园，它几乎复制了上层阶级的摄政公园。

与凌乱的公地和荒地相比，精心打造的景观公园有劳动密集型花圃、蜿蜒的道路、庄严的树木和开阔的风景，这都象征着有序、受约束的社会。如劳登所判定的，公园应该宣传它是人造艺术品而非自然产物的事实。它就像一座室外博物馆，花卉和灌木是供人研究的展品。人造物应作为"改进"的典范而受到赞誉，培育的比天然的更重要。在19世纪中期，先是鲜艳的亚热带花圃植物在公园里流行起来，然后是复杂的"地毯式花圃"，它将成排的一年生花卉聚集排列成几何图案，或仿制成徽章、旗帜或蝴蝶的图案。公园醉心于创新，引进了假山花园、日式花园、玫瑰园和植物园等。在某种程度上，引进艳丽的亚热带植物是由于工业污染把乔木和灌木笼罩在黑煤烟中，而鲜艳的花卉引人注目，在它们被城市空气毒死之前，每年也会用新的替换。无论动机如何，公园展出绚丽花卉的代价明显是高昂的，它需要大量劳动力，因而自觉地表明它们由人控制。

如果说自然本身不足以使人变得更好，维多利亚时期的公园则通过围墙、章程和警察来强制执行礼仪标准。杂乱荒芜的城市公地未受管理，一直是穷人们的休闲去处，那里满是不受约束的自然形态。然而，它们（仅有个别例外）被墙围起来，变得更整洁、文雅且有资产阶级性质，是一种新型的、需要集中照料的地方。维多利亚花园建在邦纳斯绿地，以前是野生荒野，工人阶级曾沉迷于在那里开展剧烈的体育运动并举行政治会谈。据《泰晤士报》的记者称，这片新构想出来的、有玫瑰花丛和花圃的户外公共空间改善了人们的行为："许多人，我习惯看到他们无所事事地度过星期天，只穿件衬衫就在门口吸烟，脸也不刮，手也不洗。现在，他们尽可能地把自己打扮得干净整齐，在星期天晚上带着妻子和孩子在公园里散步。"当投入了巨大的成本把巴特西绿地改造成巴特西公园时，中产阶级媒体欢呼这个区域获得了"体面的"审美和"举止得体的"游客。公园将不受欢迎的人和动物都拒之门外。城市绿地需要"与它相匹配的"花卉、灌木、乔木和青草，并要有条不紊地清除被视为杂草的东西。[15]

无论你在上海、新加坡、伦敦、迪拜或者纽约，户外公共空间都惊人地相似。它们是中世纪鹿苑的远亲，由劳登和奥姆斯特德这样的人改造并传承下来。这种公园迅速与改良主义者的意图分道扬镳，改良主义者试图以自然为媒介创建有序社会，后来这些公园成为供人们玩耍、晒太阳、野餐、遛狗和锻炼的地方。那里增加了足球和板球场、棒球场、网球场、游泳池和运动场。近年来，它们也变成欢乐跑、马拉松和大型音乐会、节日汇演的场所。然而，19世纪景观设计风格的要素仍然保留。哪怕是在飞翔的飞盘和路过的慢跑者中，至今仍可发现时已久远的创始人留下的道德和审美动机之踪迹。

与规则的花园或者森林相比，这种景观有不规则的、开阔的地形，能更好地支持人们开展各种娱乐活动，因而这种设计理念仍然很受欢迎。它们的视线让人感觉安全。最重要的是，英式田园审美使人想起一幅想象的、前工业时期的自然景象。20世纪早期，以勒·柯布西耶（Le Corbusier）为典型的现代派建筑师们在展望未来的社会民主城市时，欣然采用了英式园林自由流畅的风格。他们想把高层住宅楼建在数英亩的草坪中，这是因为他们相信（根据一位景观设计专家的说法），"人们天生喜欢美景，一旦有权选择，就会决定住在与18世纪公园不相上下的环境中"。或者，换一个说法，人们想要一种形式简化的自然，一种人造的城市大草原，它维持整齐的景观和少数受人喜爱的物种，阻止不受欢迎的入侵种进入。[16]

有可能我们是因为受限制才选择了这种景观。当早期的古人类离开类人猿祖先喜欢的林地和丛林时，大草原开阔的景观适合他们的直立姿势。长视线提供关于掠食者的警告，而树丛则提供保护。如果这个被称作"草原假说"的观点是正确的，那么它就很好地解释了英式景观花园在公园设计方面在全球流行的原因。它将草地、森林和水的特征相混合，符合我们在进化中的本能偏好。

这类公园普遍存在的主要原因是大英帝国广阔的地域。海外英国人渴望熟悉的地方。正如我们从莫卧儿王朝所看到的，重新设计景观是帝国主义的本能反应。在澳大利亚、新加坡、南非、新西兰、加拿大及其他各国的通商口岸，英式景观公园占据主导地位。[17]

在花园之城拉合尔，英国人试图用花圃替代芒果树和柏树，以修复精巧绝伦的夏利玛尔花园，而这仅仅为了使它更像英国而非莫卧儿的园林。英国人在拉合尔修建了劳伦斯公园，即现在的巴格金纳花园，它具有英式景观花园的所有特征。其中大约有 8 万株树木和 600 种花草，沿着广阔的草坪种有马耳他橘子树、意大利柚子树、欧洲苹果树和梨树、东亚菊花，以及英国三色堇等。1913 年时，康斯坦丝·维利尔斯-斯图尔特（Constance Villiers-Stuart）在反思按照英国品味重建伟大的莫卧儿园林时写道："很容易描绘这种变化，公园里是光秃秃的、垂头丧气的草地，丑陋的演奏台，可憎的铁栏杆和孤寂的欧洲雕像，宽阔而无目的的道路，分散的花圃，以及孤零零的树木，而最糟的是，在一个炎热的国家，它们缺少喷泉和活水。"[18]

英国给世界的馈赠是草坪。维利尔斯-斯图尔特评价道，在整个印度，英国园艺师们对"草坪普遍价值的坚定信念"已经抑制了印度的传统花卉、水果和水景园。英国人无论走到哪里，都想要青翠的草坪。一位英国官员的妻子听见割草机开动的声音时说："几乎可以想象我们就是在英国。"在殖民时期，澳大利亚、新西兰和印度就像一块块草坪，被控制并保持整洁，而修建数英亩的草坪象征着文明对丛林野性的胜利。据印度总督寇松勋爵（Lord Curzon）说，英国人在加尔各答清理了1 300英亩有老虎出没的丛林，在那里创建了马坦公园，给都市提供了"世界上任何首都都能看到的最好的城市公园。它坐落于市郊，紧邻城市最拥挤的区域，这片广阔的区域里……有一大块绿色草地……中间穿插着林荫道和片片树林，既适合景观园艺，又适合建筑效果"[19]。

草坪冲出英国乡村庄园，征服了世界。在全世界大部分的城市，无论气候、历史或当地生态环境如何，都有50%~70%的公共绿地是草坪。这仅是公园部分，如果再加上家庭草坪、公司总部、高尔夫球场、大学校园、道路两边、运动场和墓地，草地的总面积是巨大的。它占澳大利亚城市总面积的11%；在美国，它几乎占据1/4的城市总面积，达6.3万平方英里。种植密集的草坪尤其有吸引力，它可以突出并强化公共建筑的宏伟特征。因此，城市环境中充满了绿色的东西，它构成城市生态主要的群落生境。对许多城市居民来说，数英里的植物绿毯象征着最切实的自然，也是最令人满意的。然而，仔细观察一下，草坪是个明显的例子，说明人类如何在世界各地重新设计了生态环境。[20]

　　英国人和美国人既输出了他们对草坪的热爱，也带去了草种。英国黑麦草、肯塔基兰草、丝状剪股颖和紫羊茅在全球公园景观中占主导地位。这些草型主要是北方温带气候中的原生草，可以支持丰富的生态系统。20 世纪 80 年代对伦敦海德公园的一项调查发现，那里曾是中世纪的田地，尽管公园几世纪以来有各种不同的用途，而且有数百万次的踩踏，仍有 21 种不同的野生草类在这块草地上存活，并庇护了 29 种小野花和草本植物。公园中草地的生物多样性至关重要，因为它们是微生物、真菌、蚯蚓、虫子、蝴蝶、飞蛾和蜜蜂的栖息地，而这些生物决定了更大范围内城市生态系统的最终健康。[21]

　　在南半球，与此形成鲜明对比的是人们对草坪的热衷，无论娱乐还是快速绿化城市环境都需要草坪，这常常导致单一草坪的进口，形成"绿色荒漠"，既无生命力也不具可持续性。这是一场看不见的灾难，或至少是被表面的繁茂掩盖的灾难。欧洲和北美洲秀美的原生草坪草被种在并不适合的土壤和气候中。20 世纪 70 年代以来，中国经历了一场草坪改造，每年有数万公顷的土地被改造成草皮。在其他气候炎热的国家，草皮要经过培育才能成活，这需要进口土壤，大量浇水，经常使用化肥和杀虫剂，以及每周修剪。中国在美国之后也痴迷于草坪，而且遭遇了随之而来的环境灾难。美国每年耗资 400 亿美元，总共需配置 4.5 万吨化肥和 3.9 万吨杀虫剂才能保持草坪碧绿，并免于虫害和杂草。在佛罗里达州，一半的公共用水都耗费在草坪上；在西部各州，这个数值可能高达 70%。

在那些热浪可以把草坪灼烧成焦土的地方，通常会简单地安装合成草坪来代替。在一些公园里，草地被染成绿色，以营造一派绿意盎然的表象。绿色草地和灰色建筑一样是人造的。[22]

主导城市的公园审美理念给生态带来严峻的后果：维持一块台球桌大小的外来草坪，意味着要对原生植物发动一场永不停歇的战斗，因为后者一有可能就会夺回珍贵的草皮。在非原生草类占主导的地方，物种丰富度已经下降。在澳大利亚南部，草坪上仅有 11% 的本地种。高羊茅、肯塔基蓝草和百慕大草占人工管理草坪的 90%，排挤了当地无法适应与欧洲草坪草共存的植物，形成了实实在在的绿色荒漠。[23]

了不起的印度城市生态学家哈里尼·纳根德拉（Harini Nagendra）认为，班加罗尔充满了 18—19 世纪引入的、范围异常广泛的物种，它们提供了树荫、食物和药材。自 1760 年开始，拉尔巴格植物园先后由迈索尔的统治者海德尔·阿里（Hyder Ali）和他的儿子提蒲·苏丹（Tipu Sultan）创建，其风格受印度北部莫卧儿园林的影响。公园里的植物和树木有惊人的多样性，均由迈索尔的统治者从全世界引入，其种类之多令人难以置信。英国人在兼收并蓄中又有所增添，到 1891 年，这座都市植物园已有 3 222 种植物。

今天，拉尔巴格植物园的物种数量已下降到 1 854 种。公园生物多样性的大幅下降表明班加罗尔更普遍的趋势。在英国行政管理者和继任者的领导下，班加罗尔的公园用外国进口的品种代替了茂密的本地果树林，引入了"需要大量投入杀虫剂和化肥的景观草坪"。用学者茜多·帕蒂尔（Sheetal Patil）的话来说："化学制剂使蟋蟀、蚂蚁、鸟、蝴蝶和蜜蜂销声匿迹。"对草坪的狂热使人们用它装点办公中心、医院、学校、校园、新建高档住宅区和公园的四周，这对城市以及区域生态系统产生了严重影响。一份学术报告发现，利润丰厚的墨西哥草坪草市场使乡村面貌发生改变。为了生产无杂草的草坪卖给开发商，仅 3 个村庄就有 350 英亩的植被被毁，土地经平整后喷洒了化学制剂并浇了大量的水。一位农民告诉研究人员："我们已经破坏了土地。如果继续这样做，在未来 10 年里，这些农田会变成荒漠。"[24]

印度城市景观以凌乱的果树和小树林为特点，使那里的生物多样性非常丰富，而现在已经被整齐划一的草坪草和一些受欢迎的不结果乔木和灌木代替。"在物种范围曾经广泛分布的城市，"纳根德拉写道，"植物多样性已大幅简化、减少。这反映人类与生物多样性之间的相互作用也简化了。"在她看来，班加罗尔人一直将城市植被用作食品和药物，并出于精神原因珍视它们，这种情况直到近期才改变。人们从全城搜集资源，包括公园和拉尔巴格植物园。现在这种做法被禁止。公园和公共绿地被严格控制，变成观赏性的，其景观需要设计和维护，且仅服务于娱乐和锻炼，并不是多元化的生态工具。"这是滑坡的开始，"她写道，"这使公园和其他公共设施可以互换，比如地铁或政府办公室。"[25]

简单来讲，这就是市政公园的历史。自然变成一个展品、一个背景和一个象征，而不是什么至关重要的、有益并有活力的存在。

如果考虑到"城市中的乡村"的漫长历史，以及人们内心想要把城市变得更绿的渴望，这并不稀奇。创造理想化的景观并控制、简化自然，其生态后果鲜为人知。的确，这些后果被欺骗性的草坪和鲜艳诱人的花朵掩盖了。这就是"波将金花园"的含义——公园将其贫瘠的现状隐藏在丰饶的假象之下。然而，正如弗莱士河公园开发项目所清楚表明的，我们对城市绿地的态度正在发生转变。在全球范围内，许多绿地都正在被改造，以发挥其生物多样性潜能。这也有一段很长的历史，一段与景观设计的主流叙事相反的历史。跟以往一样，它也由政治决定。

在伦敦东部，你可以走出城市旋涡，进入一段辉煌灿烂的、已失落的中世纪边缘景观。在 2020 年 9 月，长角牛被带到占地 334 英亩的旺斯特德弗拉茨公园牧养，这是一个多世纪以来首次为了恢复生物多样性而采取的手段。伦敦的周边地带由粗放牧（rough grazing）形成。几个世纪以来，人们一直使用像旺斯特德弗拉茨这样的公地。在公地上啃食的牲畜控制灌木丛的蔓延，清除土壤里的氮气，并以其特有的荆豆、金雀花、野花和牧草，以及昆虫和鸟类组合形成了石楠荒野和酸性草原。旺斯特德弗拉茨拥有稀有和濒危的原生花卉，共计 780 种植物、150 种鸟类、28 种蝴蝶和 225 种蛾子。因其显著的生物多样性，被设立为大城市中的"特殊科学价值地点"（Site of Special Scientific Interest），其生物多样性和生态价值远超传统公园。

如果不是伦敦工人阶级的努力，这个边缘地带的生态环境今天就不会存在。1871 年 7 月 8 日，3 万伦敦人集合起来，在西汉姆厅召开了"怪物会议"（monster meeting），抗议旺斯特德弗拉茨的所有者考利勋爵用栅栏把公地围起一部分，打算在上面进行建设。几年前这里曾有 9 000 英亩土地向公众开放；但由于圈占，面积已削减至 3 000 英亩。在考利最后一轮圈地后，旺斯特德弗拉茨仅剩 600 英亩土地。民众愤怒了。预料到会有问题，埃塞克斯郡的志愿者们在公地上组织了一次评估，整个过程由一大批骑警和警察监督进行。

同时，随着许多当地名流和议员们在西汉姆厅的集会上讲话，人群变得骚动不安。"去弗拉茨！"人们开始大喊。其他人插话道："它属于我们。""为什么我们被阻止去那里开会？有什么好害怕的。"人群中的男人们亲自出马，拉着组织者乘坐的运货车，一路"稳稳地小跑着"来到了弗拉茨。愤怒的人群连同运货车都来到公地上，数量远超那里的军队和警察。一切似乎都很平静，最后志愿者走了，警察也撤走了。然后，随着夜幕降临，气氛发生了变化。一群人开始拉扯栅栏。一分钟内，有 50 人来破坏栅栏，然后是 100 人，再往后是数百人从旁路和酒馆里赶来加入。破坏栅栏的声音听起来就像步兵列队齐射子弹。5 分钟后，栅栏就成了碎片。

骑警越过破碎的栅栏朝抗议者冲过来。一个男人被捕。抗议者们喊道，"不可以抓他"，然后朝着一字儿排开、向他们冲来的警察发起进攻。在接下来的混战中，被抓的人和一个男孩戴着手铐，被匆忙带去了警察局。[26]

19世纪70年代，弗拉茨是伦敦周边最后残存的半野生公地和荒野。大部分都沦为城市快速发展的牺牲品。人们尤其珍视旺斯特德，因为它位于拥挤的、高度城市化的伦敦东区。一位记者描述了19世纪70年代时进入公地的感受："空中有1 000种陌生又奇妙的昆虫，与我们脚下的青草混在一起的是野花，它们全然美丽、简洁优雅……风信子、雏菊和毛茛一起盛开着。"1869年，一位伦敦城的政要谈道："工商阶层有种非常强烈的想要离开大城市、进入开阔地的意愿，不是进入随便一座公园或维多利亚公园，而是要进入一些未被破坏、保留自然痕迹的开敞空间，在那里享受大自然带来的种种乐趣。"[27]

工人阶级暴动者在旺斯特德弗拉茨取得了胜利。这块地于1875年被伦敦城收购，以确保它始终是公共土地。后来，它成为更大的埃平森林的一部分。今天，你可以穿过一个有中世纪残存景观的廊带，从马诺公园步行20英里来到埃平地铁站，这一路几乎接触不到公路。伦敦的工人阶级并没有止步于旺斯特德弗拉茨。在1875年，5万名工人聚集在城市开发所危及的另一大片公地哈克尼当斯，在这里见证并庆祝栅栏被拆除和烧毁的过程。次年，数千人在普拉姆斯特德公地游行，以武力阻止圈地，并自己动手填平了破坏空地的砾石坑。

　　这些工人阶级伦敦人加入了长达几个世纪的传统，主张其对城市公地的权利。在 19 世纪中期，他们得到了中产阶级激进分子的帮助。随着伦敦郊区的扩张，富裕的居民加入工人阶级的阵营，保护像汉普斯特德希思和温布尔登公地这样的开敞空间，为的是维持房产的高价并保持社区的半乡村特征。19 世纪 60 年代拯救汉普斯特德希思和温布尔登公地的斗争，促使公地保护协会（Commons Preservation Society）[1] 于 1865 年成立，并形成了议会特别委员会，审查开敞空间的状况。

　　保护城市边缘地带的意愿并非仅和房产价格有关。它的目的和理由是为了实现共同的利益，特别是在工业城市化迅猛发展的时代，为了保护穷人的健康和福利。更根本的是，公地保护协会的成员和支持者希望重新审视城市的概念。自由党议员弗雷德里克·道尔顿告诉议会，伦敦过去有一副由"自然公园"组成的"腰带"，他指濒危的荒野和公地。道尔顿不希望这些边缘地带被"改造成修剪干净、布置整齐的花园或公园。他的目标是让这些区域保持其野生和未开垦的状态，并不施加布局规整的花园平常实施的限制，看到劳动人民可以欢闹地享受这些地方，将是一个令人愉快的景象"[28]。

1　英国最早的国家环保协会，它致力于保护公众享有公共用地的权利。数次更
　名后，现在协会正式命名为开放空间协会（Open Spaces Society），在英格兰
　和威尔士有 2 300 位会员。

这是对野性的呼唤，即便在城市中也要呼唤无拘无束、自然生发的状态。这是对公园的公然批评，公园限制了自然过程，同样也阻碍了人类享受。这种态度反映了人们对昔日乡村的深深怀念，而且唤醒了源自浪漫主义的对野性自然之美的欣赏。最重要的是，它使人们广泛地排斥19世纪的工业化城市，拒绝人工美化并监管的城市公园，那里到处装饰着有异国情调的花圃和修剪的草坪。公地保护协会想要的是粗糙的斑块，上面有"青草地、金色荆豆、山楂花和野玫瑰"。这样一来，它标志着人们对自然的态度发生了根本性转变，不再像几十年前那样不能接受"荒地"，并企图通过现代化来改进它。人们担心的并非生态问题，而是未开垦的土地给处境窘迫的城市居民带来的利益。第一次取得的重大胜利是大都会工程委员会在1871年买下了汉普斯特德希思。根据法律规定，该委员会不仅要保持"这片荒野的自然面貌和状态"，而且要把它恢复到昔日"美丽的野生状态"。

接下来的几年里，3 889英亩公地免遭破坏，尽可能地按其粗糙状态被保存下来，并未改造成修剪整齐的公园。这标志着不同的城市乡村类型，不是文雅的花园，而是回归到由本地植物组成的古老的土地利用方式。根据政府委员会在20世纪50年代的说法，这种斑块的"动植物群落种类异常丰富，而它们在周围大部分地方已消失"，包括公园。[29]

这里并不是"野生"地带，而是由人来管理的自然资源，也是伦敦中世纪边缘景观的残存，多年来历经许多不同的用途。拾荒和普通放牧传统（而不是密集型农业或重度放牧）抑制了灌木丛蔓延，使荒野和酸性草地得以出现，那里还有大量独特的高茎草、开花植物（其中许多是稀有和濒危物种）、地衣、苔藓和真菌。除了城市公地，伦敦以前的猎苑，如里士满、布希和格林尼治等地，有 500 年用于养鹿，是野生动物丰富的牧场。里士满公园的 50 多种禾草、灯芯草和莎草为无脊椎动物，老鼠、田鼠和鼩鼱等小型哺乳动物，以及以它们为食的红隼、狐狸、獾、白鼬和灰林鸮等肉食动物提供了极好的栖息地。[30]

丹麦建筑师斯蒂恩·艾勒·拉斯姆森（Steen Eiler Rasmussen）在 20 世纪 20 年代时写道，伦敦之所以不同于其他主要大城市，是因为它的居民与自然之间有更强烈、原始的关系。"如果你和伦敦人讲汉普斯特德希思是一个多么优美的公园，"拉斯姆森写道，"他会惊奇地看着你，'你认为汉普斯特德希思是个公园？'……对他来说，那是一片未开垦的土地，尽管城市在发展，出于某种无法解释的原因，它仍然维持原样待在那儿。"荒野并不像市政公园那样给人以艺术馆的感觉。伦敦人"逃离了市区街道，愉快地走在长长的草丛中。他们吃力地爬山时，不仅看见，而且还感受到土地的形态"。对拉斯姆森来说，让这些存留的公地保持不受管制的粗糙状态，并在人与野生动植物之间形成紧密的关系，这是至关重要的，因为保护公地是为了保护真正的自然——人性。[31]

在伦敦保护荒野和公地时，全球都在强调在公园里简化并驯化自然，而不是有意识地保护野生动植物。然而，也有例外。动物学家威廉·坦普尔·霍纳迪（William Temple Hornaday）描述了他在1896年2月的一天下午，在纽约的边缘地带散步时发现的一处"完整的荒野，那里看起来就像阿迪朗达克山脉深处一般的荒蛮和凌乱……不可思议的是，1896年的纽约还存有这样的原始森林"。霍纳迪在那里创建了布朗克斯动物园，希望"尽可能地"保护这个区域的"自然状态"。同样，因伍德山、佩勒姆湾和范科特兰公园也在19世纪末和20世纪初创建，它们完好地保留了大片的原始森林、草甸和盐沼。[32]

伦敦的公地和纽约的自然保护区，预示着现代人对城市中的自然抱持的态度。它们就像弗莱士河公园这些地方的祖先，那里的生物多样性不受束缚。随着对城市公园在支持自然进程方面的认识加深，人们意识到那里有尚未开发的潜能，因此态度已经慢慢转变。城市生态学家玛丽亚·伊格纳季耶娃（Maria Ignatieva）描述了城市公园设计理念的演变过程，从"风景优美"的公园到"园林式"公园，再到"生物多样性"公园。其最终阶段意味着公园不再是纯粹的娱乐和欣赏美景的场所，更是通过管理加强其生态潜力的地方。自巴比伦以来，我们一直努力在城市中营造田园景观，弗莱士河公园是这种景观的又一次迭代。今天，处在人类环境恶化的时代，我们在野性和自然中看到了美，这对我们的前辈来说是无法想象的。我们开始试探性地将凌乱视为生命之源。[33]

让我们从草坪——城市生物多样性的基本战场开始。在未来，随着气温的升高和水源保护的需求，无法维持大片修剪整齐的草地持续发展。在这种情况下，本地植物种类可以耐受当地条件，更有利于成为地被植物。在美国中西部，公园转而种植能适应长期干旱的草原植物。北京的一些公园经营者也决定开始用本地地被植物和野生草本植物来替代进口草坪草。自20 世纪 80 年代以来，欧洲倾向于限制除草频率并促进公园野花草地的生长，以此作为生物多样性最大化的手段。这可以重新野化草坪，促进草类和本地草本野花相混合，这种再野化形式支持传粉昆虫，并减少杂草控制、浇水和修剪等干预措施。其最终结果看起来并不像温布尔登网球场那华丽的草地，而更像古老的、灌木丛生的荒地。

克服我们对绿色事物的癖好并不容易。我们花费几十亿才能保持草坪完美整齐的状态。摆脱根深蒂固的审美偏好非常重要，而且在更炎热、干燥的环境里这样做也是不可避免的。我们得容忍看起来更凌乱的公园——地被植物和无草坪区域所容纳的那些杂草，尽管它们是几代人耗费了巨大精力想要铲除的。但我们应该学着喜欢这种粗糙状态，因为凌乱的环境支持生命。我们也要认识到公园里的草皮不是为了坐在上面玩耍，我们脚下和野餐垫下有复杂的、对城市健康至关重要的生态系统。

这不是简单地关闭公园大门、停用割草机和除草剂，让大自然负责接下来的工作就能解决的问题。要想支持生物多样性，城市公园就必须像巴布尔皇帝的天堂花园那样集中管理。伦敦公地就是很好的例子。几个世纪以来，人类通过放牧、觅食和拾荒等活动，最大限度地丰富了那里的生物多样性。然而，它们一旦成为公共娱乐场地，奶牛就停止在那里吃草。到20世纪末，林地侵占了47%的公地面积，另有42%的面积已成为需修剪的市容美化草坪。这两项减少了长茎草和野花草地的面积。把牛重新引入旺斯特德弗拉茨是复兴古老管理技术的尝试。首先，这种技术使草地生物多样性非常丰富，而且它承认城市中的自然离开人类参与就不能兴盛。即便汉普斯特德希思的野性，也是由人类创造的。

即使出于好意的疏于看管，也可能引发生态问题并导致社会噩梦。费城的科布斯溪城市公园就陷入过外来植物失控的困境。这些外来植物紧紧地缠着葛藤和挪威枫向上生长。对不经意的观察者来说，这看起来就像繁茂的自然重新收回了城市土地。但不加控制的自然生长已引发所谓的"生态恐惧"，并对特定性别造成极大威胁。科布斯溪地区的居民大多是非裔美国人，该地区饱受谋杀（主要是女性受害）和强奸的困扰。茂密的入侵植物形成了一个险恶的环境，不仅给暴力犯罪创造了条件，也象征着更大范围内秩序的崩溃和对该社区的忽视。

按照学者亚力克·布朗洛（Alec Brownlow）的说法，在费城，"不加控制的生态环境在当地被解释为种族主义生态环境"的后果。当地人更喜欢过去受控制的、简化的公园景观是不难理解的，因为"野性"与社会崩溃和被遗弃的社区相关。在城市环境中，对生物多样性有利的未必总是对人类有益。由于未驯化的自然状态与疏忽的各种表现形式有关，因此，使公园更有生态效益是个易引起争议的政治问题。[34]

在苏黎世，从 20 世纪 40 年代起，由于对普拉茨施皮茨公园疏于管理，它变得荒凉，灌木丛生。在正规的公园里，植物的繁殖受到严格控制，而在未受管控的公园里，动植物的繁殖欲肆意蔓延。普拉茨施皮茨不受管理的状态，就像汉普斯特德希思、温布尔登公地和中央公园的兰博尔林地一样，使它成为同性恋寻觅性伴侣的热门场所。艺术家汤姆·伯尔（Tom Burr）说："巨大的山毛榉高耸在上，遮住了一切，它的幼苗长在这些树冠下和整个树林的边缘，形成了茂密的灌木丛……可以遮挡沿着小径漫步的人，也可以隐藏任何偏离指定道路而进入植被区的人。"杂草给都市景观增加了一层色情意义，对一些人有吸引力，却让另一些人感到害怕。那里也成了臭名昭著的"针头公园"，吸引着海洛因吸食者。在 20 世纪 80 年代，城市当局重新控制公园后，清除了能提供隐蔽的灌木丛，并监管自然生长的植物，以创建安全区域。对很多人来说，让自然接管是有吸引力的，因为它能加强生物复杂性。但公园是公共空间，它需要精心、昂贵的管理，以平衡社会与生态，以及野性与安全之间的竞争性需求。[35]

对许多人来说，公园是城市给公众提供的接触自然的唯一去处。弗雷德里克·劳·奥姆斯特德等规划师用栅栏隔开了公园：一边是自然，另一边是人类城市的不毛之地。这种分割自然与城市的观念已经存在上千年。但是，公园代表了城市中存在的一小部分自然世界。它们不是混凝土丛林中孤立的生物多样性斑块，而是城市中郁郁葱葱的自然织锦的一部分。野性和公园不能完全兼容。自然生长的、繁茂的自然不在人类的控制之内，无法轻易与我们政治化的、易变的田园风光概念相融合。它存在于铁路和公路边缘、废弃的地段、运河岸边、灰泥墙上、废弃空间和混凝土缝隙中，这些地方可以发现奇迹。

图 1 终极城市树木。香港佐治五世纪念公园东南门入口疯长的榕树，摄于 2019 年。图片来源：Kenny Ho, CC BY-SA 4.0 <https://creativecommons.org/licenses/ by-sa/4.0>, via Wikimedia Commons.

图 2 遭到进攻的城市边缘。《砖块与砂浆进行曲》，乔治·克鲁克香克，1829 年。图片来源：作者收藏。

图 3　花园中的君主。1528 年 12 月 18 日，莫卧儿帝国皇帝巴布尔在阿格拉花园接见乌兹别克和拉其普特的使节。图片来源：Bridgeman Images.

图 4　被炸区域成为生态宝库。1943 年 7 月，一对夫妇在伦敦城格雷沙姆街查看被炸区域里生长的野花。图片来源：Popperfoto / Getty Images.

图 5　对进一步开发克罗伊茨贝格区施普雷河河岸的抗议。柏林的休耕地或荒地彻底改变了对城市生态的研究，并为城市提供了意想不到的社交场所。图片来源：Björn Kietzmann / ImageBROKER / Alamy Stock Photo.

图 6　内布拉斯加州林肯市的草原花园，摄于 2020 年。一片有丰富栖息地的野生花园与郊区整洁却贫瘠的景象形成对比。图片来源：www.monarchgard.com.

图 7　纽约市东村第 9 街社区花园公园。20 世纪 70 年代，绿色游击队用野生植物改造了纽约市破旧的地方。图片来源：John Bilous / Shutterstock.com.

图 8　纽约，环卫工人在布鲁克林联邦大楼的阴影中砍下一株野生大麻，摄于 1951 年。那一年，在纽约市的空地上拔除并销毁了 20 吨野生大麻。这种植物在第二次世界大战期间被种植以获得制作绳索的纤维，之后它们蔓延到了整个城市。图片来源：Brooklyn Daily Eagle photographs, Brooklyn Public Library, Center for Brooklyn History.

图 9　班加罗尔第 27 克罗斯路与卡纳卡普拉路交汇处的菩提树，摄于 2014 年。菩提树属于印度人民，为各种形式的街头生活提供荫凉。图片来源：Rednivaram, BY-SA 3.0 <https://creativecommons.org/licenses/ by-sa/3.0>, via Wikimedia Commons.

图 10　班加罗尔阿萨姆花园。纳塔拉贾·乌帕德亚在班加罗尔市中心的常绿微型丛林。图片来源：
　　　Nataraja Upadhya.

图 11　为了保护纽约市免受气候变化的影响，一座位于该市奥克伍德海滩的房屋注定在飓风"桑
　　　迪"过后被摧毁，为沼泽地让出地方。图片来源：REUTERS / Alamy Stock Photo.

图 12　纽约市的绿色防线。在皇后区的猎人角南湿地，新兴的沼泽地取代了混凝土防线。图片来源：NYC Economic Development Corporation.

图 13　当巴黎养活自己。巴黎米拉波桥附近的菜园，摄于 1918 年。图片来源：Auguste Léon, Musée Albert Kahn.

图 14　水獭主宰新加坡，摄于 2022 年。图片来源：Suhaimi Abdullah / NurPhoto via Getty Images.

图 15　现代阿姆斯特丹，摄于 2022 年。当汽车被挪走时，郁郁葱葱的植物就回来了。图片来源：Dutch Photos / Shutterstock.com.

第 3 章

混凝土缝隙

1945 年，经历了恐怖的战争后，一位德国植物学家回到家乡明斯特，描述了这座城被炸之后的变化："在一家著名餐馆的废墟上，有一片茂密的银柳……前面是通往霍斯特堡的街道，银柳和穗花槭已在巨大的瓦砾山坡上扎根。坡顶上，草莓即将成熟。"被毁的教堂因周围一簇簇漂亮的黄色毛蕊花，显得没那么凄惨；城市主要街道到处是成片的柳树、白桦树和接骨木。[1]

在整个欧洲和部分亚洲城市，植被奇迹般地迅速生长，给瓦砾堆和损毁建筑披上了一层"绿纱"，被摧毁并遭遗弃的城市变得前所未有的青翠。植物学家科尔内尔·施密特（Cornel Schmidt）写道："大自然没有等人类许可，就自发地涌入城市，从而实现了若干市政府没能达成的目标——至少，瓦砾堆已从眼前消失。"据推测，广岛上空引爆的原子弹会使所有植物从那里消失 75 年之久。然而，残骸上很快就出现了一层"鲜活、茂盛、乐观向上的植物绿毯"。当地的目击者称："到处都是蓝花草、千手丝兰、藜、牵牛花、百合花、毛果巴豆、马齿苋、苍耳、芝麻、黍和野甘菊。"即便在爆炸中心，小决明也从砖头和沥青缝中挤了上来。短短几个月，夹竹桃就在一片被辐射的土地上盛开。古老的香樟树，像烧焦的木炭棒一样，不顾表面的死亡，开始萌发新芽。[2]

爆炸后，自然的复苏可以抚慰心灵，但它并不仅仅是个象征符号。城市的大范围破坏给植物学家提供了研究自然的难得机会，尤其是研究自然生长的植物种类如何在城市环境中运作。它们在公园和其他正规场所因惹眼的观赏植物受偏爱而备受打压。最终，战争的破坏使我们对城市的理解发生了根本改变，也导致城市生态学的出现。

1666 年伦敦被大火烧毁时，灰蒙蒙的废墟上迅速覆盖了一层名为水蒜芥的辛辣香草。因其长势之旺，它被冠以"伦敦火箭"的绰号。然而，到 1940—1941 年的闪电战时，它却连一株标本也看不到了。取而代之的是大片茂密的柳兰，因它遍布伦敦市中心，又名"炸弹草"。就在 1869 年，苏格兰高地之外的柳兰仍是稀有物种。其他常见的栖息在被炸区域的植物，包括牛津千里光、加拿大飞蓬和秘鲁香草牛膝菊。牛津千里光开黄花，1794 年从西西里引进；加拿大飞蓬开白色小花，自 17 世纪 80 年代开始作为鹦鹉标本的填充物被引入欧洲；多产的秘鲁香草牛膝菊则是 19 世纪从邱园逃逸出来的。[3]

因此，饱受战争蹂躏的人们满怀希望看到的自然美景和奇迹并非伦敦失去的自然又重新回归，而是一种全新的现象。

它们不仅讲述了城市复杂的历史，还讲述了人类如何深刻地改变了城市生态环境。1942 年，植物学家乔布·爱德华·劳兹利（Job Edward Lousley）巡视了伦敦城遭重创的各区，调查这个过程中植物如何定殖于大城市的部分区域，而在闪电战之前，这些地方都盖满建筑，是"不毛之地"。劳兹利选择从碎石中穿行。位于肯辛顿的圣玛丽教堂遭部分损毁，他透过烧焦的大门，看见了"最茂盛的植物沿着走廊的路面生长，其中柳兰是主要物种"。他在一家废弃商店中看到，"废弃的柜台后面有几株款冬和欧洲千里光在更昏暗、干燥的条件下生长，这是人们想象中不可能生长的地方"。闪电战后的夏天，他总共统计了 27 种植物。在 1945 年 5 月，德国投降几天后，邱园园长爱德华·索尔兹伯里（Edward Salisbury）做了一场伦敦炸弹坑植物多样性的讲座。在之前的三年里，植物种类跃升至157 种。一个生态系统正在形成。[4]

　　这个生态系统非常多产。干扰有利于丰富生物多样性。在自然或人为灾害后的几年里，随着植物和昆虫竞相在贫瘠的土地和瓦砾堆定殖，物种数量迅速增加。随后的几年到几十年里会出现生态演替。当该区域逐渐由几种高大的木本植物主导，较小的植物被挤出局，生物多样性随之减少。这也是为什么被炸区域和建筑工地上有极丰富的野生动植物，也解释了为什么在不断变化的地方、临时受干扰的荒地和棕地（brownfield）[1] 等城市景观中，生物多样性异常丰富。

许多种子由风传播或被鸟粪带到被炸区域，但是欧洲废墟上出现的生态系统也是人类活动的直接结果。繁缕、荠菜、白花藜和宽叶车前草搭着前来清扫残骸的设备的便车，要么粘在鞋底和卡车轮胎上，要么落入裤子卷边里。马匹也帮忙干活，其粪便也为增加包括小麦、燕麦、黑麦草和普通三叶草在内的植物种类做出贡献。士兵和难民在长途跋涉中携带了粘在衣服和行李上的种子。乌克兰第二方面军的马匹于 1945 年 5 月抵达柏林时，猪毛菜的种子随着马车上存留的干草，被撒播到那里，这是一种原产于俄罗斯南部和中亚的苋科植物。这种植物是臭名昭著的风滚草，在柏林动物园车站，即后来西柏林最重要的火车站附近迅速生长。[5]

柳兰喜欢过火区域，因而也叫"火草"；林火过后，它就涌现。詹姆斯·索尔兹伯里（James Salisbury）相信，由火车头和车窗扔出的香烟引起的火灾，给柳兰创造了一条烧焦的道路，使它在 20 世纪初离开苏格兰，沿着铁路线和公路进入伦敦市中心。柳兰因其植株浓密丛生、有鲜艳的尖头紫红色花朵，可以一眼认出。因此，它既象征灾难，也代表希望。与它类似的是醉鱼草，一种在 19 世纪 90 年代从中国引入欧洲的

---

1 指城镇或城市中曾经利用但后来闲置或废弃的、具有重新开发和再利用潜力的土地。

花园灌木，直到 1922 年才在野外记录到它。这种灌木是机会主义者，会利用不利环境以获得微弱优势。它喜爱铁路周围干燥的环境，在铁轨之间或沿着路堑生长，或附着在碎裂的砖石上，沿着全国的铁路网奔跑。因此，20 世纪 40 年代，它准备好了突然来到被炸区域。从那时起，它成了城市被遗弃的独特紫色符号，或者说，也是一笔意外的城市生态财富，这取决于你如何看待这件事。

　　定殖于被炸区域的先驱种（pioneer species）也叫"杂草"，这个词源自拉丁语中 rudus 一词，意思是"瓦砾堆"。这些植物利用受扰土地和废墟。空袭造成的破坏给土壤带来了大量的碳和氮。同样，建筑物使用的石灰砂浆给土壤引入了钙。粗糙、干燥、含碳酸钙的砾石堆和尘土飞扬的荒地很适合像柳兰、款冬和牛津千里光这样的先锋植物在那里定殖，因为它们是从埃特纳火山的火山灰斜坡上进化来的。柏林战败后，17 世纪从北美进口的观赏刺槐疯狂地蔓延，在炸毁的大都市各处垂下一簇簇芳香的白花。瓦砾和柏林的热岛效应相结合形成了类似地中海的沙质和石质土壤，因此香藜也在瓦砾中蔓延开来。这种一年生草本植物只在阿尔卑斯山以北的柏林能找到，那里景观的人为变化给它提供了理想的栖息地。詹姆斯·索尔兹伯里面对一群女志愿者救护车司机发表了他关于伦敦战时生态的开创性演讲，是恰当的。这些植被和演讲的听众一样，都是灾难的第一批响应者，冲向别人不敢涉足的地方。[6]

　　像穗鹏这样的鸟类喜爱闪电战后的伦敦，因为那里再现了繁殖地岩石散落的景观。栖息在悬崖上的赭红尾鸲首次从地中海迁徙到伦敦，因为被炸区域独特的植物群、大量的昆虫和可用于筑巢的残骸吸引了它们。在柏林，宏伟的蒂尔加滕公园被炸弹和战斗摧毁，在 1945 年危急的几个月里，树木被砍下当柴烧。这片月球般的荒地成了草原鸟类的家园，而此前在柏林从未见过它们。一位德国植物学家认为，遍布欧洲的砾石海洋无意间创造出"巨型自然试验，就其规模而言，可以和火山活动造成的新栖息地定殖相比"[7]。

轰炸为城市中的自然开辟了前所未有的巨大空间。埃利奥特·霍奇金（Eliot Hodgkin）描绘了大破坏的诡异之美，尤其突出了杂草丛生的效果。伦敦被炸后显出的野性在罗斯·麦考利（Rose Macaulay）的小说《世界：我的荒野》（*The World My Wilderness*，1950）中有所描绘，其封面插图就展现了圣保罗大教堂周围的野花草地。在现代城市的中心地带，出乎意料的生物多样性使人们看到了城市中原本看不见的、奇异又奇妙的大自然。也许，市中心终究不是"不毛之地"。

1945 年，R. S. R. 菲特（R. S. R. Fitter）开创性的著作《伦敦博物志》（*London's Natural History*）问世。作者将人与自然历史交织叙述的方式使这本著作非常激进。菲特的职业生涯始于为研究机构"大众观察"（Mass Observation）分析平民对战争的态度。之后，他为设在伦敦的英国皇家空军海岸司令部的研究部门工作。他在首都的工作容许他探索这座被战争损毁的城市。出版商柯林斯找他为"新博物学家"系列编写泰晤士河谷的博物志时，菲特提议创作伦敦的博物志。作为一个终身伦敦人和伦敦隐藏地点的探索者，他感到自己对伦敦的了解胜过其他任何地方。让编辑们感到震惊的是，此前从未有人把城市当作生态调查主题。但菲特是一位激进的思想家，也是敏锐的观察者，他看到了其他人（包括学院派生态学家）看不到的过程和活动。他有自己的一套。

菲特有博物学家的天赋和作家的学识，他的工作不是对生态进行分类，而是分析人类与非人类历史之间如何交织在一起。他展示了动植物适应人造环境的方式，以及大气污染或对外贸易使动植物反复受干扰的影响。总之，他揭示了城市环境怎样创造了一种新的混合生态：城市中的自然具有活力，易受剧烈变化的影响，并且和人类一样是世界性的。他离开城市中诸如公园、墓地、花园和公地等"官方"自然地点，在一些被忽视的"非官方"地带找到乐趣，包括污水系统、水库、废弃沙坑、垃圾场、脱落的墙壁和弹坑。关键是，人类和其他动植物一样，都是这个生态系统的一部分。

菲特的书是战争的产物。由于二战使城市中的自然异常惊人地活跃，该书的主题获得了一股上升的热潮，同时，现实世界中有大量生动的可见线索。这是第一部对城市自然历史的系统研究，是迄今为止博物学家回避的研究领域。他仔细考察了几个世纪以来创造的新生境，将大城市划分成不同的生态系统。他有业余爱好者的敏锐眼光，用几章的篇幅介绍了郊区化、建筑材料挖掘、供水的影响，以及垃圾处理和污染的作用。他考虑了运动、食品、园艺、交通和贸易对城市生态系统的改变。例如，菲特表明，为工业发展提供燃料的电厂和煤气厂，在不经意间创造了城市中隐秘的自然绿洲。他记录了一座让人意想不到的"煤气厂保护区"：它位于堡贝门利的"工业东区中心"，在基础设施之间废弃的荒地上有许多刺猬、兔子、红隼、云雀、蝴蝶和鹿角虫。构成这个栖息地的各部分是杂乱的，在其他地方找不到这样的组合，有许多果树、美国梧桐、杂草和半海洋性泰晤士河畔植物的遗迹。这个独特的、半野生的煤气厂生态系统与重型建筑和工业化景观相交织，很少有人注意到它，更不要说欣赏它。

其他地方也激起了对城市中自然的兴趣。1954 年，保罗·乔维特（Paul Jovet）写到了巴黎的自生植被。约翰·基兰（John Kieran）的经典著作《纽约博物志》（*Natural History of New York City*）于 1959 年问世。基兰和菲特一样，对 20 世纪城市的看法充满希望且非常现代。他指出，"人类及其钢筋、混凝土、沥青附属物的广泛入侵"并没有消灭纽约本地的野生动植物。他宣称，即使自然的面积有所下降，剩余的小片草地和森林也能使大部分的本地动植物存活下来。"就算让这个区域的人口尽可能地增加繁衍，让人们尽情地盖房铺路，这座了不起的城市里总会有许多种类、难以计数的野生生物存在。"[8]

随心所欲地建造和毁坏——尽管这样的话在今天听起来很自满，但自然就是这样坚忍不拔。像基兰这样的著作标志着

20 世纪下半叶公众对城市自然的态度发生了转变。至少，市民们现在有一些书，将他们指向各种野生动植物。对人们来说，在城市中发现自然的存在是一件令人震惊的事。但在态度方面，最重大、最持久的变化来自特殊城市——西柏林。

一座有围墙的城市。一座与乡村隔绝的城市。一座被战争摧毁的城市。一座由纵横交错的空街道组成、在等待冷战结束的城市。战争的遗留问题和地缘政治现实使西柏林像座岛屿，因而是一个完美的实验室，使这里开拓出全新的科学领域——城市生态学。

在大多数饱受战争创伤的城市，废墟在几年内被清理干净，建筑物重新出现。柏林却不同。许多大型场地被遗弃了几十年，包括市中心。碎石无法在城市范围外处理，结果是，大型岩峰出现在整个柏林的公共绿化区——其中最著名的是"魔鬼山"，它高出泰尔托高原 80 米，含有 1 200 万立方米碎石。最重要的是，柏林人进入乡村的机会受到限制。这种幽闭恐惧症的结果是，只要植物学家和普通柏林人能找到自然，就会非常珍视它，其重视程度是任何其他地方无法比拟的。

废弃的地方和碎石散落的荒地，被称作闲田或休耕地。它们是儿童玩耍、成年人进行非法活动的地方，也是战后柏林的两个年轻学生常去的地方。希尔德玛·舒尔茨（Hildemar Scholz）和赫伯特·祖科普（Herbert Sukopp）在遭破坏的城市废墟上搜寻并详细记录了所发现的珍稀和意想不到的植物群。

像舒尔茨和祖科普这样的学院派植物学家，在历史悠久的勃兰登堡州植物学协会的协调下，吸纳了业余爱好者加入。这是一个独特的机会，可以研究自然不受干扰时城市里发生的事情。在柏林，你能看到自然演替在很长一段时间内如何发生，看到顽强的植物定殖于此并为灌木和树木铺平道路。正如舒尔茨很早就认识到的那样，他们的工作远超对自然进程的观察。战争冲击了柏林的生态，使之前的城市植物学工作几乎成为多余。废墟上的拾荒者和荒地植物学家留意到一个新型城市生态系统的诞生。[9]

20 世纪 50 年代时，没有人知道这个新环境会是什么形式。但有一点是确定的：柏林是人造的，其正在显现的城市自然类型从根本上区别于城市形成之前的生态系统。不是再野化，而是新野化（neo-wilding）。1957 年，舒尔茨和祖科普发表了一份在柏林发现的野生植物物种清单，这是专业人员和业余爱好者多年来编目分类工作的成果。由于实地调查不断取得新发现，而且生物型（biotype）变得成熟，在随后的几年里，该清单不断更新。随着时间的推移和对休耕地的反复研究，祖科普等研究人员清楚地认识到，最适应恶劣的人造城市环境和气候的植物是顽强的非本地种。战争期间出现的抗灾植物不仅是人类冲突的副产品，也是在市中心环境的反复打击中顽强存活的居民。祖科普和其他人看到，因为外来种频繁入侵，城市生态系统是不可预测的。显而易见的例子是战争造成的扰乱明显有利于入侵种，而非本地种。从战争到经济衰退，到急速发展，再到科技变革，城市正是以各种扰乱为特征的场所。[10]

对城市休耕地进行的广泛且深入的研究表明，城市边缘地带有着惊人的生物多样性。这些休耕地培育了原始群落生境中已经消失的珍稀植物，而且正在形成任何人都无法预测的特点。刺槐、桦叶槭、月桂樱、金链花和臭椿在柏林存在了至少一个世纪。然而，尽管这些树木非常多产，直到 20 世纪后期，树种才撒播到全市。对它们来说，改变的是小气候：到 20 世纪 60 年代，柏林市中心的温度比周边区域平均高出 2℃（在温暖的日子，温差可达 12℃），每年的霜冻日少于 64 天，而周围地区的霜冻日超过 102 天。农村和城市明显的温度差由吸收太阳辐射的物体表面、挡风的建筑物和更集中的污染导致，被称为热岛效应。柏林的休耕地揭示了这些秘密。[11]

只有年复一年地研究这些地方，科学家才可能理解大城市的环境和生态系统发展之间复杂的相互作用。祖科普指出，柏林市中心的荒地拥有 140 种种子植物和 200 种昆虫，那里允许自然演替进行已经许多年。与之相比，"附近蒂尔加滕公园有精心维护的草坪和灌木丛。相同面积上，公园中的昆虫种类最多只有荒地的 1/4"[12]。

同样重要的是，祖科普和其他研究者领会到，不存在单一的城市生态系统。遍布柏林的休耕地有不同的生态，这取决于历史、小气候、离城市边缘的距离和优势物种。柏林的复杂性"类似于马赛克生存空间，由许多不同的小地方组成"。这有力地证实了城市和自然并非二元对立。每个城市在生态位点

（niche spots）[1] 上发展出自己独有的、允许植被自发生长的"自然"形式。据发现，尽管柏林的城市化过程中有 202 种植物灭绝，但自发出现的物种从 18 世纪的 822 种增加到 20 世纪末的 1 392 种。不像公园，这些非官方的自然表现形式将重要的绿色网络嵌入了整个城市框架。[13]

在菲特对伦敦的研究中，他颂扬了这些不可思议的地点。赫伯特·祖科普使这种研究热情成为一门科学。20 世纪 70 年代对城市中的自然来说是关键的十年，他用"城市生态学"描述对柏林的研究。1973 年，柏林工业大学成立了生态研究所，祖科普被任命为生态系统研究和植被科学系的主任。在这个职位上，祖科普教授不仅研究城市，而且也开始塑造城市。所有那些不整洁的、乱七八糟的荒地带来了丰富的生物多样性，并形成了独特的生态系统，而之前它们几乎没有被人研究过。因此，它们像古老的森林或乡下的湖泊一样非常需要保护。事实上，它们非常脆弱，因为它们外表丑陋，同时又是主要的房地产。[14]

为了自然而保护拆迁地从来没有被列入任何人的日程，但祖科普和同事能首次在几十年中持续带来科学发现和大量

1　生态位指城市或任何一种栖境提供的可供利用的各种生态因子和生态关系的集合。其中，生态因子包括水、食物、能源、土地、气候、建筑、交通等，生态关系包括生产力水平、环境容量、生活质量、与外部系统的关系等。生态位点指个体或种群在生态系统中，在时间、空间上所占据的位置，表示生存所必需的生境最小阈值。

数据。他们的参与有助于形成 1979 年颁布的《柏林自然保护法》（Berlin Nature Protection Law），该法律为西柏林市区制定了物种保护计划。在祖科普领导的工作组的带动下，专家们汇编了濒危物种的红色清单，而最根本的是，它们为西柏林绘制了彩色编码的群落生境地图，揭示了不同生态系统复杂的镶嵌结构。

一场保护柏林非官方绿地的战斗已经准备就绪。祖科普说，他不愿把城市变成"自然的天堂"。他想说明的是"城市与自然并不对立。大量的动植物都能直接和城市居民一起近距离生活"。保护城市中的自然意味着保护这些生物，不仅出于研究的目的，也是为了让那些缺乏与自然接触的柏林人受益。最重要的是，城市中心的荒地比正规公园和花园有更丰富、有趣的生物多样性。它们对提供健康的城市生态系统服务至关重要。休耕地必须成为未来的自然保护地。[15]

1979 年时祖科普就看到，随着物种适应城市条件，进化正发生在这些受威胁的城市和工业荒地上。在这种受扰的人造环境中，许多新引入的物种会互相杂交，创造新的基因类型。"这些进化过程持续发生，"祖科普写道，"未来的主流植物肯定是那些最能适应人造场所的种类。"[16]

我们在这里看到鉴赏力变化的开始。那些从前杂草缠绕的废弃场所，从眼中钉变成让人敬畏、惊叹的地方。那里的植物是坚韧的内城类型，能忍受一切城市丢给它们的东西。当后工业化城市意识到气候变化的现实时，城市杂草景观将会成为政治性的。这样，它已经跨越了一些我们最深的偏见。

"世界奇观衰落到何等地步！"1430 年时，波焦·布拉乔利尼（Poggio Bracciolini）发出这样的哀叹。"多么大的变化！多么严重的破坏！胜利的道路被藤蔓遮蔽。"罗马圆形剧场曾经是宏伟城市和辉煌工程的标志，到了中世纪却已长满杂草。

1643 年，植物学家多梅尼科·帕纳罗利（Domenico Panaroli）撰写了《圆形剧场植物目录》（*Plantarum Amphytheatralium Catalogus*），详细列出了 6 英亩剧场内的 337 种植物。罗马圆形剧场内的植物产量很高，农民要付费收集干草和野生草本植物。这个遗址具有独特的小气候，南面干燥、温暖，北面凉爽、潮湿，形成了不同生境和植物群落。在观众曾经为角斗比赛欢呼的地方，现在下层的长廊长满了粉色的石竹属植物，而五叶银莲花喜欢更高的位置。1855 年，英国医生理查德·迪肯（Richard Deakin）的记录显示，罗马圆形剧场的植物激增到 420 种，其中有许多来自地中海东部、非洲和更远地方的外来植物，这让迪肯推测种子是由 2 000 年前在这里被屠杀的动物的皮毛带来的。

野草意味着衰退，既是文明衰落的征兆，也是原因。毕竟，如果文明不是用人类秩序取代混乱，又是什么呢？城市生活代表了对抗自然破坏力的战斗，城市是逃避残酷和反复无常的荒野的避难所。野草提醒我们，自然总是潜伏着，准备吞噬人类最伟大的杰作。乔凡尼·巴蒂斯塔·皮拉内西（Giovanni

Battista Piranesi）描绘了 18 世纪的罗马，在画作中，古代宏伟的建筑往往与牛蒡和芦苇等猖獗的入侵植物之间形成非常显著的对比。罗马圆形大剧场被忽视的状态告诉我们，每个人都应该对野草保持警惕。

从生物学的角度来讲，并不存在野草这样的东西。想要获得一个客观解释是不可能的，西方经典已自满地从道德角度定义了野草。圣经提到"旷野"（wilderness）一词时，总是表达负面含义；"杂草"是我们必须与之战斗的有害之物。在《旧约》中，人类堕落后，伊甸园的美丽被需要耕作和改善的土地取代；水果和花卉与荆棘和蒺藜共存；只有通过劳动才能使好的和坏的分开。在莎士比亚的《亨利五世》中，政治混乱等同于荒野和杂草，曾经丰饶的草地被"毒麦、苦芹、蔓延的延胡索……可恶的羊蹄草、粗糙的蓟、毒胡萝卜、牛蒡"占领，"她原来的风韵给破坏了，她的丰饶已成陈迹"[1]。在《哈姆雷特》中，王子看到父亲去世后丹麦的可怜境地，把它描绘成"荒芜不治的花园，长满了恶毒的莠草。想不到居然会有这种事情"[2][17]。

对城市的描述很少涉及杂草植被，绘画强调的是人造物

1　译文引自莎士比亚：《亨利五世》第五幕第二场，见《莎士比亚全集》（第六卷），方平译，北京，人民文学出版社，2010 年，第 498 页。

2　译文引自莎士比亚：《哈姆莱特》第一幕第二场，见《莎士比亚全集》（第三卷），朱生豪译，北京，人民文学出版社，2010 年，第 96 页。哈姆莱特通常译作"哈姆雷特"。

的几何形状。然而，尽管一直默默无闻，但很明显，城市一直遍布未经批准、自发生长的绿色植物。文字没有记载的由考古记录讲述出来，这些记录告诉我们，杂草在中世纪城市有用处且数量丰富。发掘出的厕所粪便证明其中含有丰富的野生种子，补充中世纪欧洲城市的饮食：黑刺李、西洋李子、罂粟、樱桃、黑莓、覆盆子、野草莓、狗牙蔷薇果和榛子。种子不断被带入城市。繁缕经马匹引入城市，有的草籽通过干草输入，而有的从茅屋顶和铺地板的莎草和灯芯草中逃逸到城市，在那里生长。酿酒厂周围的外来植物尤其多，比如德国啤酒厂周围有 692 种谷物和干草，814 种柑橘类杂草。从码头货箱涌出的外来种子使仓库附近区域集中了大量外来开花植物。正如瑞士植物学家在 1905 年指出的那样，城市里的野生花卉"基本上与贸易和工业的规模和强度持平，是衡量技术文化的直接标准"。现代化之前的巴黎码头和许多其他商业水边景点相同，野花和草本植物比城市的任何其他地方都多。[18]

　　后世称之为杂草的东西，在中世纪是常见资源。在乔叟《学者的故事》（"The Clerke's Tale"）中，格丽西达"回家时，就采些菜蔬，切细煮熟，作喂羊之用"[1]。1597 年，草药学家、伦敦人威廉·杰拉德（William Gerard）写道，人们习惯"享用各种各样平民称之为杂草的东西"，荨麻用来做汤，嫩苦苣

1　译文引自杰弗雷·乔叟：《坎特伯雷故事》，方重译，北京，人民文学出版社，2019 年，第 172 页。

和野鼠尾草做沙拉。白花藜从粪堆和肥堆上冒出，在街上随处可见，是供食用的、富含铁元素和蛋白的植物。中世纪的酿酒师用一种叫作"格鲁特"（gruit）¹的草本混合物给麦芽酒调味，这些草本植物在荒地上或沿着建筑生长，有香杨梅、艾蒿、蓍草、金钱薄荷、绣线菊和金雀花。薄荷油被贫穷的妇女收割并出售，用于堕胎以及缓解牙疼、痔疮和瘙痒。天仙子用于镇静，款冬被制成止咳糖浆。马齿苋是整个地球上最独特的路面杂草之一，富含极高浓度的不饱和脂肪酸，是中世纪日常饮食的关键组成。第二次世界大战期间，医疗用品局呼吁人们提供生长在伦敦的野生草药，以前常有人采摘它们，但近年来需要进口。制药所需的植物包括毛地黄、雄羊齿蕨、刺荨麻、蒲公英、牛蒡、款冬和天仙子。战时的需求使我们重回失落的城市采集世界。[19]

就像祖科普所在的 20 世纪柏林，中世纪城市长势最好的植物是之前适应了受扰环境和荒野的植物：荨麻、藜、蓟和蒲公英。商品在现代都市中的持续活动和流动使杂草景观高度动态化，新物种不断涌现，并取代了较老的物种。1823 年，丹麦植物学家约阿基姆·绍夫（Joakim Schouw）创造了一个新词"城市植物"（Plantae urbanae），描绘那些更喜欢在城市而不是乡村生长的植物种类，其中许多是外来杂草。[20]

杰拉德写道，如果"仔细观察"，你会发现城市野花"非

1　用混合香料来增强啤酒味道的老式酿造手段。

常美丽"。他观察到伊丽莎白时代的伦敦砖墙和石墙都覆盖着郁郁葱葱的二行芥、虎耳草和墙草。到 18 世纪中期，伦敦的墙壁萌发出新的绿色外衣——原产于地中海的蔓柳穿鱼，它混在从意大利豪宅运来的大理石雕像的部分包装材料中被带到牛津，又从那里逃走，来到首都。

英国科学作家格兰特·艾伦（Grant Allen）在 1886 年谈到美国时轻蔑地说道："看起来，世界上所有布满灰尘、令人讨厌、恶臭的害虫在这里陶醉于一场盛大的民主狂欢。"艾伦把美国城市的杂草景观看作美国世界主义的写照，认为美国城市被欧洲、亚洲、非洲、美洲其他国家和澳大利亚的植物残渣所玷污。入侵的、未经栽培的物种随着第一批欧洲殖民者抵达。这些物种或有意作为牧草引进，或意外地通过贸易引入，它们在整个美洲蔓延，淘汰了本地植物。[21]

然而，有人欣赏 19 世纪美国城市以混乱为特征的景色。波士顿植物学家威廉·里奇（William Rich）发现，家乡城市的"空地和填埋场"有"几乎取之不尽的"不同来源的野生植物。在一部了不起又卓有远见的著作《城市庭院中的自然》（Nature in a City Yard，1897）中，查尔斯·蒙哥马利·斯金纳（Charles Montgomery Skinner）陶醉于自己在布鲁克林块地上的大量野生植物。它们来自世界各地并茁壮成长——紫菀、甘菊、雏菊、蒲公英、百里香、秋麒麟草、酢浆草、蓼、酸叶草、蓟、野防风、繁缕和马齿苋等组成了欢乐大杂烩。斯金纳从简陋的小巷中收获了"平民"野生芥末，并把它种在自家院子里。[22]

美国城市快速却不平衡的发展为培育野花资源带来机遇。在杂乱无序的城市化时期，美国的城镇建筑物之间有许多空隙。向日葵和黑心金光菊等牧场植物很好地适应了空地、路边和其他受扰地方。大片摇曳的向日葵在不适宜的混凝土、碎石、煤渣和沥青上生长，成为美国城市的特色花卉。在芝加哥畜牧场丰富的粪堆里，长出了猫薄荷、三叶草、起绒草和茄属植物。在 20 世纪早期，"杂草"覆盖了芝加哥近 40% 的陆地面积。苍耳、狗茴香、狗尾草、向日葵、苦苣占据了小巷空间，也长在路边、工业场所和其他城市边缘地带。穷人采集多刺的莴苣。城市到来之前的草原植物，例如斑鸠菊、松香草、金色千里光顽强地生长。华盛顿特区散落着非官方的植被，其中有的在靠近宏伟的联邦大楼甚至白宫的地方生长。1902 年，在费城的一块闲置地上，植物学家发现了"名副其实的热带丛林"，它由杂草之王大麻组成。[23]

对许多人来说，城市象征着人类与自然的疏远。自然在城市中以令人难以置信的繁茂程度蓬勃发展，但这种绿色植物被看作错误的种类，几乎无异于污染，遭到厌恶、忽略、不被承认。

在 1881 年的一项对巴黎路面植物的研究中，约瑟夫·瓦洛特（Joseph Vallot）写道，自 1800 年以来，这个大都市发生了根本性变化："我们找不到一个没有铺设砖石、沥青或碎石的角落。一支配备了软管和机械扫路机的工人大军，每天在街上执行清扫任务，如果某个小型植物有从铺路石之间长出来的风险，对街道清洁度感到恐慌的助手会急忙用专门工具把它拔出来。"由鹅卵石铺成的老街道和未铺砌的街道与城市植物交织在一起，而现代街道给它们的空间很小。19 世纪的巴黎铲除了曾经是城市景观特色的野生植物，瓦洛特为此感到悲哀。几个世纪前随处可见的植物仍然出现，最为显著的是出现在保护行道树的架子之间，但随着巴黎街道变得越来越坚硬且不可渗透，这些植物正变得越来越稀少。[24]

意大利统一后，首都迁至罗马，圆形剧场内著名的荒地被视为有失体统，因此那些植物被清除。在 19 世纪，对流浪植物的态度就像街道和人行道一样变得强硬。改革者想要城市更加健康、干净和整洁。城市生态在改革者严厉的注视下衰落。公园和花园代表了自然可被接受的面貌，而自生植物则是混乱、不安全、与现代大都市不相称的。

史密斯·帕特森·高尔特（Smith Patterson Galt）并不这样想。他告诉法庭，他的杂草不但对"自然经济"而且对"保护地球人类"至关重要。高尔特这位密苏里州圣路易斯市的著名律师，在 1900 年 7 月收到了市卫生官员签发的"杂草声明"，命令他铲掉向日葵，法庭称之为"杂草"，而他称之为"未经培育的植物"。高尔特不服该命令，一直上诉到密苏里州的最高法院。他极力争辩，说这违反了宪法修正案第 5 条和第 14 条规定的他应享有的权利。

圣路易斯市不喜欢不受控制的植物。《快邮报》（Post-

Dispatch）批评杂草是"植物王国的流浪汉和放逐者"，它们像流浪汉那样搭火车的便车，来势汹汹地在荒地上聚集。"杂草意味着忽视，"该报怒斥道，"给我们一座整洁、现代的城市。"高尔特的立场恰逢美国城市里未经培育的城市植被备受攻击的时期。他触犯了 1896 年的一项城市条例，该条例命令业主销毁不受控制且生长超出一英尺的植被。在最高法院，高尔特为自己被指控为杂草的向日葵进行辩护。但是，根据公诉人的说法，向日葵是典型的放弃照管和忽视的产物，只因为它们充斥在城市中丑陋的、未使用的区域，而且无法摆脱这个特征，所以是杂草。法官赞成这个说法，高尔特败诉了。[25]

　　自生植物被厌恶，因为它们是移民和机会主义者，像一伙无业游民或不法之徒一样钻空子，无孔不入。它们偏爱废地，在执着于公共秩序、卫生改革和美化的时代，这使它们甚至更加令人厌恶。这种观点认为杂草抢劫大自然，合伙攻击美丽又精致的植物；除了像高尔特这样的怪人，它们显然不是任何人想要的绿色植物的样子。

　　虽然"杂草"一词仍未被定义，从整个 20 世纪一直到今天，人们仍然在用"圣路易斯市诉高尔特案"（*St Louis v. Galt*）的先例来执行杂草条例。任何不是专门以观赏或食用为目的而种植的，或修剪得井然有序的植物，都可能触犯该条例。人们被告知，如果不把它收拾好，就会被处以高额罚款。对美化者来说，向日葵、牛蒡、蓟等并不代表"自然"，它们与恶臭、疾病、犯罪、贫穷和不洁有关，是不友好的入侵植物和公害。"外来植物移民，"一位惊恐的植物学家在 1902 年轻蔑地说，"……倾向于不那么挑剔，甚至常常在灰烬和垃圾中生存和传播。"被吸引到肮脏地方的植物肯定本身也是污秽的。把不受欢迎的植物和卑劣的人相关联，彻底地表明这两种相互交织的力量正对城市社会组织造成致命的破坏。两者都是环境问题，都必须被解决掉。[26]

除草剂的出现使这场战争演变为化学战。城市的公共环境必须保持无杂草。郊区空地到处是不受约束的、丰饶的自然资源，对整洁的花园和草坪来说，是危险的潘多拉魔盒。城市一贯的野性特征现在与贫穷、肮脏和社会崩溃联系在一起。在 20 世纪，为了创建清洁城市，公共领域和私人领域对城市植被发动了一场前所未有的攻击。

并非所有的建筑物都像古罗马圆形剧场一样，能够承受几个世纪的绿植生长。许多城市植物的确需要清理，因为如果不加以控制，它们会破坏建筑。所不同的是，20 世纪对杂草的反应过度了。出于道德与审美以及实际的原因，它们都必须被铲除。但这样的植物是最终的幸存者，它们比人类邻居更顽强地展开反击。

炸弹再次爆炸，绿色植物又回来了。只是这一次的炸弹由玻璃圣诞饰品制成，里面装有野花种子和少量土壤。在 20 世纪 70—80 年代，纽约市的"绿色游击队"（Green Guerrillas）把它们扔进被篱笆隔开的空地。这些"绿弹"（greenades）将碍眼的地方变成城市的微型草甸，上面长满了外观像蕨类且有蓬松白色伞状花序的野胡萝卜、鲜艳的蓝色菊苣、紫苑、黄色月见草、黑心金光菊、峰形蛋黄草、亮橙色宝石草、秋麒麟草、毛瓣毛蕊花、蔓延的委陵菜和紫罗兰色野生牵牛花。绿色游击队员在纽约街道的中央隔离带上撒下向日葵种子。"土壤未经准备或改良，也没有施肥或浇水，"1985 年 6 月的《纽约时报》写道，"然而，4 月中旬时，野花却在这些看起来没有希望甚至是敌对的环境里着床，现在繁盛起来，即将开花。"[27]

1973 年，绿色游击队的领军人物、年轻艺术家莉兹·克里斯蒂（Liz Christy）在鲍厄里街和休斯敦街街角的一块废弃场地上建了一座花园，那里因酗酒者和无家可归者而臭名昭著。城市当局指控克里斯蒂和游击队非法侵入，并试图将他们逐出。克里斯蒂动员媒体，以展示野生园艺如何改造一座被金融危机和纵火摧残的城市。一年后，市政府让步了，以每月 1 美元的价格出租了这块地。这一成功鼓舞了效仿者。1978 年，城市启动了"绿拇指计划"，将废弃地段出租给志愿者，使绿色游击活动合法化。到 1982 年，150 英亩位于南布朗克斯和布鲁克林的土地种植了黑麦、牛毛草、三叶草、野花、覆盆子和黑莓。《纽约时报》称赞它以"一种廉价而漂亮的方式修复了伤痕累累的城市景观"。这是由 10 年前莉兹·克里斯蒂的直接行动开创的。克里斯蒂于 1985 年死于癌症，但她在鲍厄里街的花园仍然鲜花盛开，她的影响也是如此。到了 20 世纪

90 年代早期，纽约市已有 850 块废地被绿化，其中 70 块位于下东区。[28]

这项工作展现了人们对城市野生空间态度的转变。这样的场所不再是人人谴责的碍眼之物。人们开始看到它的美，而且还意识到，城市中被遗忘的边缘地带是被埋没的、真正的生物多样性宝库。荒地、废弃物、遗弃、杂草——这些词都暗含着失败，但随着人们观念的转变，它们也让人联想到自然繁荣的景象。

伟大的城市作家简·雅各布斯（Jane Jacobs）在 20 世纪 60 年代提出，创新最有可能出现在城市中不受监管、非正式、未规划的地方。这同样适用于自然。忘掉公园和花园，因为生态财富蓬勃发展的地方是城市的野生区域，它们是自愿的，不请自来。那里没有规范的绿色植物秩序。说白了，它们乱七八糟。

习惯了整洁城市的游客来到柏林，可能会觉察到这种凌乱。这是一个容忍植被自然生长的城市。电车轨道、道路两边和建筑周边生长着大量的野生植物，在其他不那么开明的城市，这些植物可能会被视为杂草，面临被除根的命运。这种放松的、不吹毛求疵的态度在很大程度上是由柏林独特的历史造成的。冷战时期的城市荒地——休耕地，给西柏林人在这个幽闭恐惧的大城市中带来了不寻常的野生绿地。此外，由于赫伯特·祖科普和其他人的努力，很少有其他城市对荒地的生态重要性有如此详细和科学的认识。作为柏林市自然保护和景观管理咨询委员会的主席，祖科普能够使休耕地作为城市规划的组成部分，并倡导保护它。但面临不断推进的城市复兴，尽管人们对休耕地越来越感兴趣，它们却正在消失。[29]

1984 年 1 月，装扮成动植物的抗议者涌入了规划办公室，为了拯救一个叫作萨基兰德的废弃铁路编组站。由于城市划分的原因，自 1952 年起这座铁路编组站就废弃了。大自然在相当大的程度上改造了萨基兰德，在柏林所发现的全部植物种类中，有 1/3 约 334 种蕨类和开花植物在铁轨和生锈的基础设施中安家，此外还有猎鹰、狐狸、以前未发现的甲虫种类，以及此前仅栖居于法国南部洞穴的蜘蛛。这些令人惊讶的蜘蛛客人据信在战争期间搭上了货运火车。这片拥有突出生物多样性的地区，和 20 世纪 80 年代柏林的许多地方一样受到电锯的威胁，因为它即将复原为铁路编组站。[30]

萨基兰德作为城市中独特又有价值的地点受到保护，在那里人们可以采摘蘑菇和水果，欣赏野花，并"享受广阔的地平线和干草地的温暖"。它让孩子们从传统游乐场设备的重复中解放出来，以一种未经驯化的方式玩耍。萨基兰德展现了"园林设计师无法塑造的非凡景观"，是城市中心偶遇的绿洲，不仅象征了城市自然的恢复力，也是一段生动的历史，描绘了一个世纪的战争与分裂以及曾经的新潮科技的兴起与衰落。另一个受开发威胁的地方是勃兰登堡门附近的空旷三角地伦内德雷克，它在官方上属于东柏林，但位于柏林墙西侧，是柏林分裂时期形成的典型畸零地块，被描绘成"野性的、未开发的都市天堂"。在吕佐夫广场附近，另一个长有杂草的三角形爆炸区域是德恩贝格三角，那里杂草丛生，同时也是无家可归者的营地、妓女与顾客的会面地、儿童的非正式游乐场，也是世界上被研究最多的城市生态地点之一。[31]

这些新型生态系统由人类活动塑造并决定，但之后就留给了自然过程。整个 20 世纪 80 年代，活动家们都力图拯救这些珍贵的地方。野生和不受监管的空间对柏林的无政府主义精神有直接的吸引力，与此同时，绿色政治在该市的影响力日益增长。萨基兰德成了一场大规模宣传活动的主题，引人注目的照片和科学报告把它推向了风口浪尖。赫伯特·祖科普认为德恩贝格三角和其他废墟应作为自然公园保护起来。1988 年，抗议者在伦内德雷克坐了几个月，为柏林的未来进行了一场充满仇恨的战斗。[32]

自 1999 年开放后，今天的萨基兰德是一座占地面积 45 英亩的内城自然公园。在不破坏生物多样性的前提下，把废弃场地改造成公园的难题得以解决，方法是在离地面 1 米高的地方修建金属人行道，这样游客就不会践踏植被或打扰在地面筑巢的鸟类。在公园的某些地方，林地可以不受人类干扰地独自生长，就好像铁路编组站被无限期地遗弃了；在其他地方，通过割草和放牧绵羊，为珍稀和濒危动植物提供草和灌木栖息地，以限制自然演替。同时，位于约翰内斯塔尔的退役机场被改造成 64 英亩的干草原保护区。在其他地方，2004 年建成的北火车站公园保护了一条带状野生植被绿地，这种植被曾经在柏林墙两侧遍地生长。这些地方在柏林和其他城市有重要的历史地位，因为它们标志着对城市自然的态度已经发生转变。它们有独一无二的生态系统，因而值得为这些丑陋和不可爱的地方奋斗。

但大部分野生动物出没的地方已经消失了。伦内德雷克生机勃勃的野生动植物已被闪闪发光的办公楼和酒店取代，后者象征着德国统一后柏林复兴的盛况。曾经在城市生态发展中至关重要的德恩贝格三角，现在是滨河喜来登大酒店的所在地。许多类似的地方在过去数十年中任由自然发展，然而，从20 世纪 80 年代起，它们再次经历城市化。

柏林的历史给全世界的城市上了引人入胜的一课。即便在这座政府政策和草根活动一致为保护野生空间而战的城市，生物多样性丰富的棕地的流失仍在持续加剧，尤其是在统一之后。那些保留下来的要归功于多年的游说和昂贵的投资。然而，柏林的故事表明，某些城市植物种类在受扰环境中生长得非常迅速。在几十年里，仅仅是因为不受外界影响，萨基兰德就发展成令人惊叹的丰饶之地。这类例子可以让人们认识到城市有潜力在迄今看来不太可能或难以接受的凌乱地方支持生物多样性发展。将柏林那些被忽视的地带改造成自然公园，是科学共识和持续的公众施压相结合的产物，证明不美观的棕地也能融入城市，并让公众进入。

柏林的另一个教训是，城市自生植被是短暂的。正如城市处于不断变化的状态，其中的自然也是如此。由于地缘政治因素，柏林的野生动植物先是蓬勃生长，然后就衰落了。与此类似，经济的繁荣与衰退对生物多样性有重要影响。大萧条时期，建筑热潮戛然而止，美国城市有相当大的面积是陷入停滞或被遗弃的建筑工程，在旧金山、弗林特和盐湖城占到城市面积的 20%，而芝加哥、克利夫兰、底特律和密尔沃基占 50%。自 20 世纪 60 年代以来，去工业化进程削弱了美国和欧洲的城市矩阵，使动植物得以利用那里。城市的苦难对野生动植物来说犹如恩赐。20 世纪 70 年代，纽约市有 25 000 块空地，到 21 世纪 10 年代有 29 782 块空地，相当于纽约的中央公园、展望公园、佩勒姆湾公园、范特克兰公园、海洋公园、布朗克斯动物园和森林公园等最著名的正式绿地的总和。在发展中国家，从 20 世纪 60 年代起，废弃的工厂和其他多余的工业建筑形成了著名的废墟景观。[33]

在它最叛逆的时候，自然重新收回了这种地带。在 21 世纪的底特律，超过 40% 的面积由废弃工厂和住宅组成，留下野生植物装点着不断缩小的城市。遍地的废弃物冲击着人们的视觉，暗示着衰落和社会崩溃，尤其在杂草丛生和被忽视的市中心区域。但它也催生了一种"后工业化美景"的时尚，一种关于衰落的美学。经济衰退的生态副产品普及了一种新的自然写作形式，它欣赏去工业化形成的废墟，并使祖科普等生物学家的发现得到更广泛的关注。1973 年，绿色游击队和柏林的城市生态学研究所成立。同年，理查德·梅比（Richard Mabey）发表《非正式的乡村》（The Unofficial Countryside），探索去工业化的伦敦市中心的运河、垃圾堆、采石场、工业区和停车场。梅比书中传达的魔力与其说是植物信息，不如说是欣赏自然和城市的另一种途径。他写道，杂草"使我们制造的废弃地变绿"，它们能"在最恶劣的环境里生长，无论是一座被轰炸的城市，还是一个墙上的裂缝，都意味着它们使野生自然的观念渗透到本没有它的地方"。在对边缘地带的热情呼唤中，梅比等作家表明，在日常或被忽视的城市地带，可以发现和原始荒野同样多的奇迹。[34]

20 世纪 70 年代以来，后工业时代的废弃地和野性边缘地带的故事让作家、摄影师、画家和电影制作人着迷。这幅后工业时代的图像已被驯化为永久的形式，最显著的是柏林的萨基兰德自然公园、北杜伊斯堡景观公园、伦敦的雷纳姆沼泽地、斯塔滕岛的弗莱士河公园和曼哈顿的高线公园。在所有这些例子中，衰败的基础设施被自然生长的植物包围，重工业和野生动植物相融合。它们在混凝土丛林中建立了永久野生保护区，并庆祝着新型生态系统出乎意料的繁茂。

但是，受城市生活发展和衰退周期的影响，大部分被祖科普和梅比等人选出的模糊地带已经消失了。衰退的产业不会永远衰退，这些地方经修缮或恢复，景观变得整洁、优美。在 20 世纪末和 21 世纪初的城市复兴中，棕地成为建房的主要地点。然而，随着受扰地点被建筑覆盖，新的受扰地点在无休止的城市建设和重建中形成。即使在经济景气时，欧洲城市有 10% 的面积将可能是荒地；在美国，这个数值在 12.5%~25%

之间，虽然这是暂时的，但在快速发展的城市以及经济衰退期，它的占比会更高。[35]

第二次世界大战的轰炸期间，自然植被备受重视，这与城市一直以来的情况相比，只是个更大、更戏剧化的版本。持续的破坏和重建为不断寻找栖息地的机会主义植物提供了空间。在演替过程成熟之前，竞争性先驱种所处的新地点有最丰富的多样性。因此，废弃地块的持续更替有利于生物多样性。

柏林墙形成的无人地带保护着那里的栖息地，即使链式围栏也可供机会主义植被依附其边缘生长，并免受踩踏和交通影响。城市有很多类似的边缘地带可供自然蓬勃生长——路边和公路隔离带、小巷、铁路线、墙壁、屋顶、运河、排水沟和铺路石的间隙。尽管这些地方在城市中无处不在，但与公园、荒地和城市森林相比，对它们的研究相对较少。有一点是肯定的，就是那里有大量的野生动植物。2019 年发表的一项研究发现，法国布卢瓦市的人行道上长出了 300 多种城市植物，而该市最近逐步淘汰了草甘膦除草剂。在铺装较老的透水路面的街道和行人较少的工业区，物种丰富度和植物覆盖度最高。在柏林开展的一项类似研究发现有 375 种街头植物，足足占这个大城市花卉总数的 25%。这是路面水平高度的城市生态环境，是我们脚踩过、未被看见、不受赏识的地方。[36]

想要把灰色城市转变为绿色城市丛林，并不需要人们做很多。正如布卢瓦的例子所表明的，限制除草剂并在某种程度上使坚硬的路面裂开缝隙，就可以让植物快速生长。在人类使用的间歇，城市绿色区域激增，而这些区域的微生态系统潜力往往被忽视，或未被充分利用。其实，一点创意就能改变这些灰色空间。在柏林和苏黎世，环岛路两旁和道路之间的植物，以及路牌和树下的植物往往不修剪，那里可以形成每年盛开野花的微型草甸。铁路线网之间有宽阔、无法进入的边缘地，为动物、昆虫和植物提供了连接廊道。在许多城市，几百英里的路堤和铁路沿线都留给了大自然，或作为实际的自然保护区受到积极保护。如果管理得当，墙壁可以成为意想不到的健康生态系统。苏黎世的墙壁上已记录约 200 种植物。1991 年，科尔切斯特的古罗马城墙被指定为当地野生动植物保护区，以表彰其独特的特殊植物群。苔藓和地钱为 160 余种植物提供底土层，包括几种小型的开花物种，其中有在春季几周内就完成生命周期的稀有和濒危物种。

　　但总的来说，可见的边缘地带仍在喷洒化学制品、修剪并清除所有象征遗弃的生物。当你经过城市时，环顾四周，会看到一片又一片闲置或未充分利用的土地，它们并未留给野生动植物，也不是每年修剪一次，而仅仅是出于外观整洁的目的，野蛮地砍掉了上面的植物。城市生态系统显然与我们对自然是什么或应该是什么的认知有冲突，人类与自然纠缠在一起被视为丑陋与不自然。在城市里长势最好的是那些与灾难有关的植物，也许我们内心深处的一些东西厌恶那些散发着失败和退化气息的植物。人类作为一个物种，似乎天生更喜欢能加以控制且看起来很丰美的开阔风景。然而，如果我们想最大限度地提高城市的生物多样性，就该重新审视杂草。

运盐车把路边的许多植物都毁了，但对美国的海滨秋麒麟草和欧洲的丹麦辣根菜来说，运盐车形成了一条富含钠元素的道路，使它们年复一年地从家乡海岸线被带到城市。在寒冷的冬季，我们需要成吨的盐保障出行，路边就形成了类似沙丘、悬崖和盐沼的条带状生境，这些海上冒险家们就沿着这条路进了城。

从豚草的角度看，上个冰河时代之后，纽约立刻复制了北美的东部地区，那时的土地是岩石冰碛物。在随后的几千年里，随着其他更大物种的接替，豚草退到了几个小生态位。到19世纪，它在纽约蔓延，在较贫困的地区形成了"丛林"。对豚草来说，纽约不过是个新的冰碛物；对臭名昭著且繁茂的入侵物种臭椿来说，一堵墙或一段铁轨类似于它在中国的起源地——干燥的石灰石山丘；对柳兰来说，城市如同刚刚烧毁的森林。艾蒿和皱叶酸模从欧洲的酸性草原上撤离，因为它们发现世界各地城市中砖石散落的场所与家乡的土壤最为接近，都有高水平pH值。在美国，它们已成为荒地上的标志性杂草，而墙壁和砖块表面对小巧又美丽的葶苈来说是理想场所，它们是为酸性岩石和山脉而进化的。当你从植物的角度来审视城市，会发现很多故事，它们不仅是植物本身的故事，也是我们的故事。

我们创造的环境含盐量高、多岩石、呈酸性，而且干燥、不透水、土壤固结、污染严重且天气炎热。如果我们看到一株野草从混凝土中探出头来，就该心存感激，感谢它与我们同在。我们拥有的植被种类揭示了我们对这个星球做过什么。在建设城市时，我们将原始自然连根拔起，将其铺平，铲除一切原生的东西，将土壤埋在一层又一层的瓦砾、混凝土和沥青之下。难怪构成城市生态系统特征的植物是那些顽强的先锋植物，它们在上个冰河时代末期冰川退去时产生的淤泥、沙子、砾石和岩石上定殖。城市化给它们提供了巨大的新机遇。

如果把城市看作冰碛景观、不宜居的沿海悬崖、一座火山或一场雪崩，我们可能会用完全不同的方式对待野草。这种粗糙、坚韧的植物是真正的城市品种。因为喜爱我们擅长制造的受扰地带，它们周游世界，来到我们中间生活。从生态的角度看，城市是个灾区。只有植物顽强地抵抗那些企图消灭它们的种种力量，并持续承受压力、干旱、污染，以及退化的土壤，才能在恶劣的污染环境中生存下来。在重创之地安家的植物已长期追随人类，而且它们也代表未来：适应重重灾难之后的生活，并承受气候变化的影响。它们与我们的生活交织在一起。

下次你看到当局出于整洁而不是安全的考虑修剪植被、割草、喷洒时，你有权对自己被剥夺了基本的生态服务权利感到愤怒。毕竟，城市中每块闲置的土地都代表着最大限度地提高生物多样性的机会。除草战耗费了纳税人的大笔金钱，而且有害化学物质在更大范围内造成环境污染，这足以让人们忍受"未经官方认可的"植物的生长。被鄙视的杂草植物潜藏在边缘地带和废地，是城市环境的主力军。它们不仅封存碳元素并吸收多余的雨水，一些被称为超富集植物（hyperaccumulators）的物种还有助于净化受污染的土壤。它们是先驱植物，为其他物种最终承接这里而预备土壤。而且，它们到处播种，不像公园里脆弱又挑剔的观赏植物。臭椿已遍布纽约等主要城市。因为它被认为是一种杂草，所以没有列入城市森林清单，但它仍然做着树木的工作，在没有被要求的情况下提供生态服务。

有一点是确定的：我们永远无法根除杂草，对我们来说，它们太坚韧了。选择在多大程度上接受它们取决于我们自己。一些入侵植物造成损害时需要被清除，但更多的入侵植物最多也不过是有碍观瞻。尽管并不好看，但它们的出现往往预示了灾难后的复苏。也许这就是为什么在这个危机四伏的时代，我们应该学着多爱它们一些。

也许我们正开始这样做，尽管速度是缓慢的。当德绍、汉诺威和法兰克福三座城市于 2016 年在废弃的城市土地上开展野化项目时，它被称为 Städte wagen Wildnis，即"城市无畏荒野"，它承认不受监管的自然极大地挑战了根深蒂固的城市整洁观。在德绍，允许自然接管新获批的城市土地引起了争议，由于采用了简单的权宜之计，通过信息栏说明情况，部分争议得以缓解。看似被遗弃的荒地，实际上是有意了最大限度地提高生物多样性而实施的计划。官员们发现，年长者眼中不整洁的地方是孩子们探险的去处。2021 年，7/10 的英国市议会在春季和初夏故意不修整公共土地。道路边缘、公共土地和先前修剪整齐的公园斑块地都呈现出乡村草地的色彩和繁茂的样子。在曾经是绿色沙漠的市政草皮上，意想不到的植物冒了出来。前几年被认为是混乱和被忽略的地方，现在被视为充满授粉植物的微型荒野。英国城市在人们的眼前发生了变化，变得更粗糙，更有野性，也更加多姿多彩。当我们理解了为什么某种类型的发展方式可以支持野生动植物时，就会倾向于接受更凌乱的景观。科学，尤其是城市生态学，正开始改变人们的态度。

就连曾经起诉史密斯·帕特森·高尔特的野生生物花园的圣路易斯市，为应对蝴蝶数量急剧下降，也已经转变态度。"为帝王蝶种植乳草计划"（Milkweeds for Monarchs）已经创建了 250 个蝴蝶花园，种植的正是曾经被污名化为入侵害虫、被执法官和法庭敌视的授粉植物群，包括秋麒麟草、黑心金光菊、柳叶马利筋和几个乳草变种。杂草突然变得有益了。绿色游击队投出的绿弹装着曾经被看作入侵性杂草的种子，它们现在在城市规划中变得重要起来。给杂草一个机会，它们是未来的城市植物群。

我们的审美偏好正在转变，尽管是逐渐地。这与我们承认自己对生物多样性犯下的罪行有很大关系。突然之间，野性似乎更令人满意，更能赋予生命，而修剪整齐的花园表明了它是人工制品，以及我们为了维护它们所付出的努力。由于城市居民对什么样的自然是合适的有着根深蒂固的观念，英国生态学教授奈杰尔·邓内特（Nigel Dunnett）和詹姆斯·希契莫夫（James Hitchmough）一直致力于让人们接受具有生态效益的植物景观。纵观历史，园艺涉及改造特定地点，并使之满足所选植物的需要。邓内特和希契莫夫的做法恰恰相反，他们选择的植物可以在现有的城市条件下茁壮成长，而不需要大量的人为干预。这些植物中有许多是顽强、耐旱的非本地种，而且已经证明它们有能力在受扰的、酸性的、营养贫乏的环境中生长。邓内特和希契莫夫创造自然主义景观的方法践行了祖科普等专家在过去数十年里开创的城市生态学。

谢菲尔德市议会把市中心的四车道公路减少到两车道时，聘请了奈杰尔·邓内特把收回的空间改造为城市草地。今天，这条街道呈现出城市中罕见的野性。邓内特选择了可以形成很强视觉冲击力的高大的草本常青物种和青草，而它们对维护的需求却最小。结果得到了"设计的生态"，即有野生外观的密集种植草地，而实际上被精心打造成可以自我生成且有丰富生物多样性的栖息地。高大的牧场和大草原植物肯定不是英国的原生物种，但它们在城市土地上生长良好，还有通常不出现在城市植物清单中的许多山地、草甸、沿海和林地植物也是如此。

视觉效果来自自然植物，然而通过选择色彩鲜艳的植物和有创意的景观，它被设计得吸引城市居民。因此，它们可以替代维护成本高、不耐旱、低产的花圃以及贫瘠的市政草坪，这种自然形式明确地以城市生态学为基础。它强化了这样一种观念，即城市是人类控制的新型生态系统，已经取代了先前存在的、需要或多或少管理的生态系统。如果原生植物无法在大都市中生存，那么它们的位置就应该被来自世界各地的窄域种（specialist species）取代，让这些物种在混凝土丛林的各种小气候中找到自己的生态位。我们不应该对入侵植物过于害怕，而对我们自己制造的生态系统也可以更坦然，欢迎那些已经适应了这种人造环境的植物。未来公园和公共土地上的植物将由这些世界性的城市品种主宰，它们之所以被选中是因为自身的生存能力，以及抵御气候变化和丰富生态系统的能力。与之形成对照的是脆弱的观赏植物或原生植物，它们无法坚持下去，或者对所得到的一切呵护缺乏回报。

　　邓内特相信人们的生活需要野性，这个信念是他的动力。他设计的城市草地使人们可以在市中心体验自然进程。生机勃勃的野生生物旁边是类似于柏林休耕地的建筑环境，而不是传统城市景观，这样的设计创造了令人震撼的视觉效果。他的改造项目也提醒我们，必须在某种程度上培养野性。萨基兰德自然公园和弗莱士河公园可能有浓郁的野性气息，但那其实是人类活动的结果，只有通过放牧等持续干预，才能最大限度地提高其生物多样性。也许最重要的是，邓内特的设计使我们重新考虑什么样的植物能产生最大的生态效益。如果城市草地在国际上流行，它将成为"城市中的乡村"这一概念最重大的历史发展之一：淘汰整洁的，请进凌乱的。

在澳大利亚的城市中，人们在持续推动用本地草、草丛和野花来取代房屋和街道边缘的修剪过的草坪。这些"自然带"属于市政当局，但必须由户主维护。在墨尔本，环岛和公路隔离带等自然带占公共绿地的 36%，占城市面积的 7%。这些面积巨大的土地可以部分野化，使它们成为哺乳动物和昆虫的栖息地和廊道。荷兰人已经制定了一项有远见的政策，即"临时自然"（Tijdelijke Natuur），该政策允许建筑公司在一段时间内放弃不活跃的建筑工地，使生境在荒地上自发建立起来。过去，开发商们有充分的理由把濒危或受保护的物种拒之门外，以免在《自然保护法》（Nature Conservation Act）的限制下，建筑完工后不得不掏钱补偿最终失去的生境。通过把建筑商从严格的法律要求中解放出来，"临时自然"政策允许临时栖息地蓬勃发展。该政策承认城市可以不断创造、破坏并再次创造生物多样性突出的区域。[37]

野性在城市中出现，无论是杂草栖息的荒地，还是路边鲜花盛开的草地。野性在凌乱的地方最健康。重要的是，我们在多大程度上让它蓬勃发展，我们如何创造性地利用每一寸未使用的空间，无论这些空间隐藏在建筑物之间，垂在路边，还是闲置在建筑物的顶部。生态科学已经纠正了只有公园才有城市自然的错误观念。物种丰富度高的地方是野生的荒地和粗糙的草地。至于我们是否能学会爱护那些意味着灾难的植被是另一回事。

在世界各地的许多城市，如果任其发展，自然最终会恢复为林地。如果再野化得到合理的结果，城市化的植物和草类物种将让位于以少数木本物种为主的茂密树林。但是，80年来的城市生态表明，真正使城市再野化是不可能的。然而，只要我们对城市的野化持开放态度，这完全在我们的能力范围内。我们必须积极地管理城市以提供植物拼接体（botanic mosaics），从而增强其环境，并为授粉者和其他生物提供资源，否则野性就仅仅意味着树木了。事实上，在过去的两个世纪里，树木一直在加速向城镇迈进，现在已经融入城市生态系统。这是有充分理由的：我们似乎对树木有一种本能的敬畏，而对较小的树木和灌木却没有这种情感。

第 4 章

树　冠

　　从德里驾车不过 20 分钟，就听不到响亮的汽车喇叭声，也看不见四车道高速路和耀眼的新建摩天大楼，而是进入一个真正异乎寻常、树木繁茂的深谷中。在雨季，这片名为曼加尔巴尼的珍贵森林从干枯的棕色变成明艳欢欣的绿色，像一颗碧绿的宝石镶嵌在无边的城市和尘土飞扬、草木丛生的半荒漠之中。

　　山顶上茂密地长着给予这个区域生命的树，名为"达乌"（dhau）[1]。它完全适应于这里酷热干旱的气候，其灌木就像地毯，密实、杂乱地在岩石地上蔓延开来。若干年后，如果没有被食草动物啃噬得太多，它就开始向上长，能长到 10~15 米的高度，而它的根会拱出地面向外延伸，在贫瘠的土地上形成树木群。它的树皮是银色的，叶子小而茂密，在旱季从绿色变为紫褐色。这是一种群居、合作的物种：地下的根系网使位于

1　该树的印地语名，其学名为 *Anogeissus pendula*，在印度北部又叫作 Dhok。

潮湿谷底的达乌树将水输送到干旱的悬崖上。作为交换，那些裸露在高处阳坡上的植物将养分送回森林深处更黑暗、更茂密的地方。

这片森林里还有德里地区现在稀缺或已经消失的其他树木：开着芬芳的淡橙色花朵的香合欢，以及生产印度乳香的乳香树。曼加尔巴尼在湿润的季节色彩绚烂、气味芬芳，有黄色、橙色和红色的沙漠柚木，垂着金色花朵的金链花，开着雅致的乳白色花朵的纽子花，以及结着像纸一样薄的绿色翅果的印度榆。单就颜色的鲜艳程度来讲，没有什么比名为"森林火焰"的紫矿树更鲜红的了。曼加尔巴尼有 60 万株树木，生长着珍稀花卉，栖息着鸟类和豹子、鬣狗、果子狸、豺、蓝牛等动物，以及 90 种濒危蝴蝶。森林中的动植物群对德里人来说是一个重要的提醒，在漫长的干旱期后，这里所有的生物都必须适应每年一次的强降雨。

人们称曼加尔巴尼为"最后一片屹立的森林"。曾经保护德里的阿拉瓦利山脊上的大部分森林，已经被城市扩张、伐木、垃圾填埋和采矿弄得一片荒芜，伤痕累累。已适应当地严酷气候的原生树木如神奇的达乌树，被墨西哥牧豆树替代。牧豆树最初由英国人种植，随后由林业部门种在荒芜的山坡上，快速替代原来的树木。遍地的牧豆树对德里地区的生物多样性来说是个恐怖故事，而阿拉瓦利的标志性树木，即坚韧的达乌树正迅速消失。但达乌树能在贫瘠多石的土地上生长，在长期干旱中存活，对 21 世纪的德里来说是理想的行道树，可以拯救这座城市。[1]

　　最令人担忧的是，牺牲了这片绿色城墙，德里已向塔尔沙漠吹来的阵阵热浪和沙尘敞开了大门。塔尔沙漠正不祥地逼近德里，使它受到荒漠化的威胁。每年冬季，由车辆和工业排放以及燃烧秸秆形成的有毒雾霾笼罩着这座城市，森林砍伐一方面加重了这种冬季雾霾，另一方面使夏季温度更高，灼热的高温使印度首都几乎无法居住。失去森林就预示着灾难，这对全世界快速发展的特大城市发出了可怕的警告。由于地下水位急剧下降，德里及其 3 000 万居民易受水资源短缺的困扰。曼加尔巴尼为城市补给新鲜淡水，这种形式的生态系统服务估值达 20 亿美元。

　　保护德里"最后一片屹立的森林"这块绿色宝石，这些理由是充分的吧。然而，并非如此。曼加尔巴尼被夹在中间，周围是新德里、绰号为"打了类固醇一般的郊区"古鲁格拉姆，以及另一个扩张性城市法里达巴德。当森林不再属于公有，就被分割成小块，变成优质房地产。20 世纪 80 年代时，投资公司开出了诱人的价格，许多村民就卖掉了这些地块。村里的公地被圈了起来，被指定用于开发。

　　只有一件事挡住了电锯的去路。许多世纪以前，曼加尔巴尼是古达里亚巴巴（Gudariya Baba）[1]的家园，这位巴巴是受当地瞿折罗（Gujjar）牧民尊敬的圣人。一天，他从山洞里消

---

1 巴巴意为老爹，是对年长者的尊称。

失，再也不见了踪影。出于对他的崇敬，一代又一代人成为曼加尔巴尼的守护者来纪念他，他们认为从圣人的森林里带走任何东西，哪怕是一片叶子，都是冒犯。"我们相信如果你为了个人需要哪怕折下一根树枝，不幸就会降临你，"90 岁的村长法塔赫·辛格（Feteh Singh）告诉《华盛顿邮报》，"这种恐惧使森林得以存活了近千年。"20 世纪末，这种保护森林的职责激发一些村民抵制开发。[2]

几十年来，通过艰苦的法律斗争，房地产投机商几乎被牵制住。一名激进分子说，森林被非法侵占时就会匆忙竖起围栏，"那里的局势就像一场小型战争"。2011 年的地区发展计划甚至没有提到这片森林，因而政府收到大量申请，要求将其重新认定为农田，而这是为建造住宅、购物中心和高速公路迈出的第一步。[3]

1990 年出生在曼加尔村的苏尼尔·哈萨纳（Sunil Harsana），小时候因小儿麻痹症而致残。他拄着根木棒跛行，在树林中寻求慰藉，并承担起跨越几代人的保护古达里亚巴巴森林的神圣责任。许多哈萨纳的同乡都卷入城市旋涡，做着卑微的工作，失去了与森林的联结。哈萨纳一生致力于让村子里的孩子重新认识祖传的圣树林。他成为曼加尔巴尼的发言人，在全国享有一定知名度。最重要的是，他与科学家建立联系，通过大量调查表明森林对德里的生物多样性具有重要作用。在 2016 年之前，曼加尔巴尼能否存在下去一直悬而未决。这一年，当地人在年轻的苏尼尔·哈萨纳和环保人士的领导下加强游说，邦政府终于做出回应，宣布该地区禁止开发，并在周围设置了 1 200 英亩的缓冲区。

　　然而，由于这片苍翠茂密的荒野的所有权问题仍未解决，政府的决议被暂缓执行。保护曼加尔村庄的种种努力，并没有阻止开发商和伐木工在 2016 年之后的几年里一再侵占该地。《印度时报》的新闻标题提出了一个解决方案："拯救曼加尔巴尼：为什么把树林还给原来的守护者可能是唯一的解决办法。"这则新闻指出，是古老而神圣的信仰体系的力量，使德里最后残存的原生落叶林免遭市场的猛烈袭击，而该地区其余的生态已遭其摧毁。文章的结论是："如果曼加尔巴尼得不到拯救，环境已面临诸多威胁的德里和国家首都地区，不仅将失去一个古老又宝贵的绿肺，而且不幸的是，保护森林的传统可能会像所有其他当地习俗一样遗失。"[4]

　　德里的卫星城市古鲁格拉姆是曼加尔巴尼不安的邻居，它代表着印度的未来。在 20 世纪 90 年代前，它是阿拉瓦利山脉南德里山脊上一个不起眼的闭塞之地。如今，这里到处都是最先进的摩天大楼、豪华公寓、酒吧、餐厅和高尔夫球场，无不宣告着它已转型为印度第二大信息技术中心（仅次于班加罗尔）和第三富有的金融中心。古鲁格拉姆既象征着 21 世纪城市化的胜利，也象征着它最深刻的失败。这座年轻城市面临环境恶化、空气质量差和水资源短缺的问题，也是世界上污染最严重的城市之一。森林砍伐破坏了自然水文，使印度的"创纪之城"（Millennium City）在季风期间遭遇灾难性的洪水袭击。

来自附近森林的村庄，苏尼尔·哈萨纳清楚地认识到，超现代城市需要树木。他说："正是因为这些山丘，古鲁格拉姆才得以维持。唯有城市认识到它们的重要性，阿拉瓦利山的森林才能活下来。如果阿拉瓦利山的森林能存活，城市就能活下来。"[5]

苏尼尔·哈萨纳是对的。很少有其他生物能像树木一样给我们提供这么广泛的服务。和曼加尔巴尼一样，许多城市树木得以存在和存活，是由于我们和树冠之间有着精神和本能层面的联系。

世界上已知最古老的人类种植树木位于斯里兰卡的阿努拉德普勒古城。公元前 288 年，佛教女传教师僧伽密多（Sanghamitta Maha Theri）[1] 带着一根圣树枝来到这座城，这根树枝来自印度菩提迦耶[2] 的尼连禅河岸边的圣菩提树，佛陀曾在这棵树下开悟。圣树枝是阿育王送给天爱帝须国王的礼物。国王种下这跟树枝，长成了圣菩提树，几千年来一直受到人们的守护和尊崇，得以存活至今。佛陀乘凉的菩提树是一株无花果树，学名是 *Ficus religiosa*，也叫毕钵罗树，是世界上最重要的城市树木之一。无花果树善于在城市中立足，能在其他树木会枯萎或死亡的受扰区域生存。和我们已经提到的自然生长的

---

1 印度孔雀王朝阿育王之女，后出家为尼。
2 又称菩提道场或佛陀伽耶，是佛陀成正觉之地，也是佛教四大圣地之一。

杂草植物类似，因为能在石头中发芽，无花果树的种子可以利用狭小的缝隙和退化的土地。而且，这种树木对空气污染的耐受力也很强。它们树形高大、树围粗壮且树冠宽阔，因而吸收了大量的微粒，并为街道活动提供树荫。其果实富含维生素和纤维，而树皮、乳胶和树叶可作药用，它们还养育了比其他任何果树都多得多的野生动物种类。一棵无花果树就是一个迷你生物多样性热点，是生物学家所谓生态系统中的"关键资源"。

无花果树对古埃及人和印度河流域文明来说是神圣的。当装着婴儿罗慕路斯（Romulus）和雷慕斯（Remus）的摇篮被冲上台伯河岸时，名为 *Ficus Ruminalis* 的野生无花果树庇护了他们。据说，这正是罗马建国传说中的那棵树，到公元 1 世纪初，一直是繁殖力的象征，在帕拉蒂尼山脚下的卢佩卡尔洞受人照料。古罗马广场和重要的民事、宗教建筑周围都种有无花果树并受到看护。公元 58 年，在尼禄统治时期，一株长在古罗马议会辖区内的神圣无花果树似乎即将死去，这对罗马来说是个不祥的预兆。当它又活过来、长出新芽时，人们才恢复信心。

在印度，佛教徒和印度教徒都以无花果树为尊。巨大的孟加拉榕象征着不朽，因为它的根从树枝向下生长，悬浮在空中，直到扎入地下，这使它能活好几百年。梵天（Brahma）住在树根，毗湿奴（Vishnu）住在树干，湿婆（Shiva）住在永远颤抖、舞动的心形叶子里。[1] 由于被赋予了关于繁殖力、生命和复活的神圣含义，榕树及其他无花果树被禁止砍伐，而栽种这些树木则是虔敬行为。一株大榕树本身好像一片森林。村庄和城市围着榕树发展，树荫和遮蔽提供了宽敞的社交空间。世界上最大的榕树可以容纳 2 万人站在树冠下。巴罗达是印度古吉拉特邦第三大城市，市名的意思是"在榕树的肚子里"。这种树的名字本身就有一层城市含义，因为"榕树"一词源于Baniyas，指商人组成的团体，这个词纪念延续到现代的户外集会和买卖的传统。19 世纪 50 年代，当一伙经纪人在榕树下开始买卖股票时，孟买证券交易所就在这里诞生。

《薄伽梵歌》中有这样一句话："啊，叶子永远在颤动的觉王树（菩提树），我尊崇您。"克里希纳（Krishna）[2] 宣称，在所有的树中，他就是那棵菩提树。在印度历史上，从印度河流域文明开始，树木，尤其无花果树，和城市化紧密相连。印度的寺院、露天的圣树林（在班加罗尔叫 kattes）和街道都栽种了受人崇敬的菩提树，毗湿奴曾在它的树干下出生，克里希纳在那里死去，神明也住在它里面。神圣的无花果树树干高大，树冠宽阔，根部破坏力强，它和密集的城市未必相容。然而，许多印度社区和街道都围着广阔的无花果树规划发展，而不是相反。许多苍翠的庙宇、圣树林和充当路边神龛的一棵棵树打破

1　梵天、毗湿奴和湿婆是印度教三大主神，也称三相神。
2　毗湿奴神的第八个化身。

了城市的坚硬质地，它们活着的时候受保护，死后被替换。无花果树对宗教虔敬和城市街道有关键意义，其他有神圣意义的树木也与它一起生长，如苦楝树、夜花、罗望子和椰子树。这些树木提供的绿荫、果实和药材改善了城市生活。

菩提树生长在印度村庄中心、街道两旁和城市社区中，因而有时被称为"人民之树"。在历史上的大部分时间里，城市中的树木都与宗教有关。但在大多数情况下，它们被限制在特定的神圣空间，比如古罗马的无花果树林。在日本，树木繁茂的神道教寺庙遍布城市，有超过 15 种被认为是神圣的树木，包括引人注目的高大雪松、香樟树和红楠，这些巨大的树木被称为御神木（Goshinboku），有木灵（kodama）居于其中。松树被叫作 Matsu，意思是"等待神明的灵魂从天而降"。对树木的热爱意味着城市中生态丰富的绿洲在轻度管理下即可保存数百年。

在日本第三大人口城市名古屋，市中心坐落着热田神宫，那里有一片 50 英亩杂乱又古老的阔叶林。在众多珍贵的、有苔藓覆盖的树木中，最引人注目的是一棵被称为 ookusu 的树，可以简单地译为大樟树，已经被供奉了 1 300 年。

比它更晚但同样令人印象深刻的是东京市中心的明治神宫。走在其中，就像置身于一片古老的 170 英亩的原始森林。实际上，从 1913 年起，那里种植了 122 000 株耐寒的本地种。就像在其他更古老的、森林环抱的神社一样，森林必须自给自足。树木自然再生，无须补充种植。允许落叶、树枝和倒下的树分解，使土壤变肥沃并适宜真菌生长。不同于大多数城市林地上保持整齐的林下植被，明治神宫的森林生态系统遵循神道教寺庙的神圣原则，一个多世纪以来一直放任植物生长，在大城市中心形成了一片野生森林。[6]

15世纪后期，全副武装的葡萄牙人闯入印度洋和南海，遇到了印度的卡利卡特和马来半岛的马六甲等大型贸易城市。这些城市仿佛坐落在棕榈树和果树林中，它们遍布亚洲的大都市网，受佛教、道教和印度教影响，而这些宗教中，树木均有特殊意义。北京、曼谷和其他数百个城市，尤其是其宗教圣地，都拥有丰富的植物。在世界上最富有的东南亚海上贸易城市，人们明显地偏爱城市中的乡村气息，而欧洲人对此感到陌生又模糊。

这些树木林立的大城市与欧洲城市形成鲜明对比。欧洲的城市景观没有树冠，那里的城市密集且有围墙，还有狭窄的街道和小巷，没有足够的空间和光线供树木生长。

今天已无法想象欧洲城市没有绿树成荫的街道——林荫大道（boulevard）、林荫道（avenue）和林荫步道（mall）的样子。城市树木的这三个近义词告诉我们，欧洲城市在什么时候以及为什么有了自己的树冠。

林荫大道来自荷兰语bolwerk和意大利语baluardo，均指"壁垒"。将树木引入城市与军事技术密切相关。从16世纪70年代开始，重炮攻城技术的进步迫使安特卫普、阿姆斯特丹和斯特拉斯堡的军事工程师用巨大的土方工程代替围墙来保卫城市。包括卢卡、格但斯克、维也纳和汉堡在内的其他欧洲城市也采用了该技术，沿着土方工程种植树木，以防止侵蚀。这项军事工程的副产品是沿着土方工程的高墙形成了宜人的小径（allée），供人们在和平时期散步。两旁种树的小径沿袭了当时流行的意大利园林风格。[7]

在巴黎，保卫城市的土质壁垒最宽的地方叫作"大马路"（Grand Boulevart），这是荷兰语词的变体。1670 年，在一项象征法国军事无敌的行动中，路易十四下令拆除巴黎壁垒，或说壁垒被拆掉一部分，变成 60 英尺宽的、升高的车道，每边各有两排榆树，侧面另有一条 20 英尺宽的小径，供行人沿着它散步。这些地方绰号为"林荫大道"，是巴黎最受欢迎的住宅区之一。

城墙和树木也通过其他方式联系在一起。意大利游戏 pallamaglio，在法国叫作 le jeu du mail 或 palmail，在英国叫作铁圈球（pall mall）。这项运动流行起来时，城墙正在进行绿色改造。这种比赛很像槌球（croquet），是上层阶级在城市边缘、四周有林荫小径的草坪上开展的运动。绿树成荫的空间和球类游戏有关，这也是为什么我们仍然用 bowling alleys 称保龄球道，球道（alley）就源自法语 allée，意思是小巷。16 世纪 90 年代，巴黎的城墙边出现了美丽的林荫道。不久以后，荷兰的城市纷纷效仿。柏林也在 1647 年有了自己的版本，叫"菩提树下大街"（Unter den Linden），在从前是城墙外沙地上的 1 千米狩猎小径上，并排种植了 1 000 棵菩提树和 1 000 棵坚果树。蓓尔美尔街（Pall Mall）和伦敦西部郊区的林荫路（the Mall）也起源于此时，那时的国王和贵族远离悸动的大都市，在树荫下玩铁圈球，而这些林荫步道也用作保龄球道和射箭场。[8]

另一种意大利很流行的时尚，是乘马车沿佛罗伦萨郊外阿尔诺河之畔的科尔索漫步。法国国王亨利四世的意大利王后玛丽·德·美第奇怀念科尔索，因此下令于 1616 年在巴黎塞纳河畔修建了由一条宽阔的车道和四排平行的榆树组成的沿河大街。普拉多大道于 17 世纪 50 年代在马德里建成，是一条仿照法国大街修建的时尚林荫道。"林荫道"一词起源于法语 avenir，意思是"通往……的途径"（to approach）。17 世纪时，人们在通往巴黎的进路上开辟了大道，创造了进入首都的宏伟路线，让人想起风景优美的狩猎公园和通往意大利乡村住宅的正式车道。世界上最著名的香榭丽舍大街最初是一条郊区进路，叫杜伊勒里大道，它穿过田野和市场花园，两旁栽种了橡树、马栗树和梧桐树。[9]

林荫大道和林荫道现在是世界各地城市树木最具特色的地方。它们出现于 17 世纪的巴黎，和城市公园类似，位于城市边缘，为那些财富和世界观都来自乡村的宫廷权贵阶层提供专属的休闲场所。请注意，它们位于城市的边缘。只有在阿姆斯特丹和其他荷兰城镇，树木才被纳入城市的中心。1641 年，约翰·伊夫林称阿姆斯特丹"好像森林中的城市"。他补充道，"没有什么"比朝向运河的统一的房子和运河边的菩提树组成的风景更美了，那是"极其美丽的景象"。由于这一景象非常新颖，它的效果异常惊人。一位法国作家说，他分不清阿姆斯特丹是森林中的城市还是城市中的森林。在这方面，它很像一座典型的东南亚城市。[10]

树木更易融入新兴城市，尤其是在北美。在那里，殖民城市被重新设计为乡村和城市最好的结合，避免了欧洲城市化犯的错误。1748 年，瑞典的彼得·卡尔姆（Peter Kalm）教授对曼哈顿市中心的行道树大加赞扬，认为美国梧桐、刺槐、菩提和榆树都有漂亮的树形、清新的气味和浓密的绿荫，在城市里漫步"令人极其愉快，因为那里如同花园"。这些纽约的树木不仅是大量鸟类的家园，也是"非常喧闹的"青蛙的栖息地，在夜晚"它们常常很吵闹，让人听不清别的声音"。树木深受人们的喜爱，但市政委员会却怀疑它们妨碍了交通，并在1791 年决定把它们挪走。[11]

到 19 世纪中期，佐治亚州的萨凡纳市被称作"森林之城"，被郁郁葱葱的常绿橡树和苦楝树包围，这些树木是殖民时期和后革命时期的遗产。行道树从萨凡纳 1733 年建城起就融入其中。正如城市条例所规定的："经验充分证明，城市居民大大受益于街道和广场上种植的树木，它们的树荫减轻了闷热气候的热量。……委员会希望居民能充分利用种植在街道和广场上的树木所带来的一切好处，因此决定将保护范围扩大到大街小巷和广场上的所有树木，以及今后由公共或个人出资种植的所有树木。"走在两旁种着箭杆杨和其他树木的长长的林荫道上，一位费城的参观者称他沐浴在城市树木提供的"清新与纯净"中。19世纪20年代，约翰·昆西·亚当斯（John Quincy Adams）总统沿着宾夕法尼亚大道种下了榆树。[12]

回到欧洲，阿姆斯特丹和巴黎树立了城市审美的新标准。随着城市扩张，郊区林荫大道、林荫步道和林荫道被纳入城市的社会和文化结构中。曾经是城市外围的地方变成了焦点，树木赋予那里礼仪与庄严。在过去，树木为贵族的娱乐提供便利，也是权力的象征：菩提树大街以勃兰登堡门为中心，蓓尔美尔街以白金汉宫为中心，香榭丽舍大街在凯旋门和协和广场附近。林荫道形成的街景，使人们注视纪念碑和主要建筑，因而形成了景观秩序。如刘易斯·芒福德（Lewis Mumford）所写的那样，树木使现代城市的正式林荫道看起来像阅兵场。

林荫道是建筑装饰，可以减弱城市的粗糙边缘，并将宏伟的乡村庄园与城市环境相融合，因而受到富人追捧。17世纪60年代，伦敦的莱斯特广场在欧洲首先种植了"一行行"整齐排列的树木。18世纪末，伦敦的时尚广场长满了比周围房子还高的树木。在巴黎、图卢兹、里昂和伦敦等地，城市扩张后形成新街道，或者在现有城市开辟新街道时，树木如果不是城市设计中必不可少的部分，至少在那些比较光鲜的区域，也是重要部分。拿破仑征服欧洲之后，在法国的影响下，整个欧洲大陆的城市，如布鲁塞尔、都灵和杜塞尔多夫等，都引入了林荫大道。

　　奥斯曼（Haussmann）[1]在 19 世纪 50 年代主持巴黎重建项目时，在城市规划者的想象中打上了林荫大道、林荫道和广场（法语为 place）的烙印。奥斯曼在大城市的中心开辟了长而直的宽阔林荫大道，为他种植的 60 万棵树木提供了充足的空间。过去，首都没有这些树冠，就像中世纪狭窄街道上的兔子窝。沿着笔直的街道构筑建筑物，树木即刻成为美景。

　　巴黎成了现代城市外观和感觉的样板。从奥斯曼开始，树木成为都市景观不可或缺的一部分。巴黎的林荫大道启发了美国城市的公共机构，要减弱并美化网格式道路系统的几何规则性。比如，19 世纪 80 年代波士顿的联邦大道就栽种了四排树木，有榆树、榉树、枫树和美国红栎，将一条居民区街道改造成气派的巴黎风格的林荫大道。在同一个十年内，华盛顿特区的林荫道栽种了沼生栎、榆树和菩提。

　　树木向城镇进军。它们被栽种在市中心的林荫大道、郊区的林荫道，装饰了 19 世纪晚期新建的城市公园，也成为城市墓地明显的特征。1868 年明治维新后，日本开始现代化，庄严的观赏树木成为城市路边的特色。黑松、樱花、枫树和刺槐使东京银座的欧式建筑更加完美。第二次世界大战爆发前夕，东京有超过 27 万棵行道树，主要是英国梧桐和壮丽的银杏，大部分是 19 世纪 70 年代栽种的，或是 1923 年关东大地

1　法语全名拜伦·乔治-欧仁·奥斯曼（Baron Georges-Eugène Haussmann），拿破仑三世时期的城市规划师，因主持 1853—1870 年的巴黎重建而闻名。

震后新种的。在激烈的城市化进程中，树木景观已成为现代性和全球声誉的主要标志。在意大利重新统一、罗马恢复为首都之后，树木种满了整个城市，而之前它的绿化显然是不够的。石松受到青睐，因为它和古罗马有很强的联系。松树和柏树使人想起遗失的或想象的过去，用来展示曾经贫瘠的考古遗迹；冬青栎使人想起意大利乡村和文艺复兴时期的园林和优雅的公共广场。1911 年意大利征服利比亚后，意大利的城市种植了大量棕榈树，这种行道树永远地提醒着人们帝国取得的胜利。[13]

你能体验到的最怡人的城市树冠在上海，它将曾经的法租界改造成凉爽的绿色隧道。这些树木从 1887 年开始种植，使中国的城市有了巴黎街道的感觉。城市树木提醒人们，城市绿化是一项在澳大拉西亚（Australasia）¹、非洲、亚洲和美洲进行的帝国工程。当英国人 1912 年规划新德里时，现代性和帝国统治的明显标志是树冠。规划委员会的报告指出："树木将无处不在，在每一座花园（无论它有多小）里，沿着每条道路的两旁，而且帝国治下的德里基本上将处于植物的海洋中。它也许能被称为城市，但它不同于世界上已知的任何城市。"[14]

树木不仅是新帝国首都的核心特征，而且超过 1 000 英亩的中央山脊被重新造林，在地貌上突出新首都完美的森林特

1　由法国学者查尔斯·德·布罗塞（Charles de Brosses）于 1756 年提出，一般指澳大利亚、新西兰及附近南太平洋诸岛，有时也泛指大洋洲和太平洋岛屿。

征。从山脊上往下看，新德里确实被植物的海洋遮掩，这符合设计者的初衷。从有利的位置看，印度总统府，即前总督府，和其他政府大楼的圆顶从很大一片连绵不断的翠绿色天蓬中伸出来。这座行政城市以其林荫大道构成的几何图案，预示了整个 20 世纪城镇设计和郊区发展的新形式。显而易见的是权力和绿化之间的联系。观察德里的卫星图像，绿色的新德里从这座大城市整片的灰色中脱颖而出。就像世界各地郊区的世外桃源一样，生活在城市森林中的特权是为富人保留的。

难怪英国人想通过树木来展示帝国权力，树木是迄今为止城市微气候最重要的调节器。根据 1872 年纽约市卫生专员的说法，由于夏季气温过高，街道上急需树木来拯救生命。这一早期观点承认利用城市生态缓解城市热岛效应的紧迫性。在热带城市，树木使太阳辐射减弱 76.3%~92%，通过树荫和蒸腾作用大幅减少热量。一棵行道树可以将人的生理等效温度（physiological equivalent temperature，PET），即热舒适度的衡量标准，降低 10℃ ~25℃（取决于城市气候）。它们也提供生物地球化学的加工服务，换句话说，它们过滤并净化空气。据估计，芝加哥的树木每年可以吸收 5 575 吨空气污染物和315 800 吨的碳，可抵消 42 106 户家庭的排放量。由于树木可以改善生活质量，提升身心健康，附近有树木的房产价值可以提升 5%~20%。从 20 世纪 60 年代开始，新加坡运用吸引投资和富裕侨民的战略，从一座污染严重的殖民城市转变为一个超现代的花园城市。长期担任新加坡总理的李光耀在 2000 年谈到新加坡使用 500 万棵乔木和灌木重新造林时表示："没有任何其他项目能给这个地区带来如此丰厚的回报。"

我们的城市正变得越来越热。吉隆坡现在的热岛效应在 4.2℃~9.5℃之间。美国肯塔基州的路易斯维尔是美国变暖最快的城市，市中心温度可以比郊区高 10℃。随着城市化进程的加快，空气质量也在恶化。在 20 世纪的最后几十年和 21 世纪的头几十年里，人们集中力量在城市里种植更多的树木，以此缓解气候变化的猛烈程度。过去，树木被用来美化城市，而现在，作为城市物种的我们需要树木来维持生存。[15]

自 21 世纪的第一个十年以来，世界各地的许多城市，如纽约、爱丁堡和阿克拉，尽管其规模和气候不同，都加入了大规模植树项目，即"百万植树计划"。当前植树热潮的紧迫性在世界许多地方都显而易见。其目的不仅是对付迫近的危险，而且也要应对当前的威胁。2013 年，北京遭遇严重雾霾，当时的空气污染水平比世界卫生组织认定的安全水平高出许多倍。北京和地球上一些最脆弱的污染城市做出回应，已经有 170 座中国城市加入了"森林城市"运动，其目标是把城市区域的树冠覆盖率提高到 40%。"让森林走进城市，让城市拥抱森林"是该活动的口号。别名"榕城"的福州，创建了 100 条林荫大道，两旁栽种了榕树、樟树和金雨树。[16]

从 2007 年到 2012 年，重庆市在种树方面不遗余力，旨在成为国家级森林城市，这是历史上最雄心勃勃的植树活动之一。春季里，在这个中国发展最快的城市，每天都有一辆辆满载着银杏树的大卡车挤满城市街道。其中有的树龄已逾百年，一棵就价值 4.5 万美元。这些壮丽的移植树木沿着一条又一条的街道，密密麻麻地种满整个城市。在造林的鼎盛时期，媒体热情地宣传"重庆的新鲜空气"，并庆祝该市的树冠覆盖率快速地增加到 38.3%。时任重庆市领导对栽种银杏树抱有很大热情，一年就支出 15 亿美元，然而这样做不仅使成千上万的榕树被砍伐，也使这座城市濒临破产。[17]

这种对树木的狂热以一种极端的方式证明了将城市变成森林的紧迫性。不仅在雾霾笼罩的中国是这样，在所有大陆都是如此。2021 年，广州市有 27 万棵榕树，为了增加城市的"视觉渗透性"（visually permeable），市政府试图砍伐其中一些大型榕树，但该做法被叫停。人们热爱树木，他们通过网上请愿和行为艺术的形式向官方表达强烈的反对意见。一位居民宣称："那些树木是城市的第一批居民。"[18]

遍布树木和绿地的大都市不仅抵御气候变化的能力更强，而且在 21 世纪比以往任何时候都更能吸引商业和投资。没有充足数量的树木所要付出的代价正变得显而易见。

由于路易斯维尔的树木覆盖率极低，即使在市中心区域也仅有 8%，那里的气温正急剧上升。2012 年，据透露，因城市开发，美国城市每年损失 400 万棵树。令人遗憾的是，印度曾经以历史悠久的城市林业和圣树林闻名，但它现在已缺少城市树木。印度的大城市是最易受气候变化影响的城市之一，生活质量正在迅速恶化，这并非巧合。过去，班加罗尔凭借茂密的树木和湖泊形成凉爽的微气候，吸引了移民、殖民者和商业贸易来到这里，现在因为建设和道路拓宽，它已经损失了88%的植被。成千上万的树木，包括那些巨大又神圣的榕树和菩提树都被砍了，它们原来伫立在受污染的道路上，给沿街商贩、玩耍的孩童和参加社交活动的成年人提供荫凉，现在城市温度预计会升高10℃。近年来，榕树之城巴罗达损失了一半的树冠。《印度教徒报》的新闻标题问道："菩提树都去哪儿了？"到底去哪儿了？[19]

庄严的葬礼队伍蜿蜒地走向孟买的邦议会大楼。这时，"遗体"露了出来，是一截被砍伐的榕树树干，这是为建设新城市地铁系统而被砍伐的成千上万棵榕树中的一棵。2017年，当局想要砍伐4棵大树，这4棵树在班加罗尔中部为2.5英亩的土地遮阳，那时抗议者的情绪非常激动。此前一年，8 000名班加罗尔人组成了一条庞大的人链，阻止修建钢制立交桥，因为这将导致成千上万棵菩提树、榕树和其他受人们喜爱的树木被砍伐。在公民活动家普里亚·切蒂·拉贾戈帕尔（Priya Chetty Rajagopal）看来，"这座钢制立交桥并非一座钢制立交桥，而是一只怪兽，可以从根本上破坏班加罗尔的心脏和灵魂"。在这两个案例中，民众取得了胜利，使这些树冠免受猖獗开发的损害。2018年，德里计划砍伐16 000棵树，引发了愤怒的抗议活动。自2005年以来，德里已经合法砍伐了112 169棵树，而非法砍伐的树木数量不详。抗议活动的发起者们运用社交媒体组织静坐抗议、烛光守夜和 24 小时巡逻以阻止电锯的杀伐。他们还因此告上了高等法院。同年 7 月 4 日，法庭禁止任何进一步的砍伐，称"不会让德里因重建项目，付出死亡的代价"[20]。

印度人与树木之间自古以来的精神联系催生了大量致力于在城市中抵制破坏自然的公民团体。在本书中我们已多次看到，普通人面对不假思索的扩张时，要求建立他们想要的那种更有野性、更环保的城市：伦敦人为了粗糙的荒野而奋斗，纽约市有绿色游击队员，柏林的抗议者为拯救市中心荒地上萌发的森林和草地而战。按照"上层决策"种植的自然与个人和社区所喜爱的自然之间，总是存在冲突。在印度，对树木的尊崇催生了一场前所未有的草根运动，并在 21 世纪 20 年代迅速蔓延。这是一场争夺城市灵魂的战斗。

对自然的破坏非常猛烈，许多城市树木已变成木材，重新绿化印度城市成为一项社区行动。作为年轻人，舒本杜·夏尔马（Shubhendu Sharma）当时是班加罗尔丰田汽车厂装配线上的工人，他遇到了日本植物学家宫胁昭（Akira Miyawaki）。会面后，夏尔马不再从事汽车制造，而是开始建造城市丛林。2011 年，他创立了一家名为"一座森林"（Afforestt）的公司；8 年内，他已在 50 个城市创建了 144 座小型野生森林，并通过 TED 演讲与世界分享了他的故事。

几十年前，宫胁昭研究了有茂密森林的神社，发现它们包含了大量的、被挤在很小的城市块地上的本地生物种类。对他来说，这些地方就像时间胶囊，是未受干扰的本地种层，由主要树种、亚种、灌木和地被植物组成。它们使宫胁昭学会了精选一些本地树苗栽入备好的土地里，通常每公顷密集地种 2 万~3 万株。根据宫胁昭的方法，这个地方在头两年需要除草和浇水。同时，紧密种植的树苗争夺光线和水源，刺激它们快速生长。两年后，小型森林就可以完全独立生长。日本的天然森林通过生态演替过程可能需要 150~200 年才能成熟，而宫胁昭的森林生长迅速，只需要 15~20 年，届时，较高的树木将会长到 20 米高。从 20 世纪 70 年代起，宫胁昭在全球各地，通常是在退化的土地上，种下了 4 000 万棵树。这些微型森林在人口密集的城市中充当冷岛，它们吸收二氧化碳和微粒的量比传统种植园多 30 倍。[21]

在班加罗尔废弃的机车柴油机棚，1 250 平方米的土地上生长着一片宫胁昭培育的森林，共有来自 49 个种类的 4 100 棵树。它于 2016 年栽种，是缺少树木的班加罗尔和其他印度城市的小块土地上出现的许多处森林之一。森林也不一定要在公共土地上生长，园丁们正动手自己解决问题。震惊于班加罗尔从花园城市变成混凝土丛林的事实，退休信息技术工程师纳塔拉贾·乌帕德亚（Nataraja Upadhya）将他在内城的露台改造成常绿的微型丛林。为了向城市证明灰色城市中的微小空间也能支持密集的植被生长，他种下了 300 种不同的植物，包括 100 种树木。藤蔓和树木包围了他的房子，向街道溢出。在整个印度，为了回归过去那种凉爽、绿树成荫的花园，人们都在抵制简化都市景观的做法。《印度教徒报》在 2021 年报道称："修剪整齐的草坪正用于放牧。取而代之的是，漂亮的城市丛林如雨后春笋般在全国涌现，果树、开花灌木、水体和青翠的绿色植物熠熠生辉。"[22]

如果政府当局不注重树木，社区就会做出回应。纳塔拉贾·乌帕德亚、舒本杜·夏尔马和无数其他人正努力恢复印度失去的城市树冠，一次恢复一小块。这场孤独的奋斗应该会激励其他人：宫胁昭的方法提供了一个机会，让少树、闷热的大城市中最贫穷、最拥挤的地区得以在短时间内绿化。

树木善于在城市中生存。我们完全有能力在建筑环境中为它们找到生存空间。在过去的几个世纪，它们已经改变了我们体验城市的方式。想象一座城市，所有的建筑、公路和铁路都消失了，但树木还在。这就是麻省理工学院的可感知城市实验室（Senseable City Lab）在一个名为"树百科"（Treepedia）的项目中所做的。利用谷歌街景，全球 30 座城市的数字地图已经制作出来，可以展现每一棵行道树。结果是黑色背景上的鲜艳绿点凸显出来，呈现了我们熟悉的轮廓和城市街道规划的美丽图像。这是你之前从未见过的城市，它接近一座森林。在佛罗里达州的坦帕市，路边的树冠覆盖了 36% 的城市面积，就像一个发光的森林网格。[23]

如果包括公园、花园、墓地和铁路沿线的树木，你会看到一片更大的森林。想象一下这样的城市，错综复杂的树枝和树叶组成的空中网络为各物种提供了连续的廊道。每棵树本身就是一个生态系统，为昆虫、动物和鸟类提供栖息地。华沙的一项研究发现，在 1 立方米的树冠内，有 2 000~3 000 只无脊椎动物支持着鸟类和蝙蝠种群。

根据联合国粮食及农业组织的定义，森林是树木覆盖率至少达到 20% 的区域。在伦敦，树木几乎和伦敦人的数量一样多，840 万棵树如同一把大伞，覆盖整个伦敦 22% 的面积。纽约的比例几乎相同。在佐治亚州的亚特兰大市，木兰、山核桃、南松、山茱萸和水栎等树木所占的空间估计为 48%。汤姆·沃尔夫（Tom Wolfe）在《完美的人》（*A Man in Full*，1998）中描绘了美国"森林中的城市"："他把目光从建筑物上移开，望向树木的海洋……树木向四面八方延伸。那些树是亚特兰大最宝贵的自然资源。人们喜欢住在它们下面。"

城市已经形成大型的人造森林。在全球北方，这是人们最近快速经历的。根据 1921 年《伦敦是一片森林》（*London is a Forest*）一书作者保罗·伍德（Paul Wood）的说法，大约 60% 的伦敦树木是梧桐。如今，这个物种仅占伦敦城市丛林的 3%。这些外表巨大而庄严的梧桐树并未遭大量砍伐；相反，在过去一百年里，数百万棵其他树木加入了它们的行列。这是一个惊人的数字，证明了一个世纪以来在伦敦和世界各地城市中种树的价值。树木的数量大幅增长，而多样性也在增加。伦敦现在有 350~500 种树木和栽培品种。

树木有助于减轻气候变化的影响，但无法治愈它。城市需要行道树和微型森林给它们降温并过滤空气，但更重要的是，它们需要真正大片完好的森林。

"首先震人心魄的是颜色——丰饶青翠的绿色从四面八方映入眼帘，把你整个吞没。然后是泥炭和泥土味。再往后是树枝摇曳、树叶沙沙作响、水流湍急的声音，偶尔还有看不见的东西在密丛和阴影中移动时发出的嘎吱声。

"不远处是老旧的街区和城市不断扩张的中心、无尽的混凝土带、无休止的喧嚣，但这一切似乎永远消失了，因为硬木树冠下意外出现了天堂般的数千英亩森林……"

这是记者罗伯特·威隆斯基（Robert Wilonsky）在 2019 年描绘大三一森林时所说的话，这座森林未受重视且鲜为人知，是一片占地 6 000 英亩的古老林地，横跨得克萨斯州最具商务风格的达拉斯市中心。它恰好也是美国最大的城市森林。威隆斯基写道："虽然这是我出生的城市，但在这个地方我感到陌生。"[24]

那是一大片硬木洼地森林，因为地处三一河的河漫滩，而免受城市扩张的影响。大部分原始森林在 19 世纪和 20 世纪被砍伐殆尽。但随着城市郊区向北发展，这片区域被忽视了，树木得以再次发芽生长。水从达拉斯市区仅存的叫作"大泉"的泉水涌入湖中。巨大的大果栎在五月花号（Mayflower）[1]

1　这艘著名的船只于 1620 年 9 月起航，运载了一批英国的分离派清教徒到北美建立殖民地，他们在该船上签订了《五月花号公约》。

启航前就开始在这里生长, 池塘、沼泽和蜿蜒的小溪使树冠裂开。从皮德蒙特山脊俯瞰绿叶屋顶, 只能看见达拉斯市中心的摩天大楼。这片森林因为被忽略而得以存留下来, 没人知道该如何处置达拉斯市中心的野生残留物。就这样, 它变成一处几乎被遗忘的地方, 一个估计有 200 万立方米的大量非法垃圾和污染物的倾倒场, 非法采矿、隐蔽的大麻农场和冰毒制造窝点的所在地, 以及无家可归者的营地。当这条被滥用的河流洪水泛滥时, 会带出成吨的塑料和废物。森林是达拉斯隐藏在明处的秘密, 既是大自然的奇迹, 也是充满罪恶的地方。森林里有些地方密不透风, 从没有人去那里, 因此它庇护了白尾鹿、郊狼、野猪、海龟、蟾蜍、河狸、水獭和短吻鳄。

大三一森林是意外得来的自然资源, 一片被时间遗忘的森林。大部分的城市森林都是贫瘠的, 树木孤独地矗立在柏油路或草坪沙漠中, 没有茂密的林下植被。大三一森林则不同, 它支持着充满生机的森林地面生态系统。达拉斯能拥有它是幸运的, 因为它可能对未来至关重要。拥有大面积森林的其他城市也同样幸运, 这些城市围绕着森林发展, 使之免遭砍伐。奥弗顿公园在孟菲斯市中部多车道高速公路之间被保护, 是田纳西州为数不多幸存的原始森林, 可以追溯到上一个冰河时代末期。纽约保留了 10 542 英亩的森林斑块, 种有 500 万棵树木, 包括因伍德山公园的海洋沿岸原始森林。

第二次世界大战期间, 柏林蒂尔加滕公园 20 万棵树中有许多被炸毁, 幸存的树木也因战后冬季煤炭短缺而遭到砍伐。

在那些树的位置上，种植了紧急菜园，到 1945 年，仅存 700
棵树。1949 年 3 月 17 日，柏林市长恩斯特·罗伊特（Ernst
Reuter）种下了一棵菩提树，西德的城市另外捐赠了 25 万棵
树。在景观设计师威利·阿尔韦德斯（Willy Alverdes）的主持
下，公园没有广泛恢复原有的巴洛克元素。相反，为了重建现
代"城市居民出于本能寻找的野生荒地"，阿尔韦德斯把目光
投向更远的过去，当时该地区还是一片多沼泽的河岸森林。今
天，对市中心来说，这里是一片异常茂密的森林，层层叠叠地
长满了野生灌木丛。世界上最大的城市森林是位于里约热内卢
市中心的蒂茹卡国家公园，它占地 9.8 万英亩，是 67 种濒危
物种的避难所。[25]

　　威隆斯基在关于大三一森林的文章里，引用了本·桑迪
弗（Ben Sandifer）的话，他白天是达拉斯市的会计师，业余
时间是不知疲倦的森林守卫者。谈到森林时，他说："这里有
一段极丰富的历史，讲述达拉斯自己的经历。人们想知道我们
为什么处于这片黑土地大草原的中间，而答案在森林堤坝的另
一边。搞清楚人们受吸引来到这个地方的原因并不困难。"桑
迪弗指出了一个重要的事实：在人类历史的大部分时间里，城
市都依赖于森林。达拉斯幸存的这座怪异的森林不仅提醒人们
这个城市的起源，也提醒我们树木和城市在时间长河中形成的
重要关系。[26]

　　罗马人在公元 1 世纪建立伦敦时，那里被森林和沼泽包
围，其景观从冰河时代结束以来基本没有变化。1 000 年后，

威廉·菲茨斯蒂芬描述了米德尔塞克斯郡的大森林。它从毗邻古罗马城墙的草地向北延伸 20 英里，覆盖了后来的大伦敦北部的大部分区域，是一片广阔的森林，枝叶茂密的灌木丛隐藏了雄鹿、雌鹿、野猪和野公牛等野生动物。不久之后，记录者马修·帕里斯（Matthew Parris）写道，这片极茂密的树林由无梗花栎、鹅耳枥、山毛榉和花楸树组成，不仅保护了狼，也藏匿了强盗、逃亡者和亡命之徒。在泰晤士河的另一边，有一片巨大的橡树林，叫大北林，它从河岸向南一直延伸到克罗伊登。现代伦敦郊区彭奇（Penge）一词源自凯尔特语 Pencent，意思是"树林边缘"。彭奇连同诺伍德、吉卜赛山以及福里斯特希尔一起，暗示它们过去是位于郊区森林的村庄。

纽伦堡与所有其他欧洲城市一样，需要城市周围的森林，即帝国森林来维持生存。从 1427 年起，它归市政府所有并由其维护。它养肥了市民的猪，产生的木柴和木炭用作燃料，不仅供城市居民取暖，也支持金属和玻璃制造业，以及石灰窑，更不用说对面包师和酿酒师的支持。它提供造砖用的黏土，也有砂岩采石场。灌木丛中的蜜蜂生产蜂蜜（纽伦堡至今仍以蜂蜜姜饼闻名）以及制作蜡烛和抛光剂的蜡。[27]

因此，中世纪的人口中心对森林的需求不亚于对田地的需求。他们需要近在咫尺的树木，而不是庄稼，因为木材运输成本很高。伦敦周边各郡的树木比全国其他任何地方都更繁茂，因为在 14 世纪早期，英国首都的 10 万人口远超其他城市中心，而且每年需要 800 平方英里森林提供的 141 000 吨木材。伦敦在城市周围建立了一个半径约 60 英里的生态系统，在这个范围内维护森林以满足首都的需要。马德里和欧洲的其他城市中心也依赖同样规模的森林。巴黎是一座比伦敦和纽伦堡大得多的城市，因为需要从紧邻的腹地获得森林产品，它长期受食品供应系统不稳定的困扰。[28]

然而，到 19 世纪初，伦敦的原始森林已经逐渐减少，变成了分散的灌木林和孤立的林地，在米德尔塞克斯郡总共只有 3 000 英亩。因为伦敦是港口，可以很容易地通过船舶到达英格兰东北部的煤田，所以它已经不需要森林提供热源。从 17 世纪早期开始，文明城市和野生木材之间的紧密联系就被煤王（king coal）切断。

相比之下，19 世纪初的纽伦堡因为还没有用煤代替木材燃料，它的帝国森林面积仍然有 124 平方英里。几个世纪以来，神圣罗马帝国的城邦、荷兰的佛兰德斯和意大利的部分地区都拥有广阔的市政森林。法兰克福在 1221—1484 年期间，通过从皇帝和条顿骑士团手中购买森林，分阶段获得了城市森林，罗斯托克在 1252 年获得了 3 万英亩的罗斯托克荒野。尽管森林砍伐在乡村十分猖獗，但在 16—18 世纪期间，由于市政当局和统治者对邻近森林的控制和可持续管理，城市化的巨大压力导致城市边缘的林地和树篱显著增加。汉诺威的市政森林埃伦泽溏设置了有人值守的瞭望塔，以防止木材被盗。法兰克福的市长们被要求在任期结束后担任森林管理者，并负责植树造林。从 18 世纪开始，城市森林由首席林务官领导的全职工作人员管理。

威尼斯急需木材来建造海洋城市，修建强大的军火库，并将船只投入大海，它在内陆拥有大量高度管理的国有森林，而它的未来就取决于这些森林。在 19 世纪中叶很晚的时期，出于类似原因，得克萨斯州三一河流域的洼地森林为城市化提供了先决条件。森林意味着水和生命，为新生的达拉斯提供燃料和建筑材料。没有森林，就没有城市。

然而，在许多情况下，没有城市，就没有森林。树木存活下来，以满足冶炼工、铁匠、面包师、酿酒师和建筑商的需要。如果你回到前工业时代的欧洲和许多亚洲城市，就会发现它们没有依偎在田野的怀抱里，而是坐落于森林的子宫中。纽约也是如此，据 1624 年一位早期的荷兰游客说，那里的"土地非常好，到处长满了高贵的林木和葡萄藤"。直到 18 世纪最后几年，大片的橡树、郁金香、栗树和山毛榉树林覆盖了曼哈顿岛的大部分地区。广袤的森林区域是战争和气候变化的牺牲品。美国独立战争期间，英国占领纽约时的森林砍伐加剧，因为从 1779—1781 年经历了异常寒冷的冬季，那时的上纽约湾冰层很厚，人们可以乘雪橇去斯塔滕岛。在这些极其寒冷的日子里，树木被砍伐以供应燃料，同时也用于建设延绵数英里的防御工事。1782 年，乔治·华盛顿从新泽西州视察曼哈顿岛时，看到"这座岛完全没有树木，矮灌木出现在 1776 年时覆盖着树林的地方"。光秃秃的灌木丛占岛上 3/4 的面积，那里曾经是一大片森林。因此，纽约对木材的需求不得不以更昂贵的代价从更远的地方来得到保障。

煤炭很早就摧毁了英格兰城郊的森林。从 16 世纪后期开始，伦敦人口向乡村流出，森林的消失也为伦敦的流动人口和空间扩张创造了条件。因此，伦敦相对较早地摆脱了对这个关键自然资源的依赖，而这也预示着未来将发生的事情。一旦化石燃料成为主要的能量来源，附近森林的有形利益就消失了，树木与城市之间的紧密联系也被打破。

但在许多地方，森林以一种新形式出现。如今，法兰克福 14% 的面积是广阔的城市森林。最大的森林区域位于美因河南部，但整个城市零星地分布着中世纪生活支持系统的遗产，即被现代城市包围的古老城市森林。欧洲最大的冲积阔叶林之一或多或少地横贯莱比锡。今天已有近 100 平方英里的纽伦堡帝国森林，像一轮新月包围着由埃尔朗根、纽伦堡和菲尔特组成的大都市圈。德国几十个城市的森林形成一堵坚不可摧的绿色城墙，几个世纪以来，即使在它们失去了经济效用之后，仍一直制约并塑造着城市发展。德国、瑞士和奥地利的城市围绕着森林发展。今天，在这些国家发现了一些人类最广阔的城市森林。它们提供了一种可持续发展模式，应该给世界其他地区带来启发。

它们没有像其他地方那样为了给城市发展腾出空间被卖给出价最高的人，因为森林在 19 世纪的工业发展中有了新用途。在德国，市政森林长期以来不仅融入了城市结构，而且进入了城市想象。森林与国家认同密不可分，与德国悠久历史的概念紧密相连。罗马历史学家塔西佗将原初的德国描绘成一片广阔的、森林茂密的土地，居住着令人生畏的条顿战士部落，它们在罗马军团面前战无不胜，这种描绘在 19 世纪占主导地位。在一个城市化、工业化和民族主义盛行的时代，靠近城市的森林维系着德国人与神话般过去的联系，而失去森林就牺牲了德国性本身。如果说希腊人和意大利人有古典时代的遗迹，使他们可以与古老的价值观与美德重新建立联系，德国人也有类似的时间入口，它以半神圣的树林形式出现，类似于有生命力的寺庙和鲜活的纪念碑。正如 19 世纪一位作家所写的："森林是我们古老历史发生的环境，是我们本土传说设置的背景，甚至我们的童话故事，即这些传说最后的传承，在很大程度上就发生在森林里。"

城市森林对条顿人继承者的身心力量至关重要，它们提供新鲜空气，是放松和锻炼的地方，可以平衡城市令人神经崩溃的动荡。对一位古植物学家来说，城市森林比乡村森林更重要，因为它们是大多数人仍可接近的"家乡的原始自然"。对自由左派科学家和教育家埃米尔·阿道夫·罗斯马斯勒（Emil Adolf Rossmässler）来说，城市森林是政治性的。城市工人有权享有自然，有权进入城市周围的野生森林公地。如罗斯马斯勒所说，森林与社会和政治平等息息相关。每一位德国人都应享有从拥挤的城市径直走进一片森林荒野的权利。出于各种从政治到精神的理由，树木都神圣而不可侵犯。[29]

在柏林，人们为了确保他们对森林的权利，进行了长期艰苦的斗争。德国的帝国首都曾经是欧洲人口最密集、绿化最少的城市之一。但首都的周边是森林，包括占地 7 400 英亩、距勃兰登堡门仅 6 英里的格吕讷瓦尔德森林，因为是皇家狩猎保护区而免受城市发展的影响。到 19 世纪 90 年代，柏林从一座中等规模的城市发展成欧洲第二大城市，这意味着成千上万的城市野餐者和周末游客擅自进入格吕讷瓦尔德森林，在树林里闲逛，在湖中游泳，而这妨碍了皇家狩猎的盛况和辉煌。从 1879 年起，他们步行或乘火车来到格吕讷瓦尔德火车站。不守规矩的柏林人执意要在他们认为属于自己的森林里消遣，迫使皇帝离开这个森林，去了更遥远、没有被城市玷污的保护区。柏林人用他们的脚、野餐垫和啤酒桶投票。皇帝一旦突然转移到别处，格吕讷瓦尔德就成了周末出游玩耍、喝酒、吃饭、游泳和歌唱的地方。然而，不再用于狩猎，格吕讷瓦尔德就变为一项国有资产，当它被一点一点地出售用于修建昂贵的郊区别墅时，便可以产生收入。

格吕讷瓦尔德森林即将被毁的消息，在 20 世纪的第一个十年里，遭到柏林工人阶级、自由派媒体和城市政治家的持续反对。他们认为，森林属于该市市民。1904 年，该市工薪阶层和社会主义者的报纸《柏林人民报》，发表了振奋人心的《抗议破坏格吕讷瓦尔德的声明》。自由左翼的《柏林人日报》和发行量最大的德国报纸《柏林日报》联合起来，正式向政府呼吁拯救这片森林。斗争在公众舆论和投机开发商之间展开。在维多利亚啤酒厂召开的大型会议上，工人们发誓一旦格吕讷瓦尔德遭到侵害，他们将奋起抗议。对柏林的工薪阶层来说，格吕讷瓦尔德森林属于他们，已经融入了他们的家庭生活和城市生活。他们做好了与"屠杀森林"行为斗争的充分准备。拯救森林并维护对自然的权利的运动是一场情绪激烈的恶战。这是历史上最早的大众环保运动之一，是后来的柏林人开展生态运动的先驱。[30]

在与普鲁士政府长达十年的斗争之后，柏林终于在1911年买下了这片森林，追随像法兰克福和纽伦堡等城市的脚步，这些城市早在中世纪就在森林方面投入了大量资金。该政府承诺保护格吕讷瓦尔德和同时获得的额外16 000英亩森林，使它们与组成勃兰登堡地区冰川景观的河流和沼泽一同保持"自然状态"。事情并没有就此结束。1920年大柏林地区的建立使城市面积增加了13倍，达到340平方英里，吸收了大部分农村和郊区腹地。它集中了夏洛特堡、施潘道和舍恩贝格等周边城镇，给首都带来了惊人的46 950英亩公共绿地，占整个大城市面积的1/5以上。这片公共土地的2/3是森林，作为柏林周边的荒野地被永久保留。今天，柏林的国家林业局管理着都市范围内112平方英里的城市森林。这一规模可以通过与其他城市的比较来衡量：纽约有16平方英里分散的林地，伦敦有27平方英里。

德国的城市森林有一段动荡的历史。有时被过度开发，之后再改种快速生长的松树。在拿破仑战争期间，它们遭到严重的破坏；更可怕的是，在第二次世界大战期间，它们服务于军事目的，或被盟军炸毁，或被砍下当柴烧，或丢进瓦砾堆里。直到 20 世纪 70 年代末，相关部门才着手管理，并设法最大限度地提高其生物多样性。但它们仍然存在，被视为一种宝贵的资源，与那些在扩张过程中把森林夷为平地的城市形成鲜明对比。在这方面，德国远远领先于世界其他国家。德累斯顿、纽伦堡和柏林等城市表明，人口密集的城市不仅可以与相当大的森林并存，而且城市生活质量也因此得到提升。森林给人们带来保护和乐趣。德国人应该感谢他们的先辈，因为这些先辈珍视城市森林，有时候甚至威胁要报复那些胆敢破坏树木的人。

　　有迹象表明，世界其他地区正在迎头赶上。2020 年，马德里宣布了"都市森林计划"，要在城市周围建设一条 47 英里长的林带，以改善糟糕的空气质量。北京正在周边地区实施一项宏伟的植树造林计划，打造一条被称为"绿色项链"的林带。仅在 2012—2016 年期间，北京就在约 700 公顷的土地上栽种了 5 400 万棵树，以抵御西伯利亚的寒风。在冬季，西伯利亚寒风席卷蒙古高原，刮来的戈壁滩沙子使北京面临荒漠化的危险。沙丘每年都在向北京靠近，而沙尘暴加上污染使空气质量变得危险。面对山体滑坡，利马正在将周围的一些山丘改造成森林公园。这些计划听起来很激进。但这其实是回归历史的常态，因为城市需要周边的树木来维持生存。忘掉绿化带吧，城市需要的是林带。如果我们把森林看作海洋，即便想在上面建设，也是不可能的，那么城市的发展就会绕着森林，或者止步于森林的边缘。

然而，许多城市，特别是环境危急或脆弱的地区，处于与森林碰撞的过程中。在 2000—2010 年期间，巴西 19 个城市的规模翻了一倍，其中有 10 个位于亚马孙河流域。城市也在侵占大西洋森林、刚果盆地和印度尼西亚雨林。然而，人们越来越意识到，城市迫切需要森林的怀抱。2019 年 9 月，联合国粮食及农业组织宣布了一项"城市绿色长城"计划。该计划旨在到 2030 年共资助并促进新建 50 万公顷的城市森林，同时保护亚洲和非洲 90 个城市周围现有的 30 万公顷森林。一旦完成，这个绿色长城每年将吸收 5 亿 ~50 亿吨的二氧化碳。

这项雄心勃勃的计划在经济和政治方面是否可行仍有待商榷。但它有力地承认，如果城市要在气候紧急情况下生存下来，就需要森林。一片有成千上万棵树木的森林向空气中释放水分，这是城市所能得到的最好的空调装置。城市周边的森林不仅提供了大量的生态系统服务，而且还充当了防止城市扩张的堡垒，而城市扩张是造成气候变化和环境损害的主要原因之一。没有森林，就没有城市，这是 19 世纪在里约热内卢发现的。位于里约边缘的蒂茹卡森林曾因 17 世纪的甘蔗农场和 18 世纪的咖啡种植园遭到破坏，这意味着里约面临供水枯竭和山洪暴发的灾难。1861 年，巴西皇帝佩德罗二世被迫对这片土地实行联邦控制，以恢复其生态系统的正常功能。如今，大城市中间的这片巨大森林几乎完全是自然再生的结果，表明这里的生态恢复与城市发展是同时进行的。

纽约市最重要的森林并不在它的边界内，而是在 125 英里外的卡茨基尔山脉。当纽约人喝自来水时，他们饮用的是森林的产物。自 1915 年以来，这座城市每天从山区的湖泊和水库中抽取 10 亿加仑的水。对城市生存至关重要的是森林，它在 100 万英亩的分水岭中占了大部分。纽约的自来水未经过滤，因为生态系统会净化它。树木保护土壤，过滤水分，减少暴雨过后的径流。森林的健康决定着纽约最终的健康。自 20 世纪 90 年代以来，该市已投资数十亿美元购买流域内森林并保护其生态系统。据美国林务局局长汤姆·蒂德韦尔（Tom Tidwell）说，在 2009—2017 年期间，"投资上游的森林管理节省了下游水处理的资金"[31]。

这里还有另一条给世界的教训。城市不仅出于自己长期存在的目的，而且也为了每日所需，最终都依赖于遥远的生态系统。通常这一点未被承认。世界上大多数人口生活在森林流域的下游，不管人们知道与否，他们的生活依赖于这些地区的生态活力。据估计，2000—2015 年期间，流域森林的面积减少了 6%，使 7 亿城市居民无法获得充足的饮用水，而且每年要花费 54 亿美元用于水处理。在今天，如果已经面临水资源短缺的里约热内卢能像 19 世纪的先例那样，恢复 3 000 英亩的原生森林，那么在未来 30 年里，它将节约大概 7 900 万美元，而且免于使用上百万吨的化学品来处理水。[32]

树木存储并过滤雨水，但它们首先确保能降水。我们倾向于认为雨水来自海洋蒸发的水分。对沿海区域是这样的，但对内陆来说，大量的降水来自树木的蒸腾作用：树木从地面吸收水分，再把它释放到空气中，形成一条"空中河流"。降雨以这种方式循环多次。一项对世界 29 个特大城市的研究发现，其中 19 个城市的供水依赖于植物的蒸发与蒸腾作用。卡拉奇、上海、武汉、重庆、金沙萨、加尔各答和德里等特大城市，容易因森林砍伐而破坏水循环，更不用说对当地气候的影响。2015 年，由于森林砍伐，圣保罗遭遇飙升的气温和严重干旱。就像德国城市或纽约一样，城市实际上需要购买森林来确保其生存。没有森林，就没有城市，这应该成为每一座现代大都市的座右铭。[33]

当木材被煤炭、天然气和电力取代，当管道将水泵入家中，我们失去了城市与森林之间亲密、有形的联系。城市不能游离于自然环境之外。雅加达腹地的森林砍伐使该市处于致命的危险之中。随着这座特大城市向农业用地扩张，它将农场进一步推向了以前未受破坏的森林。上游流域的许多地区已被砍伐。没有树木，土地吸收暴雨降水，再将它缓慢释放到芝利翁河和其他河流的能力就会大打折扣。当水从退化的流域倾泻而下时，雅加达会遭受灾难性山洪。在快速扩张的城市，城市边缘树木的减少也损害了地下蓄水层补充足够水分的能力。在雅加达，人们对地下水的需求不断增加，这加剧了水资源的消耗。那里的洪水太多，同时地下水又太少，这是破坏自然水文造成的严重后果。那里有充满污水的洪水，也有空的地下蓄水层。因为蓄水层枯竭，这座城市正以惊人的速度下沉，在上升的海平面和风暴潮面前，城市将面临毁灭。

雅加达的教训对世界其他地区是一个警告。城市抵御海平面上升和不可预测的风暴事件的能力岌岌可危。孟买牺牲了大部分抵御气候变化影响的自然屏障——红树林，因为红树林可以缓冲海浪，并将季风降雨释放回大海。很长一段时间以来，我们已经习惯了通过硬工程来解决问题。气候变化的教训是，我们的城市生活方式与自然息息相关。树木有拦截和储存水的能力（降水的 18%~48% 之间，取决于树种和地貌），也有防止径流和侵蚀的能力，它们是我们抵御大自然力量的最佳防御之一。城市里已经有很多树了，但还需要更多的树，不仅是城市内部，而且至关重要的是城市外围需要更多的树木，以保护我们免受错误的危害。树木再多也永不嫌多。

树木是包括湿地、河流和湖泊在内的更广阔生态系统的关键，它们是 21 世纪和之后城市所依赖的绿色基础设施的重要组成部分。关于曼加尔巴尼和它的守护者的故事应该激励我们。几代人保护这片原生植被基地，他们为现代德里保存了一个无价之宝。我们也应该像他们一样，将这些树林视为神圣而不可侵犯的。

第 5 章

生命力

"……水一定得流到某个地方……"

它给半干旱沙漠带来生命，使其成为建立一座伟大城市的理想场所。一年中有 9 个月它是涓涓细流，到了雨季就变成一股强大的力量。洪水涨满了河道，再流入巨大的沼泽、湖泊、池塘和溪流。丰富的沉积物倾泻而出，使这片宽阔的冲积平原首先成为大陆上人口最稠密的原住民区域，后来又成为该国最具农业生产力的土地，不久之后，成为世界上最伟大的大城市之一。1769 年，西班牙殖民者侦察这里的情况时，邂逅了这片土地，它"非常青翠繁茂，就像有人种植的一样"，有巨大的橡树、玫瑰、葡萄、柳树、美国梧桐、赤杨和棉白杨，尽管降雨量少，但这些树木却生机盎然，形成伊甸园般的河岸生态系统。只有少量的水流入大海，更多的是渗入干涸的土地。这条河以及广阔的淡水湿地"在各方面都是令人非常愉快的地方"，因而允许西班牙殖民者于 1781 年建立了"天使之城"洛杉矶 [1]。1900 年，洛杉矶的 102 000 人仍靠这条河维持生计。[1]

如今，洛杉矶河不幸地象征着城市对赋予它们生命的河流所做的一切。它只是一条名义上的河流。巨大的混凝土排水渠里悲惨地流过工业排放物、油腻的街道径流和生活污水。在强降水过后，一个小时内雨水就流进了太平洋。与其说它是一条河，不如说是一项防洪管理方案，它曾经滋养过的河岸栖息地已无迹可寻。它丑陋的外观是个尴尬的存在，被铁链围栏、铁丝网和墙壁屏蔽在人们的视线之外，基本上被忽视了。然而，它同时也是最著名的城市河流之一，荒凉的景色用于拍摄电视剧、流行视频和电影中的汽车追逐场面，如《终结者2》、《油脂》以及《蝙蝠侠：黑暗骑士崛起》等。在电影《唐人街》中，由杰克·尼科尔森（Jack Nicolson）扮演的私家侦探杰克·吉茨，不相信有人会意外葬身于洛杉矶河，因为那就好比淹死在茶匙里一样。

这条河使城市的存在成为可能，但随着洛杉矶的迅速发展，它就成了一个麻烦。这是一条狂野而不可预测的河流，每一次洪水暴发都会改变河道。广阔的湿地被排干，河漫滩的森林被砍伐，先是给农场让路，然后是给工厂和大片住房让路，而大量的水被抽取用于家庭、农业和工业。下雨时，它再也无

---

1 洛杉矶最初是用西班牙语命名的，全名为 El Pueblo de Nuestra Señora la Reina de los Ángeles，意即"许多天使"，故称"天使之城"。

法应付从山上奔涌而下的洪流。从 1913 年起，当威廉·穆赫兰（William Mulholland）修建的大水渠开始通过 215 英里长的管道从欧文斯谷引水时，洛杉矶河就不再有太多实际的用途。在 1914 年、1934 年和 1938 年，凶猛的风暴引发了破坏性洪水，使这条河走到了生命的尽头。洛杉矶的河流系统约有 278 英里长的溪流和水道被混凝土覆盖。为了城市的发展，这条河消逝了。

洛杉矶脱离了赋予自己生命的生态系统。这一过程适用于所有的现代城市，在城市化与水的关系中表现得最为清晰。可悲的污泥被混凝土棺椁埋葬在洛杉矶市中心，清楚地提醒着我们城市建设对地球的影响：曾经是自由流动的东西，如今受到人为的限制。战胜水的代价是巨大的。湿地、溪流和河流被铺成路面，使洛杉矶的地表硬化，导致大量城市径流出现，污染了海滩。

城市史就是傲慢的人类试图使强大的自然力屈从于我们意志的历史。如今的洛杉矶河象征着我们对自然界力量的恐惧和我们想要支配它的欲望。我们掩埋了河流，让它们变成下水道。我们排干了湿地的水，在河漫滩上铺路，修建了水坝和强大的海堤，重新安排了整个区域的水文系统。我们的这些做法破坏了地球上一些最有价值的生态系统。但最终，水会让我们屈从于它的意志。

三条大堤道将岛城特诺奇蒂特兰和特斯科科咸水湖岸边

连接起来，一条输水管为阿兹特克大都市的 25 万居民带来了淡水。特诺奇蒂特兰小心翼翼地与水共存。特斯科科湖坐落于墨西哥谷地，是五个大而浅的水体之一。北边的三个是咸水湖，最南端的两个是淡水湖，这两个淡水湖养活了山谷里的人们。他们用湖床的泥土修建了一种非常肥沃的漂浮花园奇昂帕（chinampas），用芦苇墙把它们聚拢在一起，并用树根保持稳定。

富含营养物的奇昂帕漂浮花园一年收获四次，给整个山谷的人提供了丰富的食物，有玉米、南瓜、辣椒、谷物和蔬菜。但是，到了汛期，当北部湖泊的咸水冲下来时，它们就很脆弱。为了保护珍贵的淡水资源，南部湖泊的人们修筑了一条长堤，把咸水挡住。从 15 世纪中期开始，这个管理水资源的系统变得更加雄心勃勃。人们从北到南横跨特斯科科湖修建了内萨瓦尔科约特尔和阿维措特堤坝，形成的人工潟湖使特诺奇蒂特兰大城周围的咸水变成了饮用水，扩大了奇昂帕的面积，使它可以给这座世界上最大的城市提供食物。这个湿地农业生态系统创造了当时世界上最高产的农业体系。

特诺奇蒂特兰本身就是一座漂浮城市。阿兹特克人修建了从东到西贯穿城市岛屿的运河，以加强潟湖中水的自然流动，而堤道增强了堤坝的保护功能，并防止城市发生洪水。特诺奇蒂特兰人非常认真地对待废弃物。剩饭和人类粪便被收集起来给奇昂帕施肥，尿液用于织物染色。其他用过的材料在夜间焚烧，以照亮公共建筑。阿兹特克人与水共生，他们乘独木舟穿过城市和外围的漂浮花园。通过先进的技术，他们能够最大限度提高并增加水生环境的自然生物多样性：赋予生命的湖泊支持食物生产，并提供丰富的鱼类和水禽。

湿地是生物多样性的超级系统，在所容纳的生境范围和互联性方面，它们和雨林一样丰富。地球上 1/3 的脊椎动物在湿地生活。河口、三角洲、沼泽和湿地支持了地球生命系统中的大部分生命。阿兹特克人运用湿润的环境平衡城市生活，这有助于首都变得无比强大。它也让人想起了人类更悠久的城市化历史。

一切都是由水和泥组成的混沌，然后才在这样的旋涡中建立了秩序。这是许多宗教关于世界起源的基础神话，特别是在古老的美索不达米亚人的宗教和《圣经·旧约》中。大约在公元前 5000 年，美索不达米亚南部三角洲沼泽的岛屿上出现了世界上第一批城市。在类似的沼泽地上，城市出现在公元前2000 年现代墨西哥的圣罗伦索所在地，以及中国宋朝的黄河冲积平原。在非洲撒哈拉沙漠以南地区，最早的城市化发生在位于杰内杰诺的尼日尔三角洲沼泽地。

高产的农业并不是早期城市生活出现的先决条件：水生景观的丰富生态使人们获得了大量剩余的高蛋白食物资源，这鼓励他们在潮湿多变的沼泽地上建造永久性建筑。利用湿地的馈赠建造定居点必须通过集体合作来努力完成。从沼泽地收集到的各种食物使人们从自给自足的农业劳动中解放出来，可以建造、设计新事物，并最终组织人力、开展贸易、搞发明、打仕、奴役并统治其他人。建立在沼泽地的砖石平台上的城市代表了对混乱的控制，也代表人类战胜了反复无常的洪水和侵蚀现象。这些精心设计的景观依赖于对当地生态的深刻理解，人类与洪水和季节性降雨模式合作，并适应了这些模式。早期的城市化出现在荒凉的地方，那里的水资源必须受到管理、引导和诱导。美索不达米亚是城市文明的摇篮，那里炎热、多风、干燥又干旱，在这片区域，生命的到来取决于远处托罗斯山脉多变的降雨模式，那是不可预测的，要么随着泥泞的大洪水到来，要么完全没有生命的踪影。只有驾驭这种危险力量，并通过灌溉渠、运河、水闸和水库组成的网络将其转化为有利因素，才能实现城市化。伊拉克南部的盐滩和沼泽被改造成由农场与巨大且高度复杂的城市组成的景观。由水、泥沙、污泥和芦苇构成的生命力为城市生活创造了先决条件。

上海、拉各斯、巴黎、伦敦、达卡、阿姆斯特丹、圣彼得堡、新加坡、多伦多、柏林、波士顿、纽约、洛杉矶、孟买、武汉、新奥尔良、华盛顿、芝加哥、加尔各答和曼谷，这些城市是主要的现代大都市，它们和古代城市一样，建在广阔的湿地上。巴黎建立之前是一座名为鲁特蒂亚-巴黎西（Lutetia Parisiorum）[1] 的罗马城市，名字来自拉丁文 lutum，意思是"沼泽"。伦敦市名的由来有各种说法，有的说它源自凯尔特语 londinjon，意思是"洪水或下沉的地方"；有的说它来自利古

---

1 意思是"巴黎西人的土地"。

里亚语的 lond，意思是"泥浆"或"沼泽"。柏林市名来自一个古老的斯拉夫词 berl，意思是"沼泽"。无论它们名字的起源如何，这些城市肯定是从黏液和泥浆的渗出物上出现的。

用维克多·雨果的话，"泥潭之城鲁特蒂亚"被埋在现代巴黎这座光明之城下。公元前 53 年，为了获得鲁特蒂亚，尤利乌斯·恺撒不得不就沼泽的防御性包围进行谈判。恺撒攻破泥水屏障之后的 1 650 多年，一直到亨利四世统治时，"巴黎有一望无际的由田野、草原和沼泽组成的贫瘠地带"。沼泽有一些重要的意义：前罗马时代的伦敦地形由两座砾石丘陵组成，如今叫作卢德盖特山和康希尔，周围是莎草和柳树遍地的沼泽，有数不清的流入泰晤士河的小溪与河流汇入。公元 43 年罗马入侵时，战败的不列颠人在哈克尼难以穿越的沼泽中寻求庇护。

和巴黎一样，伦敦也无法甩掉靴子上的原始泥浆。17 世纪一位威尼斯游客说，那里"一年四季都有一种柔软而恶臭的泥浆，所以这个地方更适合叫作 Lorda（污秽），而不是 Londra（伦敦）"。查尔斯·狄更斯在《荒凉山庄》的开篇就描绘了远古时期的烂泥重现于现代大城市，而大批行人则在泥潭中滑行："满街泥泞，仿佛洪水刚从大地上退去，如果这时候碰上一条 40 多英尺长的斑龙，像一只巨大的蜥蜴那样，摇摇晃晃地爬上霍尔本山，那也不足为奇。"[1]《荒凉山庄》中险恶的伦敦就像沼泽地一样，被笼罩在蒸汽中。

对狄更斯来说，伦敦周边是一片令人毛骨悚然的沼泽地带，那里有下沉的房屋、腐烂的碎屑和可疑的人物。伦敦东区的大部分地区是 19 世纪声名狼藉的贫民窟，建在几个世纪以来开拓的潮汐沼泽地上。对许多作家来说，潮湿、腐臭的贫民窟在外观和道德层面都永远扎根于它们的原始沼泽。巴尔扎克写道，在 19 世纪，巴黎的"根基陷入了污秽之中……使它著名的名字鲁特蒂亚仍然适用……一半的巴黎人每晚都睡在街道、后院和厕所散发出的腐臭气味中"。

尽管黏稠的液体和结实的石头建筑不协调，尽管我们厌恶那些长期以来被视为无用且有害的沼泽荒地，人类还是被吸引到沼泽上开展建设。这样明显的矛盾显然是有原因的。沼泽具有很强的防御性，正如恺撒征服鲁特蒂亚时所发现的。班加罗尔就战略性地建在由湖泊、森林和沼泽构成的荒野之中，因为这些天然障碍为抵御敌人入侵提供了极好的屏障。

然而，更具吸引力的是沼泽意味着水，而水则意味着贸易。河流是开展商业的渠道，三角洲和河口为我们提供了港口，这些重要的地方天然是潮湿的。武汉从华中地区聚集在长江和汉江交汇处的几个城市定居点中脱颖而出。在铁路发明之

---

[1] 译文引自狄更斯：《荒凉山庄》，主万、徐自立译，北京，人民文学出版社，2020 年，第 1 页。

前，武汉连接了世界上最大的运输系统，是关键的内陆港。河流组成的网络带来了无限的贸易可能，然而它也使这些城市变成危险的地方，因为河流会改道，而且经常发生洪灾。和新奥尔良、曼谷、加尔各答、拉各斯和许多其他地方一样，武汉位于既危险又有利可图的沼泽深处。世界范围内的偏爱选择湿地作为定居点使城市与水正面交锋，让它们向地球上一些最有价值的生态系统进行速成学习。

特诺奇蒂特兰的阿兹特克人崇敬他们的沼泽湖泊，并将其转化为巨大利益。1521 年，西班牙的征服者占领并摧毁了这座了不起的都市，但他们并未尝试理解阿兹特克人在城市化和水文方面取得的平衡。他们选择了农场，放弃了奇昂帕农业生态系统。他们不用独木舟，而是骑马旅行。如果说湖泊对阿兹特克人来说是一种生活方式，对西班牙人来说，则是需要通过工程解决的问题。他们摧毁了堤坝和堤道，用引流和筑坝的方式排干湖水。因此，在特诺奇蒂特兰和排干的湖泊上建造的墨西哥城易发生可怕的洪灾，而山上的森林砍伐又使灾害加重。1629 年的洪水令超过 3 万人丧生，而幸存者不得不在教堂屋顶上举行弥撒。直到 1635 年洪水才消退。作为回应，当局开始修建沟渠，以排干湖水。这项工程持续了 165 年，夺去 20 万名工人的性命。在 16—17 世纪，西班牙人有几次认真地考虑过迁都的事。但是，阿兹特克的特诺奇蒂特兰能引起强有力的象征性共鸣。这座城市无视地理，肆无忌惮地留在原地，结果它与自然之间的战争永无休止。[2]

洪水只是问题的一部分。积水被粪便和动物尸体污染，引发霍乱、疟疾和肠胃疾病。沉重的现代建筑物开始沉入之前湖床上柔软的泥土中。19世纪墨西哥独立后，修建了一系列的运河、隧道和水渠来解决水的问题，但湖水总想重新确立自己的存在：排水系统溢出，将大部分墨西哥城变成巨大而危险的水坑。到20世纪中期，为了抽出最后的积水，地下水泵不间断地工作。墨西哥城剩余的45条河流被埋入地下巨大的混凝土管道中，用作暴雨的排水管。现在的河床确实非常干燥，然而，墨西哥将用尽水源，而且它一如既往地易遭洪灾。这座城已下沉30英尺。

西班牙人以及后来的墨西哥人对待特诺奇蒂特兰的方式与西方城市建设者对待湿地与河流的方式没有区别。小溪、池塘和沼泽地的水既危险又不受人欢迎。流经伦敦并汇入泰晤士河的支流和小溪由于每日充满了粪便和污染，特别是被屠宰的动物，成为携带病菌和死亡的毒汤。直到1854年霍乱流行时，医生约翰·斯诺（John Snow）才将水污染与疾病联系在一起。在此之前，传统观念认为感染是由瘴气传播的，即腐烂物质、受污染的水和沼泽散发的有毒气体，而不认为是水传播了病原体。1560年，一位医生写到弗利特河周围"恶臭的巷子"，"是伦敦死亡人数最多，[疾病]感染最快，而且持续时间最久的地方"。1710年，乔纳森·斯威夫特（Jonathan Swift）描绘了这条河："屠夫摊位扫下来的粪便、内脏和血，/ 淹死的小狗，发臭的鲱鱼，浸入烂泥，/ 死猫和萝卜头随着洪水翻滚下来。"

　　弗利特河成了肮脏和死亡的代名词，除了别无选择的最穷的人，没人愿意住在它附近。从 1737 年开始，这条河被砖头封住，地面上除了它穿过城市时开辟的河谷和以它命名的弗利特大街，没有留下任何痕迹。一条自然河流变成地下污水管网的一部分，被掩盖起来，受到控制和约束。伦敦的许多河流也是如此，实际上各地城市的河流都是这样，尤其在 19 世纪，当时亵渎河流的代价是每年有成千上万人死于霍乱。狄更斯写道："流过城中心的，是一条污秽的下水道，而不是一条清澈见底的河流。"[1] 抽水马桶的出现使伦敦的商业大动脉及生活和工业用水水源，即泰晤士河，充满了未经处理的粪便。迈克尔·法拉第（Michael Faraday）1855 年致信《泰晤士报》说："粪便在桥附近涌集，其密集程度即使在这样的水里，也能从水面上看到。那气味非常难闻，整条河都是这种气味。就像现在街上排水沟反上来的气味，整条河如今成了名副其实的阴沟。"三年后，超高的夏季气温和降水减少导致泰晤士河的人类排泄物散发出让人反胃、难以忍受、臭气熏天的大恶臭（the Great Stink）[2]。

　　瘟疫和污染从根本上改变了城市与自然之间的平衡。基

1　译文引自狄更斯：《小杜丽》，金绍禹译，第 43~44 页。
2　指 1858 年 6 月 16 日这天，因伦敦达到当地历史最高温度，泰晤士河内承载的 200 多万名伦敦居民的污水和排泄物使周边地区的恶臭持续加剧，最终因臭气熏天被载入史册。

础设施和技术取代了自然流动。地下污水系统、泵站和水处理成为城市的基本特征，它们的排水量之大前所未有。但这往往要耗费相当大的成本把水从城外很远的地方引来。城市水文工程是对人类自己造成的生态灾难的回应。这些巨大的工程以19世纪建立清洁、卫生的城市为城市化的最终目标，尽管它们挽救了上千万人的性命，但也割裂了城市与自然的联系。

打开水龙头或冲马桶，城市的流动似乎完全是人为、人造的，城市的运转显得与自然过程无关。我们倾向于认为城市化就是征服绿地，然而，它对诸如河流、沼泽、湖泊、海岸线和海滩等容纳大量城市生物多样性的蓝色空间更具破坏力。如果毁坏河流和湿地，生态系统就会陷入困境。然而，当河流和沼泽因人类滥用而遭到破坏、变得有毒并危及生命时，清除它们就是明智的决定。城市也为此付出了高昂的代价，甚至在不远的将来会难以维持，而那些位于海洋边缘的城市对此更是深有体会。

纽约及其大都会区1 300万居民的福祉与哈德逊河口的活力息息相关。纽约需要创造更"有恢复力的海岸线、河岸和湿地，使更多的自然水文和水力得以恢复，并以此来抵御气候变化相关的洪水和强风暴"[3]。

呼吁回归自然的并不是乌托邦环保主义者，而是美国陆军工程兵团在2020年发布的一项调查报告。这项历时几十年的调查直言不讳地指出，增量城市扩张已升级为对河口的"过度开发、利用和破坏"，其程度之深，不仅使局部环境深受其害，而且未来的居住前景也将受影响。它的教训对其余的城市化世界很清楚，纽约在追求无节制的发展时，已远超自然的承受限度，到 21 世纪末，它将会面临被淹没的危险。[4]

在 1609 年荷兰人来到哈德逊湾地区之前，新阿姆斯特丹（纽约前身）的边缘地带是流动的，它三面环海，北面是沼泽地。这座城位于河口生态中，有无与伦比的生物多样性。纽约到新泽西的海岸线接近 1 000 英里，有森林、潮间带泥滩、草地、白雪松沼泽，以及"一眼看不到边"的湿地，多产草和花卉。这些生态系统养活了极其丰富的野生动物：涉水鸟、鹗和老鹰；牡蛎、龙虾、螃蟹、蛤蜊、贻贝和海龟；鲸鱼、鲟鱼、鲥鱼、鲤鱼和鲈鱼；河狸、水獭、野火鸡、熊、鹿、狼和狐狸。哈德逊河口的湿地是大西洋迁徙路线，即北美鸟类大迁徙路线上极好的停靠点。这片地形不适宜农业，但它的生物多样性却提供了诱人的食物菜单，长期支撑着河湾的原住民德拉瓦人（Lenape）[1]。纽约像所有其他北美城市一样，是荒野中的一个小斑点。在这种情况下，它是一片湿地荒野，孕育了比丛林或大草原更丰富的生态系统。

这片潮湿泥泞的环境也为人类提供了宝贵的服务。几千年来，上百平方英亩的牡蛎礁、堰洲岛和湿地保护着哈德逊湾河口免受飓风的侵袭，使纽约成为吸引船只停靠的港口。它

---

[1]　北美原住民，又叫特拉华人（Delaware）。

们是第一道防线，充当海洋的缓冲带，分散波浪能量并吸收洪水。

水，无处不在的水，却没有一滴可以饮用。沼泽和泥滩阻碍了发展，而不是支持发展的手段。纽约市民赖以生存的水来自曼哈顿岛顶端的地下水井。由于无法满足城市的需求，这个地下供应系统借助水箱收集的雨水来补充。到18世纪中期，因为污水池、厕所和街道径流的污染，甚至连马也不再碰这种水。水作为生命之源仅在城市北部110英尺高的贝厄德山脚下的两个大型湿地之间，即现在唐人街的位置，剩下占地48英亩、名为"集池"（Collect Pond）的深池塘。这些水域把殖民时代的纽约与曼哈顿岛其余地方隔开，阻止它向北扩张。但到18世纪末期，由于啤酒厂、屠宰场和制革厂的径流，维持城市运转的集池变成了"十足的水沟和普通下水道"。流行性黄热病的污染源威胁到纽约作为主要海港的未来，要求铲除集池的压力越来越大。1803—1811年期间，贝厄德山被夷为平地，并填满了池塘，上面建了垃圾填埋场。但它无法摆脱自己潮湿的起源，变成了臭名远扬的"五点区"，一个潮湿、泥泞、满是蚊子、充斥犯罪的贫民窟，因电影《纽约黑帮》（2002）而被现代观众熟知。

填满池塘既不能缓解纽约缺水的情况，也不能缓解其卫生危机。1832年，可怕的霍乱来到这座城市。公众要求通过技术解决工业城市化带来的灾难。从1842年起，纽约一直是世界上人均用水量最高的城市。沿一条41英里长的渡槽，从大陆上韦斯特切斯特县的克罗顿河运来了无数加仑的水。这座海岛都市不再依赖当地水源，因而水源被随意掩埋并在上面搞建设。毋庸置疑，纽约有许多可以转化成房地产的水资源。[5]

18 世纪末，今天的苏荷区所在地有一片相当大的盐沼，通过一条管道把水排入哈德逊河。同样的命运也落在了岛另一边的史岱文森盐渍草地，它是曼哈顿岛最大的此类生态系统。地质学家以萨迦·科曾斯（Issachar Cozzens）回忆 19 世纪 10 年代的草地时，称那时的草地是城市边缘一块神奇的地方："覆盖着美丽的原生橡树和其他树木……在海滩上，我过去会抓一种叫虎甲的昆虫［虎甲虫］。这些草地在伊斯特河的河岸，差不多有一英里长、半英里宽，现在［1842 年］它们几乎全部被周围山丘的泥土填满，在上面搞建设。"这片湿地变成了东村、字母城和格拉梅西公园。

水世界仍然存在，只是被埋在混凝土、沥青和摩天大楼之下。平日里，为保障地铁的正常运行，纽约大都会交通管理局必须抽出 1 300 万加仑的水，而暴风雨过后，要抽出两倍的水量。如果没有按天排水，曼哈顿的沥青表面很快就会塌陷并开裂。随着城市在 19 世纪向北扩张，山丘被夷为平地，填满了沼泽和湿地。到 1900 年，城市人口已从 1790 年时的 33 000 人激增至 348 万人，而曼哈顿岛上总共只剩下 1 平方英里的沼泽地。然而，尽管城市在扩张，曼哈顿岛的湿地也被清除了，在 20 世纪的头十年里，以自由女神像为圆心，周围 25 英里的半径范围内仍有 300 平方英里基本未受破坏的、生物多样性丰富的潮汐湿地。[6]

巨大的弗莱士河垃圾填埋场是 20 世纪中这个巨大生态系统惨遭厄运的遗迹。如我们在第一章中所说，纽约的水生边缘地带被划入开发范围，沼泽和草地被瓦砾和垃圾填满。1900年，哈德逊河口仍有 300 平方英里"促进生命的潮汐沼泽"，而到 20、21 世纪之交，在地质重新排序的旋风中，85% 沼泽已被城市化。此外，城市牺牲了 350 平方英里淡水湿地中的99%。1 000 英里的缓坡天然海岸线中，75% 已转化为人造结构，诸如隔离墙、护岸石和防洪堤。

牡蛎礁、沿海滩涂、海滩和沙丘组成的软屏障曾将纽约和海洋隔开，而它们已被混凝土、钢筋和岩石砌成的墙替代。就像城市河流变成下水道和地下河一样，工程替代了自然过程，大都市变成石头堡垒，对水的力量嗤之以鼻。市政工程使地区水文变得面目全非。潮汐沼泽作为至关重要的污水净化装置，吸收着来自陆地的营养物质和重金属。从克罗顿河和卡茨基尔山脉运到城市的水，连同雨水、污水和工业废水被径直冲入海湾。这座城市让高营养水直接涌入海中，造成氧气量暴跌，而缺氧又使鱼类、甲壳类动物，以及以它们为食物的鱼类种群数量下降。沉积物和浮游生物被大量的营养物质吸引，阻隔了阳光并杀死了半水生的海草，而海草是海床的"生态系统工程师"，为许多物种提供不可或缺的育苗栖息地。海草是海洋的肺，通过光合作用产生氧气。同时，牡蛎床是海洋的"肾脏"，它以浮游生物为食，可以过滤污水细菌和氮，但 20 万英亩的牡蛎床被疏浚，并被同时产生的污染破坏。其余未受开发影响的沼泽地因排放的未经处理的污水、高营养水和石油而支离破碎，导致根系密度下降。岸上和海上巨大的生态系统及其生物多样性受到损害。[7]

纽约的河口生态向人造生态的转变说明了全球更大范围内的趋势。在 20 世纪，随着全球城市人口激增，我们摧毁了地球上 60% 的湿地。这种宝贵的生物群落是地球上消失最快的生态系统，是森林消失速度的 3 倍。[8]

在快速城市化的时代，沿海生态系统处于濒危状态。黄海滨海湿地保卫 6 000 万人免受风暴和海平面上升的影响。然而，在过去的 50 年，它已经丧失了 65% 的面积。尼日利亚的拉各斯易发洪水，位于低地，建在一个巨大的热带沼泽森林之上。从 1984 年到 2006 年，当拉各斯变成地球上的特大城市时，它也目睹了红树林湿地从 88.5 平方千米减少到 20 平方千米，而沼泽从 345 平方千米减少到 165 平方千米。为了给城市发展铺平道路而毁坏红树林的做法在世界各地普遍存在，令人深感不安。首先，红树林是一系列惊人的野生动植物的家园。它们净化水生环境，捕获重金属和制药废料。最有用的是，它们吸收二氧化碳的效率是其他森林的 4 倍，可以将碳元素储存在土壤中长达数千年。其次，红树林是抵御海浪、海岸侵蚀和海平面上升的第一防线。孟买需要越来越多的红树林来保护自己免受阿拉伯海和山洪暴发的影响，然而，孟买正以可怕的速度失去这些红树林。并不单是孟买的红树林如此，20

世纪 70—90 年代期间，墨西哥湾沿岸近 100 万公顷的沿海红树林被毁。

在其他快速发展的大城市里，情况也是如此。住在未经规划的贫民窟中的穷人发现自己的住处位于最近开垦的土地上，那里没有红树林等自然保护，居住条件潮湿且不卫生。我们对重新设计沼泽、河流和整个水文系统抱有坚定的信念，至少在我们被快速增长和快速获利冲昏头脑时是这样。历史上我们一直在这么做，而现在它发生的速度惊人。

这场赌博只能持续这么久。英勇的工程时代即将结束。取而代之的是，我们正回顾自然的解决方案来应对即将到来的水资源危机。

1960 年，塞尔吉乌斯·波列伏依（Sergius Polevoy）目睹生态屠杀发生时惊恐地说："我无法理解这些沼泽遭到的大规模破坏。"波列伏依是斯塔滕岛里士满县的州猎物保护员，他告诉《纽约时报》，"垃圾实际上正在接管"该岛的西南部。他报告称，奥克伍德沼泽有 90% 的面积被 500 万吨垃圾填满，目的是硬化地面，为建造郊区房屋做准备。[9]

今天去奥克伍德，那些凭一时自信建起来的房屋已经消失或正被拆除。你仍然能看出那些过去沿街分布的和死胡同里的房屋轮廓，在原来房屋的位置是长着湿地野花和灌木丛的草地，有鹿和鹅在那里吃草。在奥克伍德海滩，那些长期保护斯塔滕岛不受海洋侵袭的潮汐湿地、低潮滩和高潮滩，以及海洋灌木丛地被允许恢复。奥克伍德海滩正在经历有组织的撤退，为的是让土地回归自然，牺牲自己来保卫城市的其他部分。放弃利用这片地方并使它恢复为沼泽地是人类撤退的初步尝试，标志着人类不再狂妄地以进步的名义摧毁哈德逊湾河口的整个湿地生态。当我们最终被迫承认潮汐湿地，即纽约蓝带的价值时，奥克伍德的荒凉景象将变得更为人所熟悉。如果像预报的那样，纽约的海平面到 2100 年时上升 6 英尺，城市将被迫撤离，那么 21 世纪将有更多像奥克伍德这样的湿地。到 2100 年，1 300 万居住在东海岸的美国人可能要移居内陆。泥浆总是会赢，问题只是什么时候。[10]

2012 年 10 月，奥克伍德必须实施有组织的撤退，这显而易见又令人心痛。10 月 22 日，飓风"桑迪"在加勒比海形成，7 天后袭击纽约市和新泽西州。在春潮的叠加作用下，潮水比正常水平高出 12.65 英尺。雨水一如既往地倾泻在斯塔滕岛和长滩的湿地，只是这些湿地和奥克伍德海滩一样，已用于房屋建设，因此面对海浪毫无防御能力。水冲破了纽约的混凝土墙，将曼哈顿岛低洼的区域灌满了水，那些地方原本是史岱文森和立兹本纳德盐渍草地，但现在是世界上最有价值的房产。雨水倾盆而下，降在坚尼街，汇聚在集池过去的所在地。

世界金融中心又回到过去沼泽地的样子。水漫过替代潮间地的海堤，淹没了泽西市和霍博肯。如果把洪水地图叠加在熟悉的城市街道规划图上，蓝色部分会显示出消失的溪流、埋藏的河流、填埋的沼泽和被遗忘的湿地。洪水再现了纽约大部分被遗忘的原始地貌，造成 53 人丧生，损失 190 亿美元，并向海湾排放了 100 亿加仑未经处理和部分处理的污水。这种灾难性事件过去被认为发生的可能性为每年 1%，即百年一遇的超级风暴。在不久的将来，它有可能变得普遍，而且叠加海平面上升，它会更加致命。到 21 世纪末，纽约可能每三年要应对一次像"桑迪"这样的飓风。[11]

为了在 21 世纪接下来的时间使纽约有能力应对飓风"桑迪"带来的破坏，美国陆军工程兵团要求"加强河口的生态条件"，并把它作为当务之急，以实现"部分或完全重建自然的、运行正常的并有自我调节功能的生态系统"。"健康的河口……是地区经济的根本"，而健康河口的核心是健康的牡蛎和双壳贝，它们净化水质，防止汹涌的海浪。2014 年，默里·费希尔（Murray Fisher）和皮特·马林诺夫斯基（Pete Malinowski）设立了"十亿牡蛎项目"（Billion Oyster Project），试图恢复纽约港的关键物种。[12]

从 1609 年荷兰人到达纽约，到 20 世纪 90 年代，纽约的大部分历史都在消除并替代沼泽的自然屏障，现在纽约终于意识到它们的重要性。它们价值多少？有人估计每英亩接近 150 万美元，这个数字会震惊几代的城市宣传者，这些人曾经以为它是景观上毫无价值的污点。用陆军工程兵团的话来说，首要任务必须是"在人类主导景观中，恢复并维持各种各样的栖息地……之所以有必要提议该措施，是因为意识到宝贵的自然资源已经损失到一个地步，如果不立即采取干预措施并阻止严重的生态退化，生态系统可能无法自我维持下去"[13]。

在严重受人类影响的河口和三角洲，那里的泥沙流和水文过程已被不可逆转地改变了，因此牡蛎礁、珊瑚礁、湿地、红树林和堰洲岛无法自行恢复。在纽约，这意味着短期内要主动恢复1 000英亩的滨海和淡水湿地，之后，每年要增加125英亩；还要积极恢复500英亩海岸林和500英亩沿海森林，以及2 000英亩牡蛎礁栖息地。美国陆军工程兵团确定要采取行动，重建一小部分1609年之前的河口生态系统，其成本是58 874.5万美元，这还不包括此前7年用于恢复湿地和礁石生态的11亿美元。

诸如"桑迪"和"卡特里娜"这样猛烈的飓风使我们意识到一个事实，就是城市终究要依赖自然过程。我们仍然需要人造的墙和屏障，但最近的风暴让我们明白，这些人造设施与当地生态系统结合时，才能发挥最大作用。[14]

曾经是世界上最繁忙的港口，有工厂、仓库和巨型龙门起重机的地方，现在是一片湿地。纽约皇后区猎人角的坚硬边缘已经被树木、草地、生态沼泽和人工湿地软化，这些地方既创建了公园，又是抵御未来风暴潮的缓冲区。附近就是纽敦溪，一条你所能找到的污染最严重的城市河流，而在欧洲殖民前，它包括1 200英亩的潮汐湿地。到了20世纪，它是城市中最繁忙的水道，沿两岸分布着仓库、货运站、化工厂和炼油厂。美国的第一座煤油厂于1854年在这里建成，从矿油中生产凡士林。到19世纪80年代，约翰·D. 洛克菲勒（John

D. Rockefeller）的标准石油公司每周在 100 多个炼油厂中加工 300 万加仑的原油。这条河变成污水管道系统的出口，是城市径流、未经处理的污水、石油和工业废水的有毒混合物。纽敦溪是美国历史上最大的石油泄漏地点，在几十年中，有 1 700 万 ~3 000 万加仑的石油在该地区渗漏。到 20 世纪末，停滞的潮汐河流泛着石油的光泽和臭味，河床有 4.6 米深的凝结污泥层。

今天，沿着令人生畏的灰色隔离墙，这条肮脏的城市河流正重新植入盐沼栖息地。多亏了当地志愿团体的辛勤劳作，湿地植物和贻贝栖息在隔离墙上，蓝蟹、鳗鱼、鱼类和水禽开始回归。想象一下纽约的整个水边，或任何像这样被改造的沿海城市，其混凝土外壳被泥土、沼泽、草地、树木和植物软化。这样的努力本身并不能使城市免受与气候变化有关的洪水的侵扰。但是，如果更广泛的水生城市生态系统要恢复健康，重建正常的生物多样性是第一步。软化坚硬的城市外壳并使它们变得多孔，正变成 21 世纪的当务之急。这不仅适用于纽约、新奥尔良、上海、新加坡、拉各斯和孟买等脆弱的沿海城市，也适用于所有的城市，包括内陆。

在尝试使城市变为高度工程化的人造机器之后，我们开始像纽约一样，寻求解决洪水和干旱问题的自然方法。因为我们需要它，也因为我们害怕它，在这个危险而不稳定的星球上，水是重塑城市的最强大力量。

朱拉隆功百年纪念公园是曼谷市中心的一块海绵。它于2017年开放，目的是在发生猛烈降雨时，可以在11英亩的面积内吸收100万加仑的雨水。它的创造者科查孔·沃拉霍姆（Kotchakorn Voraakhom）将它设定为3°的角，这样重力会通过最高点的水箱，一个位于博物馆顶部、面积达5 220平方米的低维护屋顶花园，把雨水引入滞洪池、浅碗状草坪、林地和一系列湿地。曼谷坐落在湄南河的三角洲洪泛区，因河流、雨水和大海而得名"三水之城"。这座有许多运河与稻田的大城市，曾经与这三种水资源和谐共处，是适应了季风的半水生城市。这里的人们早已适应将洪水当作生活的一部分，他们通过人造和天然渠道把多余的水引去灌溉果园和稻田。阿兹特克人如果在世，会认可这座城市的农业生态系统所保持的微妙平衡。[15]

但是，如今的曼谷和许多亚洲城市一样，侵占了运河与稻田矩阵，并扩张至整个洪泛区，产生了严重的水资源问题。这座城市不再有多孔结构，数英亩的混凝土和建筑物阻挡试图流回大海的水。结果它与雅加达和新奥尔良等其他受水威胁的城市一样，是地球上最脆弱的人类居住区之一。曼谷正陷入冲击泥床中，很快就会降到当前的海平面以下。

朱拉隆功百年纪念公园试图展示，现代曼谷和其他处于危险中的城市如何模仿自然水文和地形来缓解倾盆大雨。它回顾了东南亚漫长的、以水为基础的城市化历史。曼谷需要重新学习它自身的历史。沃拉霍姆的公园不能处理所有降在城市和周边的雨水。需要在尽可能大的城市范围推广这座公园的特征：需要把更多的屋顶花园、雨水花园、人造城市湿地、水渠和滞洪池融入城市矩阵来吸收水。

从曼谷到荷兰的多德雷赫特可以看出城市需要改变。没有哪个北欧城市比多德雷赫特更可爱或在历史上更重要了，在中世纪它是荷兰最大且最重要的城市。它一直靠近边缘地带，易被北海以及附近三条主要河流的洪水淹没。1421 年爆发的严重的"圣伊丽莎白洪水"（St Elizabeth's flood）淹没大部分腹地，造成 1 万人死亡，席卷大约 20 个村庄，并将城市变成一座孤岛。这种规模的洪水在今天会给城市造成 45 亿欧元的损失。

今天骑车来到多德雷赫特，你会看到因对即将到来的洪水和威胁感到害怕而不断被重塑的景观。最明显的是那里有防御堤坝。荷兰的许多地方都是圩田（polder），即从大海、沼泽和泥炭沼中开垦的土地。为了纪念在造地和维护堤坝方面长期的合作与努力，现代荷兰语中的"圩田模型"（poldermodel）概念产生了，这是基于共识的社会政策的决策手段。荷兰人是防洪规划方面的世界级大师。他们必须是，因为国家有一半以上的面积位于海平面以下，他们的历史特点就是让这片潮湿的土地变得可居住、安全且富饶。

1953 年的洪水造成 1835 人丧生。作为回应，荷兰政府投资数十亿建设了由大坝、水泵、风暴潮屏障、大坝和水闸组成的高度复杂的网络。1993 年和 1995 年爆发的严重洪水迫使荷兰人改变策略，从防洪转为抗洪。考虑到 21 世纪等待我们的是不可预测的未来，建造更多的屏障、提高堤坝的高度是不够的。

你骑车穿过多德雷赫特的边缘地带时，可以看到政策引起的变化。你会注意到，大部分的外围区域已恢复潮汐景观。过去那里是邻近城市的田地和农场，现在主导这一带的是芦苇地、柳树种植园、灌木丛和沼泽林地，以及交织其间的大片开阔水域、重建的湿地和集水区域。该市专门负责适应气候变化的部门表示，这种凌乱的半野生地带是多德雷赫特的"蓝绿[1]气候缓冲带，该区域为自然过程提供空间，可以提高社会和生态系统的恢复力，并抵御气候变化的影响"。

它被称为莎草森林国家公园。"莎草森林"是它从前和未来的状态。从中世纪直到 20 世纪 90 年代，这个由河流、沼泽、泥滩和溪流组成的广阔区域已逐步从水中消失。20 世纪 90 年代早期的洪水过后，圩田被逐步取消。莎草森林国家公园现在是欧洲最大的淡水潮汐区域之一，那里不仅有莎草，也有柳树、灯芯草、水生千里光、聚合草和苦荬荬，它们随着迷宫般的小溪又回来了。这种防洪战略造就了一个 35 平方英里的国家公园，河狸、麻鸭和翠鸟的数量迅速增加，鹗、白鹭和白尾海雕胜利归来。

---

1 "蓝"指河流、沼泽、湖泊、海岸线等与水有关的生态资源，"绿"指植物、森林、绿地等生态资源。

多德雷赫特新近野化的边缘地带在城市化的全荷兰被复制。它是"河道扩容"项目的一部分，旨在让河流有空间在原圩田的地方泄洪。这些人造河漫滩和沼泽森林提供了卓越的生物多样性，还兼作市民的休闲场所。2021 年 7 月，欧洲遭遇破坏性洪水，在德国和比利时造成 220 人死亡。如果荷兰人没有与大自然合作，给河流腾出泄洪的土地，许多城市也会被淹。但实际上，尽管莱茵河三角洲的河流在周围泛滥，荷兰城市仍然保持干燥。

环绕多德雷赫特天然防御区的是它的气候缓冲带，一个不只是让自然回归野生的地方。它也是适合居住的地方，但以一种截然不同的方式，因为现在的河流及其潮汐被赋予更大的自由。当你骑车靠近市中心时，穿过莎草森林国家公园崎岖的地形，就会遇到 21 世纪的独特郊区。有趣的是，它是半水生的。这是一个生态交错带（ecotone），国家公园粗犷的潮汐与多德雷赫特的城市气息相得益彰。建造的房屋可以抵御潮汐和洪水，它们高高地坐落在桩子上，周围是泥土和沼泽地树木与花草组成的广阔区域。在这里，你可以清晰地看到人、水和自然的融合。最重要的是，你会看到一个适应力强的社区，它不再抵抗水的力量。

以安全和生物多样性的名义，彻底重新安排空旷的边缘地带是很好的。但是，市中心建筑物密集且表面坚硬，那里会发生什么？

从多德雷赫特跳到哥本哈根，你将看到即使是古老而拥挤的城市也有被翻新的可能。2011 年，荷兰首都遭遇灾难性风暴，150 毫米的雨量在几小时内降下。该市没有等待下一场洪水，作为响应，他们出台"暴雨管理计划"，设计了"暴雨林荫大道"、绿色街道以及贯穿街道中心或沿两侧分布的宽阔植被带。下暴雨时，上述这些地方的洼地和植被块地可以暂时吸收雨水。过量的水积聚时，会被引入老河谷边上的 V 形水道，形成紧急情况下的"城市溪流"，将水流引向公园、公共广场、雨水花园和地下停车场，这些地方经过重新设计，可以在需要时被洪水淹没。在人工集水区减速并收集的雨水再缓慢地释放到大海中。我们不应与水对抗，我们需要让城市经历洪水。[16]

城市将风暴变成人为灾难。在不透水的城市地区，洪峰流量可能比森林集水区高出 250%。因为地下河缺乏生物活性，并携带大量污染，所以它不擅长处理压力，在排出多余水分方面比天然溪流速度要慢。城市强降雨很少补给地下水。相反，降雨流入城市溪流和河流，带来大量的有毒污染，使化学和营养物质超载，并通过侵蚀和沉积使水道退化。更严重的是，暴雨会淹没下水道，将大量未经处理的污水排放到周围环境以及人们家中。在未来几十年，暴雨将变得不那么规律，但会更加强烈，从而降低城市生活质量。

有一种应对这种水流的方法，即打破城市不透水的表面。哥本哈根的圣克耶兹区被选为世界"气候适应性社区"的先驱，它将 20% 的街道硬路面改造为绿地来管理雨水。许多沥青路面被吸水的可透水材料取代，公园景观被重新规划，有起伏的洼地形成可注水的蓄水池。飞越大西洋，你会看到类似的情景。费城没有将96亿美元用于修建灰色基础设施，而是投资24亿美元，争取在21世纪30年代创建美国最大的全市暴雨绿色基础设施。截至2019年，它已将1 500英亩（预计1万英亩）以前不透水的土地转化为下沉式雨水花园、生物洼地、城市湿地和屋顶花园。其中一些是公共用地，但通过采用规划法以及税收优惠措施，城市规定企业和房产开发商绿化其所在地。一英亩的城市湿地一年吸收100万加仑的水并使其远离污水系统。城市中的这种绿色改造以"优化和设计景观"为目的，以便在人口稠密的城市核心区也能模仿自然水力系统。[17]

对洪水的畏惧迫使城市变得更加环保。对圣克耶兹区和费城的改造将大量的绿色植物引入街道，这一过程使居民受益并大规模地增加了城市的生物多样性。21世纪10年代发生了一连串的灾难性风暴后，中国正在打造"海绵城市"，这些城市最大限度地增加能吸收洪水的绿化面积。这个面临水危机的国家，计划使城市80%的表面积可以透水，并利用70%自然收集的雨水满足人类需求，而不是眼睁睁地看着它流走。

在微观层面，每一次干预都有所帮助。庭院、花园、后巷凌乱的自然植物（我们的老朋友——杂草）斑块、花盆、小型屋顶和墙面花圃、袖珍湿地、房屋旁的生物洼地，以及透水路面，这些都有助于共同增加水的渗透性和水分保持，特别是在密集的内城。即使在小坑里种上一棵树，与不透水的沥青路面相比，它也可以吸收数量惊人的雨水。我们需要创造性地思考如何在每个角落和缝隙，甚至在不可能的地方，最大限度地增加绿化面积。当乌云笼罩头顶时，它们带来的好处就显现了。非常明显，这种海绵特性为城市的人类和动物生活带来了快乐的副产品，即这些建成区域中间穿插的各种湿地和保护性树冠。

但我们也需要从宏观层面上思考。健康的上游森林、潮汐沼泽和红树林是城市至关重要的外部防御。但是，市中心必须像保护绿色基础设施一样，保护其蓝色基础设施。武汉以其水资源出名，因拥有 100 多个湖泊被称为"百湖之市"。它位于江汉平原，在东亚和南亚季风系统的中间地带。武汉的大部分湖泊已在 20 世纪末无节制的城市化进程中消失，使它比以往任何时候更易受洪灾的影响。一直以来，洪水既是它的诅咒，又是它的祝福。一代又一代的武汉市民使他们的城市和生活方式适应于不可预测的天气，并且他们也读懂了河流。当它开始变成铜色，他们就知道这意味着上游下了大雨，河流穿过那里的红砂岩。对老百姓来说，这是把他们的芦苇小屋搬到河岸更高处的信号。与此同时，更富有的商人像亚洲许多低洼地区的人们一样，住进高脚屋。当洪水泛滥时，武汉就变成一座漂浮的城市，帆船和舢板被改造成临时市场摊位，在被淹没的街道上来回穿梭。[18]

这种对水的适应一直持续到 20 世纪，那时的中国城市经历了人类历史上前所未有的高速发展，创造了数不清的财富，但也使它们变得非常易受影响。2016 年，武汉市年平均降雨量的一半在短短一周内降下，迫使 263 000 人疏散，造成 40 亿美元的损失。这场洪灾给武汉敲响了警钟，使它重新审视水资源遗产并明白适应水生环境的价值，就像荷兰人在过去的 30 年里学会的。它开始在内城修建广阔的新湿地公园和人工湖，使河岸和运河岸恢复自然状态。从历史角度看，这座城市是绕水而建的。如今，通过将空间还给丰富的水生资源，武汉正恢复为两栖大都市。在历史的大部分时间里，武汉等城市曾努力填满不受欢迎的沼泽和不便利的湖泊，而现在，它们正奋力使湿地成为复兴的水景都市生活的核心特征，即我们与水共存并为它腾出空间，而不是在一连串的败仗中与水抗争。

过去的 10 年中，随着湿地及其多样化栖息地回归城市，人们的态度转变才显现出来。降雨量超出了所设计的城市应对能力，因而传统的工程技术必须辅以自然解决方案。自 2015 年以来，北京已经建设了 10 927 公顷的新湿地，以配合其植树造林计划。在达拉斯，大三一森林所在的三一河廊道正被改造成美国最大的城市公园，它占地 1 万英亩，由一系列湿地和洼地森林组成，目的是控制洪水，提供娱乐，并丰富城市的生物多样性。城市的湿地公园必须比传统的游乐场更坚固，因为唯有如此它们才能应对周期性泛滥的动态环境。它们必须有能力从反复的灾害中恢复过来，就像天然河漫滩的植被一样。正如我们在本书中所看到的那样，轻度耕种的地方对自然更有益。水正在帮助我们塑造与之前所见截然不同的城市。

模仿自然过程的城市湿地正在成为 21 世纪的特色公园，这是解决过滤、处理以及储存水问题的重要办法。关键词是"模仿"：这些是建造的湿地，和任何传统城市公园一样是人造的。香港的大部分沼泽地已用于城市建设，作为补偿，它修建了一座大型的、完全人造的湿地公园。此外，距离伦敦市中心仅 15 分钟路程的，是欧洲最大的、由 10 个供水水库组成的城市湿地自然保护区——沃尔瑟姆斯托湿地。我们曾经害怕城市边缘的沼泽并试图根除它们，而现在，从弗莱士河公园到武汉，它们都是休闲和生态旅游的去处。尽管是人造的，这些城市湿地也在混凝土丛林中成长为有活力的生态系统。同样，我们那些受抑制、被破坏的城市河流永远无法被释放并恢复到原初的自然状态。然而，它们可以用自然的外表进行改造。

保护武汉免受长江影响的堤墙正在拆除，取而代之的是（到目前为止）45 000 棵乔木，80 英亩灌木，以及 96 英亩原生草。它们平缓地向江滩和新出现的沼泽倾斜，在洪水泛滥时提供了可被淹没的、7 千米长的蓝绿生态缓冲带。修复后的河边地区不再与水徒劳地斗争，而是"让洪水作为基本要素融入不断变化的景观"，就像在多德雷赫特那样。长江江滩公园规划建设总长达 16 千米，将成为世界上最大的城市绿色江岸。通过恢复河流栖息地，该项目具有明显的生态效益。但它也创建了一座巨型的新式休闲公园，恢复了武汉人民与河流之间古老的文化联系，而这种联系近来被工业发展掩盖。江滩公园消除了自 19 世纪末建立起来的水陆之间的物理屏障。在这方面，它是更广泛的全球运动的一部分。[19]

自然化的河岸和河滨正在成为当代城市极重要的公共空间。我们被水和大自然吸引。对凯尔特人来说，伊萨尔河是"湍急的河流"，有经常改变的河道和不断移动的砾石岛。但在过去 100 年里，通过一条笔直的运河式水道系统，伊萨尔河安静地流过慕尼黑，就像一头被驯服的、屈辱的野兽。使这条高山河恢复自主的工程开始于 2000 年。用板桩加固的堤坝和用石头填满的沟渠被移到离河岸更远的地方，有植被覆盖其上。它阻止河流移动得太远，但仍有空间让它在洪水期间像一条扭动的蛇一样重塑自己。在 11 年里，伊萨尔河一些地方的宽度从 50 米增加到 90 米，混凝土堤岸被砾石替代。花费了 3 500 万欧元，慕尼黑市民得到了更好的防洪设施和一条位于市中心的河流，可以在河边享受日光浴，在河里游泳。城市河流并没有恢复成野生状态，但被赋予了更多的野性特征，而这同时吸引野生动植物回到慕尼黑的中心。

没有什么比一条清新的河流和郁郁葱葱的河岸更能提升城市生活的品质。莱德韦尔菲尔兹公园坐落在伦敦南部的刘易舍姆，雷文斯本河流经这里的一段拆除了混凝土水道，因而水生植被得以恢复，公园的游客也增加了一倍。人们一次次准备好为获得天然河流而战。泰晤士河在伦敦南部有一条支流，名为旺德尔河，沿着它漫步，城市好像消失在河边植被形成的乡村屏障之后。旺德尔河是一条流速快的白垩溪流（chalk stream）¹，因而吸引了磨坊、啤酒厂、印刷厂和制革厂的到来，结果它被污染，成了疾病载体。1086 年，那里有 13 个磨坊，到了 19 世纪末有超过 100 个磨坊，它已变得高度工业化。在 20 世纪 60 年代，它被官方宣布为下水道，其中大部分是涵洞。今天，在当地志愿者的努力下，它已成为英格兰改善最显著的河流之一。为了过滤强降雨时从城市径流进入溪流的污染物，志愿者清理河水、拆除河堰、改善栖息地、增加砾石并重建了湿地。

旺德尔河曾经出名的鳟鱼已经回归，还有白鲑、湖拟鲤、鲮鱼和鲈鱼。这条溪是城市河流修复的世界级范例，是各地类似项目的典范和灵感来源。在 21 世纪，伦敦有超过 17 英里的河流从混凝土中解放出来，掩埋的河道被挖开，使河岸得以恢复自然。在无法拆除围墙的运河和河流沿线，开展了创建人工湿地项目，即在漂浮花盆里种植芦苇、驴蹄草、千屈菜、水田芥菜和花菖蒲。它们过滤污水，给野禽、鱼类和青蛙提供栖息地。伦敦东部的利河在很短的时间内，从一条暗渠被改造成生物多样性丰富的河流。几个世纪以来，英国首都的许多水道都没有那么健康，也没有那么多植被。它们是新兴的、具有高生态价值的网格状蓝绿生态廊道构造的一部分，这种廊道遍布整个城市核心区。这种新型城市公共空间不仅出现在伦敦，而

1　由有白垩基岩的泉水形成的河流，水质清澈、富含矿物质，生物多样性丰富，世界上有约 210 条白垩溪流，其中 160 条在英国。

且出现在全球的发达国家。

流经首尔市中心的清溪川是世界上最著名的暗渠复明工程，即修复被掩埋的河道并恢复自然河流状态。这条河长5.2英里，沿岸公园林立。20世纪50年代，它被掩埋在六车道的高架路下，到2005年才被挖掘出来。尽管付出了惊人的代价才实现，但事实证明这个公共空间提升了首尔的城市面貌并庇护了城市的生物多样性。竣工后，植物种类从62种增加到308种，鱼类的数量从4种增加到25种，鸟类从6种增加到36种，水生无脊椎动物从5种增加到53种。清溪川的微气候比城市其他地方凉爽3℃~6℃，大气污染减少了35%，它每天接待6万游客。与旺德尔河一样，清溪川表明生物多样性被内城吸引的速度有多快。修复河流也使城市更有活力。纽约扬克斯锯木厂河的暗渠复明工程花费1 900万美元，于2010年完工。它被证明是一项明智的支出，一段健康的河流美化了城市核心区并吸引了重大的投资。

流经武汉的长江、慕尼黑的伊萨尔河和伦敦的旺德尔河的范例说明，为了造福人与自然，我们能如何改造城市环境。城市水生生态系统的生产力最高、最受欢迎，也是对我们的未来最重要的生态系统。在21世纪，我们可以非常清晰地看到，森林、草地、湿地、沼泽、珊瑚礁和河流怎样相互作用：整个系统需要合作。即使经过几个世纪的滥用，它也能恢复。

但是，现代城市水资源的故事还揭示了另一个让人悲哀的事实：我们总是一开始不珍惜它，直到榨取了自然资源的最后一点价值，才去修复。限制工业化之后才开始修复河流。世界上大多数的城市河流和湿地都处于令人震惊的被忽视和污染状态。保护好水资源比之后修复它要更好，也更便宜，这是当今世界上最脆弱和发展最快的城市应该吸取的教训。正如先进的中国城市所发现的那样，迄今为止，绿色基础设施和自然水力是适应气候变化最有效的方式。只有围绕水资源开展城市设计，我们的城市才会有足够的适应力，才能经受住紧急情况的考验。

无论好坏，水一直塑造着城市。让我们回到洛杉矶。洛杉矶河在 20 世纪 30 年代遭到的毁灭与洛杉矶市从天堂坠入生态和社会噩梦同时发生：那里既有烟雾弥漫的空气、受污染的海滩、依赖汽车的城市扩张、被毒害的海洋和野火，也有种族功能失调、贫穷和无家可归的问题。

洛杉矶河讲述了另外一个与我们有关的故事。城市贪婪地消耗从别处吸收的原材料，然后将它们作为废物排出。水从数百英里之外的地方运到洛杉矶，代价巨大，尤其是对遥远的上游流域的生态系统来说。同时，在干燥、易发旱灾的洛杉矶降下的雨水，流经从前的河流所在地，即现在的混凝土排水渠，连同城市里积聚的所有毒性快速流回海洋，沿途并没有滋养含水层或培育土壤。

然而，即使是这样一条标志着环境退化、不光彩的河流，也有可能恢复。经过几十年的努力，河流正处于恢复活力的第一阶段。它永远不会再失控。市政府计划在接下来的 25 年里，把一部分河流从混凝土外壳中释放出来，建立河流栖息地，并沿着 51 英里长的河流建设连续的绿化带。市政府正在购买土地，以新建多座河滨公园，并用自行车道和步道连接这些公园。混凝土河床将加深并铺上天然材料，包括沙子、沉积物、砾石、鹅卵石，以及水生植被。河流的流速将减慢，侧池和其他栖息地也落实到位。河流恢复的一项考验就是虹鳟的回归，洛杉矶河被改造成混凝土排水渠以前，虹鳟从太平洋逆流而上，在山区源头产卵。

如果洛杉矶河的没落反映了洛杉矶市环境的退化，今天，它则是该市争取环境恢复的前沿和中心。修复河流的连锁反应远远超出了河岸的范围。穿过洛杉矶的是一条健康、可接近的河流，而不是一条被栅栏围起来的排水渠，它将以巨大的公共空间和新的焦点改善城市居民的生活质量。当人们不再躲避这条水道，而是到这里寻找休闲、餐饮和生活空间，它也会带来投资。但这也有更广泛的生态影响。如果你想要一条干净的河流，并在此斥资数十亿，你还需要一座干净的城市，否则它会被同样的毒素堵塞。河流不只是一条能产生收益和税收并有水流静静淌过的通道，它的健康由整个流域决定。它需要树木、植被覆盖的堤岸、湿地、河岸沼泽、生态湿地和雨水花园来过滤并净化来自邻近土地的径流。修复一条河会产生逐渐扩散的效果。

21 世纪接下来的挑战是，在水变成破坏力之前，改变其流经城市的方式。这意味着城市环境要发生各种各样的变化，从暴雨林荫大道到更干净的河流、恢复生机的湿地、城市森林和海绵状表面。它也意味着从硬工程转向自然过程，并且通过增加屋顶花园、雨水花园和行道树的方式为城市增加大量的绿色植物，并为公园注入生态和休闲功能。最重要的是，它意味着要进行"仿生"（biomimicry），即复制、仿造或恢复自然水力系统。想象一下重生的洛杉矶河吧，它有助于我们认识到水如何具有重塑各地城市的力量。

我们的城市生活方式这样发展下去，将扭转历史趋势。当洛杉矶从遥远的欧文斯谷引水时，城市和水的联结被切断了。换句话说，生产和消费之间有很大的鸿沟，以致城市中的人们无法感知城市与生态系统之间的联系。类似情况也发生在其他关键资源上，特别是食物。城市与自然之间的分割更固化了，而气候变化正迫使我们打破这种分隔。

第 6 章

收 获

1793 年 4 月进入杜伊勒里宫踏青的巴黎人发现，皇家花园中正式的花圃和花坛被犁过。通常缤纷的色彩被一排排开着蓝紫色花的单一植物取代。那是革命和共和主义的作物——马铃薯。

将杜伊勒里宫从皇家游乐花园改造成马铃薯田这件事并不重大，只是 1793 年动荡的一小部分，但它却有高度的象征意义。路易十六于当年 1 月被处决。革命的法国与欧洲大部分地区交恶，被剥夺了进口谷物的权利。旺代省在起义。4 月 6 日，正当马铃薯要破土时，法国的行政机构公共安全委员会成立。新生共和国新任的严厉统治者摧毁了专制的波旁城市，其后遭遇了政治危机和食品短缺。巴黎所有未耕种的土地，包括皇家公园，都被用于种植蔬菜，以养活饥饿的民众。

法国共和主义的圣坛杜伊勒里宫被更名为"国家花园"，成为举行世俗仪式的地方和全国公共生活的焦点。其主要作物马铃薯被称为"共和国的食物"。在皇家花园种植农作物是药剂师安东尼·奥古斯丁·帕蒙蒂埃（Antoine Augustin Parmentier）的主意，这对受鄙视的马铃薯来说，无异于品牌重塑活动的一部分。帕蒙蒂埃认为，马铃薯是解决法国饥荒肆虐的方案，是新世界送给饥饿旧世界的礼物。问题是法国人厌恶这种块茎，认为它会导致麻风病，因此拒绝食用。早在革命前，帕蒙蒂埃就努力游说，试图让人们接受马铃薯是可口的。到 18 世纪 90 年代，法国人对食物的需求更迫切了，帕蒙蒂埃迎来了他的时机。革命政府下令广泛种植马铃薯，并分发小册子宣传马铃薯的优点，一同分发的还有一本烹饪书《共和党厨师》，其中包含了几十个诱人的马铃薯食谱。1802 年，美国总统托马斯·杰斐逊在白宫的宴会上要求厨师按照"法国风味"制作炸马铃薯。自此，炸薯条开始了它在全球的称霸之旅。

马铃薯是政治性的，是反革命的武器，而城市农业也是如此。雅各宾派认为自给自足在国家和地方层面都是美德。他们担心城市是寄生虫，自己不生产粮食，却榨干国家的其他地区，以满足自己对主食和进口奢侈品的贪欲。食物就地取材是当务之急。在杜伊勒里宫和卢森堡花园耕作，象征着从奢侈到实用的转变。但它不仅仅是一种姿态，杜伊勒里宫的作物收成令人印象深刻，达到 4 300 蒲式耳，约 120 吨。一些雅各宾派敦促政府应更进一步，在全巴黎揭起铺路石，为种植马铃薯开路。官方媒体劝告每位民众在城市中的任何可用空间种植马铃薯。一位该政权的喉舌敦促道："所有被公共利益驱动的好市民"，都应该在阳台和窗台种马铃薯，而不是种花。种马铃薯不仅是政治性的，也是爱国的表现。当巴黎变得自给自足时，城市也被发芽的作物绿化。[1]

2020 年夏季，世界上最大的屋顶农场——"自然城市"，在巴黎第 15 区一个展览中心的顶层开业。它占地 14 000 平方米，相当于两个足球场那么大。在生长季，它每天为附近的餐馆生产超过一吨新鲜的有机水果和蔬菜。通过使用高大的塑料种植柱和栽培槽，有效的种植面积要大得多，高达 8 万平方米。早在 18 世纪 90 年代，杜伊勒里宫里的马铃薯田以展示城市区域的农业生产力为目的；同样，"自然城市"屋顶农场强调城市中可以变肥沃的未使用空间。在拥挤的城市区域，土地非常珍贵，可用于农业的空地只存在于空中，平坦的屋顶可占内城 30% 的表面积。它也存在于地下：随着巴黎汽车保有量下降，多余的地下停车场正被改造成蘑菇和菊苣农场。

"自然城市"屋顶农场并不打算养活巴黎，但它是全球运动的一部分，旨在开拓并利用一部分城市来生产粮食。多伦多于 2009 年通过了一项法规，规定所有新建建筑的屋顶必须覆盖绿色植物。到 2019 年，该市已有 640 个屋顶花园，占 464 515 平方米的面积，相当于城市增加了 115 英亩绿化面积。屋顶绿化是适应气候变化的关键部分，可减少 60% 的雨水径流，并将空调的能源需求降低 75%。

多伦多绿化了这么多屋顶之后，人们呼吁将这些空间变成空中农场，而这一切只是缓慢地发生。另一个实践绿色屋顶的先锋城市是芝加哥，它也有类似的高空绿化面积和越来越多的屋顶农场，包括 2013 年开放的位于麦考密克会展中心顶层、面积达 2 000 平方米的场地。这样的城市农场规模小，而且是实验性的，但它们也说明，如果我们下决心要把城市变为粮食生产中心，可能实现什么。博洛尼亚的一项研究表明，如果将其所有的平坦屋顶表面（203 英亩）用于农业，它每年可以满足 77% 对新鲜蔬菜的需求，从而大大降低进口易腐食品的环境成本。[2]

巴黎的"自然城市"屋顶农场与 18 世纪末革命性的马铃薯田地有类似的道德冲动。出于对新鲜农产品的需求，现代城市不仅对其腹地，而且对整个地球的生态造成巨大压力。世界上一半的、接近 50 亿公顷的宜居土地现在用于农业，是 1900 年时的两倍。这种土地使用强度带来的压力正在导致物种灭绝。利用空地，是更广泛运动的一部分，该运动旨在尽可能多地食用本地食物，并减轻世界森林、灌木丛和大草原的压力。

它并不只是一个乌托邦式的梦想。从很多方面来看，将高度集约化的农业引进城市是对城市过去面貌的回归。杜伊勒里宫的马铃薯运动持续了不到 3 年，花园又恢复为正式的公园，但雅各宾派想使巴黎成为农业城市的梦想最终实现了。

在 19 世纪，巴黎蔬菜农场的园丁（maraîchers）[1] 被称为"土地金匠"，因为他们每年能够从城市土地上收获 4 次，有

---

1 maraîchers 一词来自 marais，意思是"沼泽"，因为第一批巴黎蔬菜农场的园丁在巴黎周围的沼泽上种植作物。——原书注

时多达 8 次。1844 年时，有围墙的蔬菜农场约占城市面积的 6%，每个农场的面积在 1~2 英亩之间。一位英国游客描绘了巴黎周边的景象，称那里是"一连串没完没了的平行四边形，种着莴苣、菠菜、胡萝卜、卷心菜、山葵，以及扁豆"。有 200 万人口的法国首都从区区 2 000 英亩菜园里收获的新鲜蔬菜使它实现了自给自足，还把剩余的产品出口到英格兰，那里的消费者对蔬菜农场的园丁在隆冬时节为他们供应莴苣感到震惊，而黄瓜和甜瓜早在 5 月就上市了。[3]

产生奇迹的蔬菜农场园丁在他们的小菜园里异常辛勤地劳作。热量由覆盖了黑麦草垫子的冷架和玻璃罩产生。1909 年，巴黎使用了 600 万个这种玻璃罩。蔬菜种得密集，萝卜挨着胡萝卜，然后等萝卜采摘后，莴苣挨着胡萝卜一起种植。没有一寸土地闲置或未充分利用。实现如此高的产量是一项专业化的劳动密集型工作，只有在法国才取得成功，尽管其他国家也尝试过并试图效仿蔬菜农场园丁的成功，但都失败了。正如一位肃然起敬的外国观察者所说，实现这样的菜园需要"不懈的警觉，无限的勤劳，以及像斯巴达人一样对工作日限制的漠视"。辛苦的劳作使城市农民的工资远远超过城市里的穷人，据说一英亩城市土地的利润相当于今天的 8.7 万英镑。[4]

著名的蔬菜农场园丁使他们的菜地比农村类似的菜园产量更高。诚然，这样的魔力是超凡的努力和技术共同作用的结果，但他们也有一种神奇的成分。当你意识到城市比地球上任何其他生态系统包含更多的营养物时，他们的成功就不那么令人惊讶了。城市地区有能力使贫瘠的土地变得肥沃。

他与国家领导人握手，一举成名。对一个被称为"掏大粪的"和"粪花子"的人来说，这是个了不起的成就。

20 世纪 20 年代，时传祥从贫穷的农村逃荒到了北京，能找到什么活儿，他就干什么活儿。这个活儿就是掏粪工，要徒手清空茅厕，再把污物装在承重 50 公斤的桶里运走。他与 15 名工友一起睡在驴圈旁的窝棚里，吃的是粗粮，而不是大米。这份工作不仅脏，也有危险。粪霸们为获得北京最有利可图的收粪路线而竞争，异常激烈地争夺污物的利润。尽管自己是这些罪恶团伙剥削的棋子，但时传祥工作时仍尽职尽责。1949年中华人民共和国成立以后，他成为北京市崇文区粪业工人工会的一员，并担任全国人民代表大会代表，这时他的境遇有所改善。1959 年，他被评为全国劳动模范，被誉为社会主义英雄，并受邀在人民大会堂举行的会议上讲话。在那里，他受到刘少奇主席的接见并一夜成名。他受到电视和报纸的采访，有人给他画像，他的人生故事也被搬上了舞台。时传祥的演讲赢得了"暴风雨般的掌声"：代表们因他充满贫困、肮脏和危险的人生故事而泪流满面，尤其感动于他在中国社会主义新时代下奇迹般的道德和物质救赎，而刘少奇的女儿也自愿在时传祥的清洁队体验掏粪工作。

时传祥被认可是当之无愧的，但给他荣誉也是形势所需。1959 年，作为农业"大跃进"的一部分，中国在全国范围内从城市收集了比以往任何时候都多的粪便，目标是收集 125 亿公斤粪肥洒在农田里。报纸劝告市民："人人都该动起来，人人都来收集肥料，为了更大的丰收而战！"[5]

时传祥的人生故事不仅提醒我们亚洲和中美洲的城市如何解决温饱问题，而且也提醒我们那些不被承认的甚至被轻视的人们，在净化城市和确保食物供应方面所发挥的重要作用。特诺奇蒂特兰超级高产的奇昂帕农业系统依赖 25 万城市居民制造的垃圾，成为城市可持续发展和自给自足的典范。在日本、中国和韩国，城市排泄物市场由来已久，价值很高，被比作金子或宝物，不能浪费。取自亚洲城市的粪便被掩埋在有盖的坑中，与稻草等其他物质混合。在厌氧条件下，粪便会分解，直到它可以安全地用作肥料为止。一位日本农业作家在 1682 年指出，"靠近城市的农田有幸获得土地肥力的来源"。江户（东京）和北京是 18 世纪世界上最大的两座城市，当这样的大城市不断发展并变得密集，周边农田的产量也更高。[6]

这个系统产生了营养物交换的良性循环：城市通过循环利用其大量的产出实现自给自足，这被称为"闭环生态系统"（closed-loop ecosystem）。城市用它的废物重塑了生态系统，使边缘地带变得异常肥沃。基于人类最基本的生理过程——饮食和排泄，城市和乡村锁定了一种亲密的关系。

在中国的清朝乾隆年间（1736—1796），收集粪便被称作"金汁营生"。在日本，俗语说"房东的孩子靠粪养大"：租屋的主人通过出售（他们合法拥有的）租户粪便赚了很多钱，使他们可以过上时髦的生活。城市的粪便根据潜在肥力分了等级，富人因食物多含蛋白质（尤其是鱼），其粪便价钱最贵。住在江户周边历代的农民都在抗争，以控制倒卖粪便的人开出的可怕高价，而这个商品对农民的生计以及拥挤城市的命运来说是必不可少的。这个体系一直持续到 20 世纪最初的几十年。1908 年，2 400 万吨的人类粪便被回收。但随着日本城市的快速发展，到 20 世纪 20 年代，农民转用化肥导致粪便的供应远大于需求，因而市场行情急转直下，收集粪便的肮脏工作不再有利可图。20 世纪 50 年代，时传祥成为全国英雄时，中国城市的粪便比以往更有价值，那时的合成肥还很贵，也没有广泛使用。直到不久前，中国 15 个最大的城市中有 14 个实现了粮食自给自足，这些城市由其农业郊区供应粮食，而这些郊区的土壤依赖处理过的人类粪便保持肥沃。[7]

形成对比的是，在欧洲和北美城市，这种做法被嗤之以鼻。人们无法接受使用自己的排泄物给食物施肥的做法。排泄物被倒在街上、河道和港口，酿成了 19 世纪可怕的疾病——斑疹伤寒和霍乱。相比之下，江户对人类排泄物进行收集和回收的商业体系更加卫生，因而免遭传染病的蹂躏。与纽约、巴黎和伦敦不同，被称为"城市棕色黄金"的粪便并没有进入亚洲城镇的供水系统。西方的大城市广泛开发了污水和废水系统，用工程的方法来解决大量积压的粪便，将问题一冲了之。对 19 世纪的一些批评家来说，大规模地除掉粪便代表了浪费资源的罪行。它本应是一个生态闭环，结果变成了从大规模消耗到大规模排放的线性输送带。

卡尔·马克思悲哀地说，"人类与地球之间代谢的相互作用"存在断裂，这是由资本主义制度下人们提取土地中的营养物并将其转化为污染造成的。他在《资本论》中写道，现代城市阻止"人类消耗的、组成土壤的要素回归土壤……它阻碍了永恒的自然条件对土壤持久肥力的作用"。弗里德里希·恩格斯呼吁"将城市和乡村融合"，使城市中"苦苦挣扎"的群众可以用他们的排泄物"种植植物而不是制造疾病"。园艺作家雪莉·希伯德（Shirley Hibberd）在 1884 年写道，英国城镇"忙于设计的项目全是浪费"在他看来最有效的肥料，对此他感到愤怒不已。"特别是伦敦，本可以将一年价值 200 万［英镑］的粪便贡献给周围的土壤，然而，管理这些事物的委员会就像脑袋被门挤了，竟然要把它丢进大海。"

这个分析还缺少了一点，就是人类粪便永远不可能像在日本和中国那样卖出高价，因为西方城市拥有规模庞大的类似资源。

维克多·雨果说："一座伟大的城市是最强大的粪便制造者。"粪肥"象征着世界及其生活，"爱弥尔·左拉写道，"……巴黎使一切腐烂，又让一切回归土壤，而土壤从未厌倦修复死亡对它的蹂躏。"制造奇迹的蔬菜农场园丁之所以非常富有成效，因为他们使用 400 吨巴黎最多产的能源副产品——马粪，给每英亩的蔬菜农场施肥。

同样的原则适用于大多数城市。当乔治·华盛顿在 1790

年春天从曼哈顿启程前往长岛时，他发现田地"比其他任何我所见过的地方有更多植被，这很大程度上是因为使用了从纽约市运来的粪肥"。与曼哈顿隔水相望的皇后区和布鲁克林的蔬菜农场，因注入了城市生产的大量马粪和有机废物而生机勃勃。由于伦敦的扩张，成千上万集中在城市边缘并享用市中心生产的过剩营养的蔬菜农场和果园被转移。在伦敦的黑衣修士区附近有一座"粪码头"，大量的城市粪便和污物从这里被运到下游，先运到切尔西，再运到西米德尔赛克斯，给那里的蔬菜农场施肥。

约翰·克劳迪厄斯·劳登观察到："最肥沃的土壤……位于城市周围。"农场和田地从城市周边消失，被改造成集约化管理和高度肥沃的小型蔬菜农场和果园。城市周边种有果树、菜园和商业苗圃，还有大片郊区花园，比农业区的生物多样性更丰富。樱桃、苹果、豆类、西葫芦、西红柿、南瓜和浆果是昆虫授粉的农产品：蜜蜂在城市边缘地带表现良好。

在 19 世纪 60 年代，整个美国市场的蔬菜农产品中有 10% 是从当今纽约市范围内收获的，达到惊人的生产力水平。曼哈顿岛是"宇宙粪堆"，因而让布鲁克林的弗拉特布什附近成为"美国的蔬菜农场"。生长季，在伦敦主要的水果和蔬菜批发市场考文特花园，每晚有运着草莓、树莓、醋栗、苹果、李子、梨、卷心菜、樱桃、莴苣、豌豆、芦笋、西红柿和其他新鲜农产品的大车和驳船（后来还有铁路货车和卡车）会聚在这里。一大早，这些大车和驳船返回时，载着由大约 70 万匹马在伦敦穿梭一天排出的粪便。希思罗村庄位于伦敦市中心以西 14 英里，被夹在不断扩大的郊区中间，其周边区域的土壤经过数十年的粪肥和（后来的）污水污泥的改善，是二战前世界上最适合种植水果、鲜花和蔬菜的土地。这座城市用它的污物使土地变得奇迹般肥沃。[8]

当今，希思罗仍满是新鲜的农产品。不同之处在于，这些农产品不再种植在该地区人工施肥的土地上，而是从几千英里之外进口，运到这座 1944 年在伦敦的蔬菜和水果篮子上修建的希思罗机场。在过去 60 年左右的时间里，城市的蔬菜农场区域已经从发达国家的城市中消失。内燃机消灭了巴黎的城市农民和伦敦蔬菜农场的农民，当满大街跑的是轿车、公共汽车和卡车时，再也没有变土壤为黄金的马粪。无论如何，随着密集型农业和产业规模农业的出现，以及制冷技术和廉价航空运输的到来，这些农民也会自行离开。以废物养分循环为基础的城市农业高效形式瓦解了。在 21 世纪，伦敦每年消耗的 690 万吨食品中，有 81% 是从国外进口的。

至关重要的是，要认识到城市和食品之间脱钩是新近发生的事。直到 20 世纪 40 年代，一个美国城市消耗的所有蔬菜中，有 40% 在城市区域内种植。没有哪种食物要从 50 英里外的地方运到洛杉矶。许多洛杉矶居民都有中西部农业背景，而城市之所以吸引他们，是因其气候、灌溉和土壤能使小规模家庭农场和蓝领工作相结合，人们通过饲养家禽和奶牛、种植水果和蔬菜来增加收入。在大萧条时期，联邦政府资助"自给

自足的家庭农庄"。在 20 世纪 30 年代，洛杉矶周围有 25 000
个小农场，以及数量更多的、用于生产粮食的后院块地。大多
数美国城市的情况都是如此，直到第二次世界大战后，郊区都
有明显的农田色彩。城市边缘地带的农业与快速的城市化同步
发展，在 20 世纪 30 年代达到了生产力的顶峰。[9]

到 20 世纪 50 年代，洛杉矶的城市农业已经在走下坡路。
在各地的城市，蔬菜农场和果园都变成了郊区、机场、主干
道、配送中心和购物中心。尽管易腐食物有市场价值，且它们
提供了丰富的营养来源，但在城市附近种植它们的优势基本上
消失了。更严格的法规和分区条例将奶牛、山羊和鸡撵出了郊
区，抹除了小农庄和后院园艺杂乱的城郊特征。生产食物的负
担转移到遥远的、看不见的生态系统，而草坪就像饥饿的章
鱼，将郊区吞噬了。

今天，34% 的温室气体以及 78% 的海洋和淡水污染是由
食物生产和分配造成的。我们非常清楚全球碳循环破坏的严重
程度，但我们还没有充分意识到将大量的人造化肥注入环境，
会对营养循环造成怎样的扰乱。人类已经使循环中的氮含量增
加了一倍，磷含量增加了两倍。联合国环境规划署宣称："我
们在全球范围内给土壤施肥，而这在很大程度上是一次不可控
的实验。"[10]

19 世纪 40 年代，一份英国农业期刊抱怨道："我们有大
量人口没有让这个岛变得更富饶，而是让它更贫瘠。"为了从
根本上改变近处的生态系统，欧洲国家从南美洲进口海鸟粪用

作肥料，这样做没有利用营养循环，也使远处的生态系统被破坏。多家公司收集并晒干人类粪便，将它与木炭和石膏混合，制成混合肥料粉末，并冠以委婉的品牌名以肥料出售，如"炔烃植物生长粉"、"亚历山大肥料"、"克拉克脱水堆肥"或"欧文生物质碳"。法国、英国、美国、新加坡和印度孟买都建了混合肥料厂。但从城市收集粪便在经济上是行不通的，它与其他方案相抵触，尤其是当今的城市污水系统把粪便都冲走了。到 19 世纪末，随着现代复合肥料的到来，企业已经放弃了利用粪便的尝试。1911 年，美国农业科学家 F. H. 金（F. H. King）惊恐地写道："一代人把数百年生命积累的土壤肥力扫入大海，而这些肥力是所有生命的基础。"[11]

　　食物、能源、水和垃圾是城市影响环境的主要方式。城市中过量营养物的堆积，最常见的是被直接排入城市流域，严重破坏河流和海岸线的环境。过量的氮会严重破坏沿海沼泽地，使它变成光秃秃的烂泥，几乎没有抵御潮汐的能力。2020 年，英国自来水公司向该国的河流和海滩直接排放未经处理的污水，总计超过 40 万次、310 万小时。在 20 世纪，由于城乡之间新陈代谢断裂的情况越来越严重，破坏性也高出许多倍，污物被焚烧、掩埋在垃圾场或倒入海里。在美国，丢弃的食物在垃圾填埋场腐烂，不仅堆积了大量未利用的有机物，也是甲烷的第二大排放源，而甲烷是一种比二氧化碳更有害的温室气体。现代城市控制着营养物和有机材料的单向流动，并没有形成回收循环。这代表了工程的胜利，但浪费了巨大的资源。如果我们收集了家庭废水和有机废物中的所有养分，就可以给养活世界人口所需的所有农作物施肥。事实上，进入城市的大部分营养物质在那里堆积。约有 60% 进入香港的氮和磷留在这座城市，被埋在垃圾堆并渗入地下水。在全世界的城市里，大规模消除粪便破坏了潮汐沼泽，而它本应形成抵御水的堡垒。

情况正在开始改变，尽管是缓慢的。有关清洁水的更严格的规定，以及对海上倾倒、陆地掩埋和焚烧的禁令，已迫使各国给污水排放寻找可替代的目的地。今天，经过厌氧处理的污水污泥有个委婉的名称"生物固体"（biosolids），作为完成营养循环的手段，它被使用得越来越多。英国每年在农田使用 360 万吨的污水，由 17 万辆卡车运往农场。这意味着 76% 的污水污泥用于农业，这是过去几十年形成的大幅增长。在回收污水用于肥料方面，欧盟回收了 50% 的污水，美国回收了 60%。遭受旱灾的澳大利亚过去把人类排泄物注入海洋。今天，悉尼市处理过的污水提高了新南威尔士州养牛户的生产力；废水现在灌溉位于阿德莱德周边区域 200 平方千米的蔬菜农场和谷物农场。问题是我们已经毒害了自己的身体、土地和水。大量现代污水中充满了不受欢迎的药物、激素、抗生素、重金属和微塑料。约有 8 万种人造化学物质可以进入污泥。城市的阴影延伸到数百万英亩的农田上。[12]

反思我们处理城市垃圾的方式，是思考城市在自然中地位的根本。但硬币的另一面也是如此：首先，城市吃什么？

在过去，这些关系是显而易见的，从臭烘烘的粪堆和紧

挨着城市周边的蔬菜农场、果园和田地可以看出这些关系。由
于这些过程已变得不可见，我们必须拓展思维，才能形成关于
城市新陈代谢复杂性的概念。废止城市粮食生产是最近的事，
必须算作一次实验。当今，在发展中国家，城市农业是城市经
济的支柱。在河内，80% 的蔬菜来源于城市和它紧邻的周边
地区。当我们计算全球环境恶化的成本时，可能必须重新考虑
资源从何而来。像巴黎的"自然城市"屋顶农场这样的企业可
能有一天会普遍存在，以应对气候变化、流行病和不可预见的
灾难造成的供应链中断。就像杜伊勒里宫的马铃薯田所表明
的，在城市里种粮食往往是为了应对危机。在历史上，城市曾
经多次被迫利用自己的资源，并取得了惊人的成功。

换句话说，城市有种植粮食的巨大潜力。城市农业有时
是一种生存手段，但它对数以百万计的人来说也是巨大的乐
趣。它挑战着我们关于城市的观念。

公元 1 世纪，罗马诗人马提亚尔（Martial）[1] 给一个朋友
写道："卢普斯，你给了我一座郊区农场，但我的窗户里有
一个更大的农场……黄瓜在那里伸不直，蛇也伸不直它的躯
体。"[13]

诗人指的是一个窗台容器，他在里面种了几样蔬菜。老

1　全名马库斯·瓦列里乌斯·马提亚尔（Marcus Valerius Martialis），第一位隽
　语诗人，他的文字诙谐，具有讽刺性。

普林尼评价道："城市里的下层阶级过去通过在窗户上模仿花园，每天能看到乡村景象。"从古罗马人在狭窄的房屋窗台种菜开始，到高层公寓楼，再到现代的小块园地经营者，我们始终都有在城市里种植食物的冲动。对一些人来说，收获城市的粮食是对遥远乡村和自然过程的怀旧形式，是一份和城市的灰色形成对比的乐趣，但对其他人来说，它事关生存。

在洛杉矶中南部有一个占地 14 英亩的农场，它与呼啸的高速公路和一片灰蒙蒙的仓库并排，被人们称为"混凝土沙漠中的绿洲"。它位于洛杉矶最贫困的区域，是一块有老鼠出没的荒地。1986 年，政府将它买下，用于安装回收能源的垃圾焚化炉。然而，1992 年发生种族暴乱时，它尚未建好，当时这个区域受到重创，因此，该市允许洛杉矶地区食品银行在这里创建社区花园，以修复遭破坏的社区。事实证明，它立刻受到中南部新近到来的拉丁裔移民的喜欢，他们大都在墨西哥的农村地区长大。在缺少超市和新鲜农产品的区域，即典型的城市食品沙漠，农场给社区提供了玉米、鳄梨、番石榴、墨西哥野山药、西红柿和南瓜等 150 种不同的植物品种，这些植物生长在 350 块小块土地上，而那里从前是荒地。这里也成了社区聚集的公共空间，是人们逃离城市压力、重新连接乡村生活的地方。

2006 年 6 月 13 日，身穿防暴装备的洛杉矶警察挥舞着电锯来到这里，执行驱逐令。推土机跟着警察推倒了棚子和大片植物，而被剥夺了土地的城市农夫们愤怒地抗议。原来的土地所有者决定收回自己的土地，计划修建仓库和配送中心。农场又变回荒地，多年来一直空着。

中南部农场重演了一个历史上被反复讲述的故事。通过耕种可以变得富饶的土地，其使用权和所有权之间存在激烈的竞争。土地代表自由、独立和生计。1880 年，一位记者参观了被他称为"工人阶级的波西米亚"的棚户区，它位于曼哈顿上西区的中央公园附近，在第 62 街和第 72 街之间。在这里，他发现了一片由自建小木屋组成的中间地带，有拾荒者、临时工、旧货商、搬运工、司机和他们的家人在里面艰难地生活着，旁边紧挨着不断扩大的百万富翁住宅和公寓楼区域。他们之所以在那里定居是因为渴望"阳光与空气、泥土的气息，以及树木和水的景象"。他们利用这个边缘区域饲养山羊、奶牛和鸡，并种菜以维持自己的生计，也卖给别人，而之后的城市化浪潮把他们推到了新的边缘区域。这种不稳定的边缘地带违章建筑区位于城市与乡村之间，是美国和欧洲城市中的典型。[14]

记者发现上西区贫民窟的居民对那些被禁锢在市中心公寓里的人持骄傲、独立和轻蔑的态度。他们中有许多人来自德国和爱尔兰，对他们来说，住在城市边缘的小屋既是一种生活方式的选择，也是一种需要。这些城市边缘的村庄抵制工业城市的生活条件和控制形式，以及普遍存在的剥削性房地产市场。柏林是 19 世纪下半叶欧洲发展最快的城市，"菜棚殖民者"（garden shed colonists）占据了柏林边缘地带的空地，在那里种植农产品。和在洛杉矶中南部农场耕种的拉丁美洲人一样，许多人来自农村，在柏林的工业部门工作；他们利用自己的农业技能来补充收入，养家糊口，并顺利过渡到城市生活。[15]

他们自创了由棚屋和菜地组成的边缘世界，看起来古怪、凌乱又破旧，形成了城市景观的又一特征。1872 年，新统一的德意志帝国的首都不受控制地涌入了一批移民。城市边缘涌现大量的贫民区，就像在巴黎和许多其他大城市一样。对一些人来说，这种状况是不光彩的，但许多观察者都赞赏贫民区的井然有序，或将之浪漫化，认为贫民区居民拒绝市中心而向往更自然的环境是正确的判断。一方面，棚子和菜地象征着自给自足。在这个叙述中，新来的人就像坚定的美国开拓者，靠自己建立社区并自力更生。就像纽约上西区的贫民一样，他们拒绝城市和乡村生活之间鲜明的区分，用一种似乎和现代城市格格不入的方式使两者相融合。1872 年出现的棚户区很快就被清除了，但在 19 世纪末，非正式的农圃棚子（Laubenkolonien），即"绿色贫民区"继续为 4 万柏林人提供居住的棚屋，周围是蔬菜、水果和家畜。到 1933 年，德国首都有 12 万人过着这种准乡村生活。[16]

在英国，工薪阶层的小块园地经营者开玩笑地吹嘘他们在"城市"和"乡村"的住所，即家和菜地。当食品成本占收入的 40%~60% 时，自己生产食物是经济上的需要，而且它带来乐趣，使人锻炼身体，也有机会摆脱单调的日常劳动和拥挤的社区。在伦敦东区建筑密集的地区和柏林的简陋出租房中，菜地是穷人唯一可以利用的花园空间。在小菜园（kleingarten）或社区农圃上劳作，最重要的是摆脱了无休止的城市环境，是一种比正式公园更真实的"城市中的乡村"。

争夺可以种粮食的一小块土地，标志着关于城市自身未来的战斗。社区农圃的需求来自基层的劳动人民，他们渴望耕种土地，并以此建立与自然的原始联系。社区农圃提供了一个罕见的例子，说明往往是无权无势的普通人才有能力塑造城市景观。在工业城市，特别是那些最灰暗和被忽视最多的地区，当地人愿意通过自己的方式来绿化灰色的城市环境。在柏林，菜园棚子定居者占据了城市边缘扩张的市政土地用于耕种，并希望保护种植用地。伦敦东区道格斯岛的库比特镇有个不起眼的地方，是城市里最潮湿的贫民窟之一，那里的一群码头工人、驳船夫和锅炉工组成了"热情的园丁"，租用了废弃的工业用地。他们"在木材厂挖出两英尺深的废铁，清理两驳船烧过的火柴，又从一座从未建成的房屋地基上清理掉 40 吨的混凝土，之后才能铺设土壤"。到了第二年秋天，这些人就能炫耀他们在这个无情的城市中收获的花椰菜、洋葱、卷心菜、胡萝卜、豆子和甜菜根了。[17]

在一些情况下，工人阶层受到慈善家的帮助。从 19 世纪初开始，移民到德国城市的农民如果幸运的话会分到 Arbeitergärten，即"穷人的菜园"。铁路公司经常将铁轨沿线未使用的土地出租给工人，使乘客进城时能清楚地看到社区农圃。意识到城市耕作的优点和对健康的益处后，市政当局、工厂主和房东有时会将荒地出租给劳动者，作为减轻城市贫困的手段。但是，尽管有这种家长式的努力，土地权却是园丁们必须一再主张的权利。

耕种土地的愿望与城市扩张的逻辑背道而驰，因而土地非常珍贵，而对它的争夺也很激烈。为了保护辛辛苦苦开垦出来的肥沃土地不被开发占用，劳动者不得不奋力抗争。他们对土地的使用权仍旧不确定，任何时候农圃可能被收回，给建筑物让路。柏林的农圃种植者们于 1897 年成立了一个协会来保护占有的菜地。土地权变得高度政治化，吸引左翼政党来捍卫劳动人民的权利。第一个全国性 Kleingarten Kongress，即"社区农圃大会"，于 1912 年在但泽举行，会议要求为城市社区农圃提供法律和政治保护。在伦敦东区，城市园丁看到城市化浪潮向他们涌来，组成了一个"坚实的方阵来保护并促进他们的利益"。他们以一项政治运动进行部署，以保护所耕作的土地并向市议会施压要求提供更多土地。在城市里种粮食是激进的行为。按照东汉姆和西汉姆社区农圃协会的说法，"有可能是［社区农圃的持有者们］在我们最尖锐的问题上进行了一场无声的革命，而思想革命的本身就是对民主事业的发展"[18]。

第一次世界大战期间德国被封锁时，英国面临德国 U 型潜艇对其食品进口的威胁，此时工薪阶层菜园的价值几乎一夜之间显现出来。在德国城市中，城市用于耕作的土地数量从 3 275 英亩暴涨到 26 676 英亩。柏林的社区农圃增长了一倍，科隆的数量增长了 80 倍。在英国，德国的潜艇战引起物价的不断攀升和新鲜食物的缺乏，导致公地、公园、运动场、学校、墓地，甚至宫殿的花园都被改造成农圃。到战争结束时，英国每 5 个家庭就有一块农圃，而每星期仍有 7 000 份新的农圃申请。爱国主义促使人们以前所未有的规模在城市里从事园艺。据一位观察者说，"人们内心潜伏已久的对土地的渴望被唤醒"，这不但激发了他们的积极性，也使他们发现在城市土地上劳作的乐趣，甚至在和平时期也不愿放弃。不幸的是，尽管人们大声抗议，但几乎所有的城市块地都恢复了战前的用途，年轻的城市农夫对农圃的热情就这样被扼杀。直到下一次世界大战到来，英国人再一次被敦促"为胜利而挖地"时，这些块地才被复活。[19]

全面战争的副产品是城市绿化达到了前所未有的程度，尽管只是暂时的。通过利用土地，城市能够非常快速地满足 50% 的国内蔬菜需求，而很少有人会想到大城市竟有这么高的生产力。德国设法保留了一些战争遗产：大柏林地区于 1920 年形成时共有 165 000 块社区农圃，占地 14 826 英亩（占土地总面积的 7%），而与之相比，公园、游乐场和运动场占 1 853 英亩。一代代工薪阶层城市园丁下定决心耕作，给柏林和其他城市增加了大量原本没有的绿色植物。[20]

如今，柏林的社区农圃减少到 70 953 块，占地面积仅有 7 000 英亩出头。即便如此，用于耕作的绿地数量对像它这样的城市来说仍非常大（例如，是伦敦的两倍还多）。跟历史情形一样，城市里专门用于社区农圃的土地数量远远供不应求。2019 年，柏林有 12 000 人需要等待 3~6 年才能分到一块地。在伦敦，块地申请书从 1997 年的 1 330 份增加到 2011 年的 16 655 份。在英国全国，在新冠疫情导致社区农圃的需求激增之前，有 87 000 人在等待分配。过去，人们出于需要种植粮食，而现在，食物已经便宜了，至少按照历史的标准看是这样的。除其他因素外，驱动人们种植的是生态因素，人们想摆脱产业化农业造成的环境灾难，也想食用未在冷藏条件下运输 2 000 英里的农产品。在城市种植粮食的意愿变得越来越明显，对很多人来说它一直是一个基本愿望。现在的挑战和过去一样，要在城市中开辟空间来播种。

1793 年在杜伊勒里宫种植马铃薯一事表明，需求是城市园艺革命之母。或者说，在紧急情况发生时，而且通常是在供应链受损时，城市会给人们腾出空间种植粮食。在大萧条、第二次世界大战和其他匮乏时期，城市兴起了小规模的粮食生产。二战期间，在美国，城市和郊区的 1 200 万个"胜利菜园"以及农村的 600 万个"胜利菜园"生产的新鲜蔬菜与商业种植的产量相当，达到 1 000 万吨。冷战期间，1 350 万东德人在总共 91 500 英亩的土地上种植蔬菜。当农业粮食生产主要集中于生产主食时，社区农圃提供了急需的新鲜食品；不仅如此，菜地和棚子是远离拥挤公寓和监控压力的私人空间。1991 年苏联解体对古巴的食品、化肥和燃料进口产生了毁灭性影响。作为回应，哈瓦那设法将 12% 的土地面积变成高产的城市有机农场，将所能得到的每一块土地纳入 25 000 块社区农圃，并采用了 19 世纪巴黎蔬菜农场的施肥方式，使用粪便和生活垃圾，结果它的蔬菜产量几乎完全自给自足。

"离无政府状态有 9 顿饭。"这句常常被重复的话是调查记者阿尔弗雷德·亨利·刘易斯（Alfred Henry Lewis）于 1906 年写下的。一个多世纪以来，食物供应链明显的脆弱性令人痛苦。2000 年 8 月，英国卡车司机以封锁燃料库和石油冶炼厂的方式抗议燃油税，政府大臣收到大型超市的警告说，如果停止供货，货架 3 天内或 9 顿饭后就会空空如也。"卡特莉娜"飓风登陆后，食物无法抵达被洪水淹没的城市，抢劫席卷了新奥尔良。2008 年 4 月，石油价格飙升导致肥料、食品的成本升高，37 个低收入国家的城市爆发骚乱。2022 年的俄乌军事冲突也使粮食生产和分配的成本更高，使数百万人面临饥饿的威胁。在新冠疫情早期，人们面临意想中的物资短缺而感到恐慌时，超市货架被清空。食品安全正迅速成为 21 世纪的关键问题之一。这个问题在城市尤其严重，因为城市总是与无政府状态相隔 9 顿饭。

内罗毕的郊区有非洲最大的贫民窟基贝拉，那里的小屋之间没有多少闲置空间。但成千上万的人在装着粪肥和土壤的麻袋里种菜。羽衣甘蓝、菠菜、洋葱、西红柿、竹芋和香菜从门口和小巷的麻袋上发芽。疫情期间，当食品供应中断时，贫民窟蔬菜的销量激增，为生活在极端贫困中的人们提供收

入。在乌干达首都坎帕拉，49% 的家庭从事城市农业（比 20
世纪 90 年代的 25%~35% 有所提高），而整个非洲城市的平均
数是 40%。2020 年疫情期间，对一个有 160 万人口的城市来
说，粮食生产力非常宝贵，它给 65% 的人口提供水果和蔬菜，
给 70% 的人口提供家禽产品。在坎帕拉，只要有空地，就会
种粮食，包括屋顶和麻袋、垂直种植花盆、废弃的塑料瓶和
旧轮胎。自 2008 年粮食危机以来，在快速城市化和物价上涨
时期，创新粮食生产方式已经在上千个低收入城市产生了新
商机。如果将气候变化添加到威胁清单中，随着 21 世纪的发
展，城市农民将越来越重要。[21]

在吴哥窟和哥伦布发现新大陆之前中美洲的古老城市，
耕种区与高密度住房和寺庙在一起。直到 19 世纪晚期，东京
约有 40% 的面积为农业保留，稻田就在居民区旁，不仅是食
物来源，也是吸收洪水的水库。这种多功能的城市景观再次出
现在当今发展最快的城市中。如果不以这种方式重塑城市，持
续的城市化可能会被证明是不可能的。这种转变正在发生，在
很多情况下是自发的，没有中央指挥。其原因是大部分的城市
增长出现在城市的边缘地带。低密度的城市化正在将农场纳入
城市，从而创建一种新颖的城市形式，即城乡融合区或乡村
城市（ruralopolis），它包含高密度住房、工厂和农田的混合景
观。这个过程使乡村城市化，同时也使城市乡村化。

坦桑尼亚首都达累斯萨拉姆就是这种新型特大城市的典
型。它是非洲发展最快的大城市之一，人口超过 700 万，预

计到 2100 年将成为非洲第三大城市，仅次于拉各斯和金沙萨。达累斯萨拉姆 1/4 的土地用于农业。农作物主要种在边缘地区、荒地、路边、沼泽和电缆下面不到半英亩的土地上（通常是非法的）。农业是坦桑尼亚首都的第二大雇主，占全职工作的 20%。农业劳动力供应了几乎所有的城市水果、蔬菜和鸡蛋，以及 60% 的牛奶。这种当地生产粮食的优势在发展中国家并不少见；在亚洲和非洲，事实上所有的绿叶蔬菜都种在城市和城郊的蔬菜农场，跟半个多世纪前伦敦、巴黎和纽约的情况一样，现在澳大利亚和中国的情况也是如此。研究表明，能够种植营养食物的非洲城市，健康状况更好。在全球范围内，城市农业是城市生活中不被承认的支柱，有 1 亿 ~2 亿劳动者参与其中，供应了我们 15%~20% 的食物需求。[22]

我说"不被承认"是因为城市农民一直以来都处于岌岌可危的境地。直到最近，城市农业在许多国家都是非法的，大多数种植者处于灰色经济中，没有人代表或捍卫他们的权益。像洛杉矶中南部的拉丁裔农民或几代经营小块园地的工薪阶层，他们中的绝大多数并不拥有所耕种的土地，而土地可能一瞬间就被收回。城市农业生产与贫穷、失败和紧急情况存在负面联系。很少有非洲城市将园艺纳入其城市规划，因此，它很有可能成为开发的牺牲品。然而，城市农业不应该被看作过去的遗迹。相反，它是回答现代化问题的答案，也是许多人摆脱贫困的途径。达累斯萨拉姆 1/3 的人从微型农圃和畜牧业中获得收入，而离开这些城市农业，城市将面临生存问题。特大城市缺乏公园、森林和其他开敞空间，同时又有许多出身于农村地区的人，如果没有城市农业，城市绿化和生物多样性方面也会造成严重的生态后果。

农业用地在减少，而我们对食物的渴望在增加。城市是问题的重点，农业用地随着城市的发展被吞噬。城市化带来的收入增加使人们对进口食品的需求增加。正如我们所看到的，城市曾经是并且能够成为非常高产的地方，特别是在危机时期。很多倡导者希望将集约化农业重新引入城市或其周边地区，以减少我们的食物里程和生态足迹。鉴于城市曾经与其腹地和谐共处，而且在世界许多地方仍然如此，我们是否注定要回到这种状况？将地方、城市和城郊农业置于城市恢复力和适应气候变化的核心位置，缩小粮食生产和消费之间巨大的差距和高昂的生态代价，当然是有道理的。

我们能否回到蔬菜农场时代，或者变得更像哈瓦那，在营养方面实现自主供应？在世界各地，企业家们正在旧仓库、工厂和其他废弃建筑中试验零英亩农业（ZFarming），这种耕作形式不需要预先存在的绿地。在新泽西州纽瓦克的一家废弃钢厂里，近百万吨绿叶蔬菜可以在没有土壤、阳光、农药或化肥的环境中垂直堆叠生长。LED 灯使蔬菜幼苗可以进行光合作用。采用气栽法，可以用富含营养的循环水持续喷细雾，以滋养蔬菜的根部。或者，可以在无机基质中进行水培。世界各地城市都出现了类似的农场，包括一个伦敦街道地面以下 33米的原防空洞，以及由路孚塔农场经营的占地 3.7 英亩的温室，它位于蒙特利尔的前西尔斯仓库屋顶。这种屋顶农场由阳光加热，并由收集的雨水浇灌。气培或水培的零英亩农场的产量是传统农场的70倍，而用水量只有传统农场的1/10，并且不使用杀虫剂。

我们尚未看到这种复兴的城市农业形式是否会成功或普及。也许未预见的危机将推动解决这个问题。新加坡仅有1%的土地用于农业，它计划使用高科技将国内粮食产量从10%提高到2030年的30%。然而，即使我们最大限度地增加屋顶农场并将上百个工厂改造成零英亩农场，城市也永远无法自给自足。你无法在繁忙的市中心种植谷物或水稻，更不要说有养牛羊的地方。但城市能够变得更加丰饶，特别是软质水果、西红柿、辣椒、绿叶蔬菜、羽衣甘蓝和莴苣，而这些食品正是需要花费高昂的运输和冷藏成本的品种，并且还需要许多化学制剂和塑料包装。蔬菜农场的魔力可以复活，只是这一次是在一个无名的仓库。

所有这些无疑会减少城市的生态足迹。但一个永久的遗产可能是城市空间利用的革命。例如，巴黎的"自然城市"屋顶农场项目迫使我们面对城市中那些未利用的、贫瘠的土地，就像世界大战迫使人们利用那些世世代代被忽视或未被充分利用的城市土地一样。如果你真的想要食物，每个表面都可以成为潜在的苗床。英国谢菲尔德和美国俄亥俄州克利夫兰开展的研究表明，如果这些城市利用每一块空地、屋顶和绿地，它们可以在新鲜农产品上自给自足。现在，这两座城市都不会开垦公园、高尔夫球场和墓地来种菜，但研究提醒我们，只要我们想去做，城市就会有多少可以用于种植的面积。德国每年创建2 500英亩的屋顶花园，伦敦在过去的几年里通过改造屋顶给自己增加了面积超过海德公园的371英亩绿地。创建这样的栖息地会产生巨大的生态影响，而我们还可以做得更多。想象一下那些医院、学校和超市光秃秃的平屋顶突然绽放出生机的样子。城市可以变成三维丛林，有绿色屋顶、墙壁、窗台，以及其他缝隙和表面。

唯有一场世界末日式的危机才会使城市实现自给自足。可提供食物的屋顶很重要，因为它们激励人们去培育城市景观。在伦敦城的顾资银行顶部，城市有机公司（Urban Organic）建造了一系列大型露台屋顶花园，其中一些花园被挤进了狭窄的维修通道。一年左右，他们种植了数十种不同种类的水果，以及西红柿、豆类、南瓜、莴苣、草本植物，还有伦敦市中心其他地方几乎肯定没有的非传统外来植物，如藏红花、海蓬子、芥末、猕猴桃、香瓜茄、四川胡椒和智利番石榴。

像这样的屋顶花园，即使扩大其规模，给大城市的几百万居民提供的食物也不过是杯水车薪，但这不是问题的重点。我们追求新颖、新鲜、外来的食物，当农作物在我们的诱导下从荒凉的混凝土中奇迹般地长起来，我们收获了纯粹的乐趣，而这样的追求可以增加城市的生物多样性和绿意。许多屋顶花园不能提供食物，它们以花卉草地、树木和观赏植物的形式来美化环境。但是，在天际线上种植可食用植物，是迄今为止这场空中革命最激动人心和最吸引人的部分。

一些专家和活动家大力倡导通过城市农业让城市有韧性并自给自足，但重点应是找到尽可能多的新方法来维持和最大限度地提升生物多样性。蔬菜和水果只是城市中发现的世界性物种组合的一部分。城市并非农场，这对野生动植物来说，是巨大的有利因素之一。问问蜜蜂就知道了。城市蜜蜂比乡下蜜蜂有更强大的免疫系统，有更高的冬季存活率，蜂蜜的产量也更多。今天的城市比以往任何时候都有更多数量和种类的蜜蜂。对马萨诸塞州波士顿蜜蜂的蜂蜜进行分析，发现它的花粉来自411种植物，而附近乡村的蜂蜜只有82种植物的痕迹。与农村单一作物相比，城市是生物多样性的群岛，比自然保护区和森林有更大、更多样化的蜜源，它们并不只是充斥着杀虫剂和复合肥料。

人们意识到城市对蜜蜂有利，这引发了一种非常现代化的城市粮食生产形式。2014年，洛杉矶市议会放宽了禁止养蜂的规定，部分原因是为了平衡农村地区的蜂群崩溃。城市养蜂越来越受欢迎，伦敦的蜜蜂数量是原来的3倍，例如，在21世纪10年代，有多达7 500个注册蜂箱生产城市制造的罐装蜂蜜。同期，巴黎的蜂箱增加了733%。来自城市风土的蜂蜜可能比乡村蜂蜜的草甘膦含量少，而口味更加复合。

我们需要保护城市中有利于蜜蜂的各种各样的自然和半自然栖息块地。一如既往，我们要迁就各种相互竞争的生态需求，而粮食生产只是其中之一。帕蒙蒂埃在杜伊勒里宫种植的马铃薯解决了急迫的问题，但一排排的庄稼无法与花园里惊人的生物多样性竞争，也不能与整个城市荒野景观中缤纷的自然生长植物相比。在整个星球上，我们对食物的需求和对荒野栖息地的需求之间存在一场斗争。也许城市不应加入这场战斗，而应把空地贡献给无脊椎动物、哺乳动物和鸟类，这些动物现在也正学着享受奇妙又复杂的城市环境和我们注入的大量营养物质。

第 7 章

动物城市

2020 年 8 月里一个炎热、晴朗的傍晚，夕阳西下，我骑着自行车离开柏林市中心，去格吕讷瓦尔德森林的魔鬼湖游泳。它是市中心的天然湖泊，四周森林环抱，湖畔有抽着鼻子的野猪，在里面游泳让人十分快乐。当时我不知道，其中一头名为艾尔莎的野猪当天就闻名全球了。她捡起一个泳客的电脑包拔腿就跑，后面跟着她的小猪崽。一位身材圆胖的绅士一丝不挂地在湖滩上拼命地追赶得手的小偷，拍摄到这一幕的照片在网上一下子火了，而当时我正在逐渐变暗的湖里游泳。[1]

柏林的野猪近些年来给自己占领了很大一部分城市区域，而且在人类周围表现得越来越大胆。它们是过去几年中大量涌入城市的一部分动物。

考拉在布里斯班安了家，濒临灭绝的卡纳比凤头鹦鹉来到珀斯居住。同时，游隼被城市化，城市的蜜蜂数量激增，狼群在中欧的城市郊区出没。在明尼苏达州，最大的白尾鹿群集中住在双城的都市区，而金狮面狨在巴西的城市定居。受益于更清洁的水域和恢复自然的城市水道，自千禧年以来，新加坡、芝加哥和超过 100 个英国城镇发现了水獭。就连行事隐秘而警惕、通常不被看见的豹子也潜入了孟买，在夜间悄悄穿过城市。郊狼从 20 世纪 90 年代开始探索美国城市以来，已经习惯了城市的生活方式。现在，它们与浣熊和臭鼬这些最近的城市移民共同生活。它们是入侵的野生动物大军的先锋，可能很快就会有狼、美洲狮和熊加入。

从摩天大楼楼顶的有利地势审视城市，游隼不会感知到受损的环境。这里的景观会使它想起自然狩猎场中的悬崖和峡谷，但这里比真正的狩猎场还要好，因为它有充足的猎物。1983 年，一对游隼搬到纽约，40 年过去了，纽约是世界上游隼密度最高的城市。近年来，它们还搬到了开普敦、柏林、德里、伦敦和其他数十个大城市。

21 世纪初的全球摩天大楼热潮对游隼来说是件幸事，它使悬崖的数量增加了许多倍。全球化资本主义青睐的高层建筑非常适合空中俯冲。在纽约，游隼利用摩天大楼之间的风道，把成群的鸽子赶到海上，并在那里抓住它们。同时，德里鸽子数量的增加吸引了游隼、孟加拉鹰鹃、褐耳鹰、红隼和白腹隼雕在 21 世纪 10 年代末期来到这座大城市碰碰运气。也许游隼的称霸证明了城市的健康。它是顶级捕食者，依赖微生物、昆虫、小型哺乳动物和鸟类组成的食物链。游隼之所以与我们生活在同样的城市，是因为城市的生物多样性比以往任何时候都丰富。

没有任何动物是城市的原生动物。与我们、游隼和老鼠一样，所有的城市物种都是移民，在新生态系统里试运气。那些学会在城市生存的野生动物经历了被称为"同步城市化"（synurbanisation）的过程。游隼将人类城市重新解读为丰饶的景观，因此，它是同步城市化的象征。城市化的动物必须具有高度可塑性，要有能力使一系列行为适应令人眼花缭乱的新环境，而最关键的是，要适应接近人类。老鼠、蟑螂、鸽子和猴子已经这样做了几千年。现在，有一群非凡的动物正在加入其中。和前辈一样，它们也在快速地适应。

正如本书所探索的，城市在适应气候紧急情况并响应我们对自然的需求时，正在经历重大变化。因此，对许多物种来说，城市环境已变得更具吸引力，那里有更乱蓬蓬的公园、增加的树冠面积，以及重新野化的湿地和河流。但城市之外的地方，情况也在变化。城市扩张、农业集约化、森林砍伐、热浪、干旱和野火迫使许多物种在城市里寻求庇护并适应新环境。我们能做些什么使城市中心适宜这些动物生存呢？它们之所以来到城市，正是为了逃离人类行为造成的恶果。它们的命运将会如何？动物与人类混住在一起从来都不是没有问题的关系。

让我们再回到艾尔莎和柏林的野猪。和贪婪的艾尔莎一样，它们很快就从引人好奇的动物变成令人讨厌的东西，打翻垃圾桶，把花园、公园和墓地的植物连根拔起，因而该市每年必须选择性捕杀 2 000 只野猪。2020 年疫情期间，水獭袭击了新加坡池塘并享用了昂贵的养殖鱼。之后，有人呼吁对其进行扑杀，然而，它们受到新加坡人坚定的保护，也得到总理个人的推文支持。圣保罗和明尼阿波利斯两个城市给消灭有害动物的专家支付报酬，杀死一只鹿 250 美元，给一只鹿注射避孕药 700 美元。城市周边非常适合鹿（和野猪）生活，所以它们的数量激增，但随之而来的是一系列麻烦，包括莱姆病（Lyme disease）[1]。郊区的后花园已成为单套结(bowline)[2] 猎场，这是一种合法且受鼓励的动物数量控制形式。在英国，人们对城市中獾的抱怨增多，这表明那些隐秘的物种也越来越多地出现在大城市。仅仅过了一个多世纪，我们对城市的看法从认为它是生态不育和退化的地方，到抱怨其野生动物过多。无论我们是爱它们、憎恶它们还是害怕它们，事实上我们都将不得不习惯于非人类生物数量的增加。眼下的挑战是了解这种关系如何运作。

自从有了城市，动物就成了害虫。它们输入了可能造成致命后果的人畜共患疾病，但也提供了正式和非正式的服务。如果没有大量的动物提供肌肉力量和蛋白质，大规模的城市化几乎是不可能的。城市既是人类的，也是动物的，这一点往往在故事中被遗漏。城市是动态环境，持续地变化、波动着。今

---

1 一种人畜共患的传染病，传染源是啮齿动物，多种哺乳动物和鸟类可携带病原，主要传播途径是蜱虫叮咬吸血。

2 一种古老而结构简便的绳结，可以将绳子固定为一个绳圈，具有稳固、易拆解的优点，一般用于称人或物，因而又叫"称人结"。

天，我们已经不需要动物为我们干多少活，但城市景观不可否认地变得更有野性。这个故事与动物在大城市中求生有关，讲述了它们的兴衰与曲折。

1819 年，纽约的一名英国人描述城市街道，说街上满是"数不清的、各种体形和花色的饿猪，大大小小的野兽徘徊着，发出凶猛的呼噜声"。这番描述几乎可以用于历史上伊斯兰和犹太世界之外的任何城市。那时的街道没有铺设路面，有马匹在其上穿行，垃圾和粪便无人收集，开阔区域是穷人可以利用的城市公地，在那里，他们的猪、山羊、奶牛、鸡和狗可以在充足的免费营养物中搜寻吃的。据估计，1820 年，在曼哈顿闲逛的猪有 2 万头；除了人与狗以外，猪是城市街头最显眼也最典型的生物。纽约当局希望摆脱城市破旧不堪的落后面貌和臭气熏天的环境。但对穷人来说，猪不仅可作食物，还是"我们最好的食腐动物，因为它们立刻吞下所有的鱼内脏、垃圾和各种动物内脏"，否则这些东西会在夏日的阳光下腐烂。[2]

1850 年，伦敦牧羊丛（Shepherd's Bush）[1] 一带的气氛被描绘成有"响亮的猪哼声"。就像在所有城市一样，猪自由地闲逛或占据着后院，和人一起住在房子里。伦敦市中心有大型的、由众多屠宰场提供服务的史密斯菲尔德家畜市场和莱德霍尔禽类市场。1853 年，27.7 万头牛、160 万只羊，以及数

1　伦敦西部汉默史密斯–富勒姆伦敦自治市的一个地区。

十万只鹅和火鸡从英国各个角落被驱赶到大城市中心，挤满了街道。动物与人类紧挨着住在城市中：数以万计的奶牛以酿酒师的谷物和酿酒厂的泔水为食，无数的猪在垃圾堆里嗅来嗅去，鸡也挤进了建筑物里。此外，城市的主要肌肉动力是让车轮跑起来的马匹。动物也被用于娱乐：斗狗、斗鸡、跳舞的狗熊、为了娱乐和转移注意力的进口外来物种、笼中的鸟和奇特的动物展览。1665 年瘟疫暴发期间，市长大人认为家畜携带这种疾病，下令大规模屠杀狗和猫。丹尼尔·笛福（Daniel Defoe）估计，当时有 4 万只狗和 20 万只猫被屠杀，这也表明了犬科和猫科动物在城市的聚集程度。城市也像嘈杂的农家院落，有马、牛、猪、山羊、驴、猫、狗和鸡，动物的数量远比人类多。[3]

许多城市宠物在野外生存，白天觅食，晚上回家。一些城市家畜则完全离家，其中最有名的是无处不在的野鸽子。“城市鸽子”由原鸽繁殖而来，它们发现人造环境复制了祖先在进化过程中已适应生存的海边悬崖和山脉。吃人类垃圾的癖好使它一年四季都能在这片广阔的石头地上享用盛宴，根本不用去乡村。麻雀有两种基因——COL11A 和 AMY2A，前者允许它们长出大喙打开种子，后者对淀粉酶编码，而淀粉酶对消化如小麦、玉米和马铃薯等人类主食中的淀粉至关重要。鸽子和麻雀是两种典型的城市物种，在过去 11 000 年的进化中，可以分享我们的剩饭剩菜。许多年来，一群麻雀完全在希思罗机场 2 号航站楼的室内生活，尽情享用包装食品和快餐碎渣。这种可塑性使它们适应在城市丛林中生活。与此同时，一些伦敦的鸽子已经学会乘地铁通勤，从汉默史密斯站上车到拉德布罗克格罗夫站下车，从鸽巢抵达食物源头，以减少飞行的麻烦。[4]

野生物种，或至少那些适应于密集建筑环境的少数物种，受益于凌乱的环境。中世纪后期的森林砍伐迫使大量鸟类在城市区域内寻找另一种生活方式。燕子和毛脚燕等衔泥筑巢的鸟类栖息于欧洲城市的中心，因为那里的街道没有铺设路面，有许多泥土可用于筑巢；雨燕习惯于利用枯树上的老啄木鸟洞和悬崖缝隙，它们在城市里找到了很好的替代物，在建筑物的空洞和敞开的屋檐下筑巢。所有来到市场的牲畜和马匹制造的粪便吸引了大量的苍蝇、小虫子和甲虫，对那些发现新生态系统非常有吸引力的鸟类来说，这些是最理想的食物。马车和麻雀齐头并进，城市化的鸟类不仅以大量的食粪昆虫为食，还以马粮袋中洒出的种子为食。

赤鸢曾是北欧典型的城市鸟类。它们喜爱城市，反过来也被人容忍，因为它们以垃圾和腐烂的动物尸体为食。1465年，一位波西米亚游客写道，他从未在一个地方见过像伦敦桥上那么多的鸢。威尼斯大使的秘书指出，伦敦人并不反感乌鸦、秃鼻乌鸦、寒鸦、渡鸦和鸢，因为"它们使小镇的街道远离一切污物"。但糟糕的是，在筑巢季，鸢习惯于偷窃晾衣绳上的衣服，甚至还偷人的帽子。大型猛禽是中世纪和都铎王朝时期常见的城市景观，它们在成堆的垃圾堆中搜寻，获取筑巢材料。这种城市鸟类变得非常温顺，只会从孩子手中夺走黄油面包。

在德里，黑鸢利用了给它们喂食碎肉的伊斯兰习俗，因而一直享受着城市生活。根据数学模型，德里最出色的黑鸢繁殖对是那些学会了预测人类行为的黑鸢，它们把巢筑在清真寺附近和满是垃圾的地方。在这些精选的区域，防御行为会加强。在德里与人类一起生活需要黑鸢"依环境采取细致的策略"，并做出取舍。一个鲜为人知的事实是，德里的猛禽在全球密度最高。这座有大量垃圾的大城市，吸引着来自中亚的黑鸢，使它们改变了迁徙模式，有时，成千上万的黑鸢会遮蔽德里的天空。[5]

迁徙动物搭便车来到城市。这些动物因为靠近挥霍的人类而有利可图，它们发现如果自己能够适应，城市生态将带来巨大回报。来自东南亚，可能是马来西亚、泰国和爪哇的黑家鼠，在罗马征服后传播到欧洲城市，继而通过殖民化和贸易线路来到新大陆和澳大拉西亚。作为优秀的攀登者，在野外时，它们住在悬崖、岩石和棕榈树上，而城市栖息地给了它们墙壁和天花板上的空洞。就像不招人待见的杂草，黑家鼠可以在受扰环境中大量繁殖，能毫不费力地适应全新而复杂的微生境和一系列饮食，因而在迁徙过程中取代了本地种。与那些不擅长街道生活的竞争者不同，黑家鼠为城市而生。它们的旅程从东亚到地球上的每个城市的每个生态位。这提醒我们，城市是新型生态系统。包括动物和植物在内的本地种会被淘汰，只有能坚持下去的物种才能留在城市。和我们一样，城市化的动物是移民。

在 18 世纪，黑家鼠肆无忌惮的统治被另一个偷渡的投机分子褐家鼠废黜。褐家鼠源自蒙古，在中世纪后期，随着贸易线路的开辟开始迁徙。工业化有利于褐家鼠，给它们提供了数英里长的下水道、排水沟和装满了美味粪便的管道。史密斯菲尔德市场屠宰场下方的下水道有大量的内脏，特别受褐家鼠的欢迎。蟑螂是另一个耐受灾害的物种，它们在中世纪从东亚来到欧洲城市，非常乐意和尽可能多的人类住在一起。同时，臭虫从西南亚启程，大约于公元 100 年来到意大利，1200 年进入德国，15 世纪到达法国，16 世纪来到英国，17 世纪抵达美洲，它们从一座城跳到另一座，穿越了全球不断扩张的城市网络。

城市基础设施创造了新的生态系统，受到我们最坚定的营地追随者的青睐，包括鸽子、大鼠、小鼠、蟑螂、蛾子、虱子和臭虫。它们在改变最剧烈的人类环境中繁衍生息，并永久在那里栖息。这些我们熟悉的灰色城市中的居民，无论在哪个洲或那里的气候如何，都是很常见的，而这种灰色城市与由公园、河流和林地组成的绿色城市形成对照。这是城市生态系统中生物均质化的另一个例子，它提醒我们，在生态意义上，城市彼此之间比城市与其腹地之间的共同点更多。一栋建筑里的臭虫或蟑螂可能在基因上与附近另一栋建筑里的不同，因为每一批滋生的害虫都来自不同地方，可能是其他国家或大陆的城市。这表明这些物种的城市化程度有多充分，它们的遗传史讲述了长达数千年的城际迁徙史。[6]

历史上的城市生态系统，至少它的动物部分，远非什么值得庆祝的事情，因为它充满了危险。黑家鼠身上的跳蚤是黑死病的主要传播媒介。褐家鼠会破坏食物储备并损坏建筑物，因而其繁殖力和攻击性令人恐惧。啮齿动物和其他城市害虫携带大量对人类历史产生过决定性影响的病原体和寄生虫。这些动物也被我们的排放物吸引，并以此为食。造成麻烦的不仅仅是那些不请自来的城市定居者。成千上万的动物与人类，特别是与穷人一起近距离生活，它们是各种疾病的携带者。

印度和非洲的食腐黑鸢因其明显不卫生的城市生活方式被英国殖民者戏称为"屎鹰"。在《李尔王》中，莎士比亚让李尔王称女儿高纳里尔为"可恶的鸢"。尽管食腐动物有用，我们却厌恶它们。就其本身而言，黑耳鸢是一种令人赞叹的猛禽，但当1万只鸢成群结队地在德里郊区的垃圾填埋场狼吞虎咽时，这一幕还是令人有些不安的。自20世纪80年代以来，未经处理的高浓度污水和工业废水使水温升高并增加了蓝藻的数量，而火烈鸟以蓝藻为食，受污染的直接影响，火烈鸟来到孟买。人们倾向于把生活在我们中间并适应我们生活习惯的动物，如老鼠、松鼠、鸽子、海鸥、狐狸、浣熊、猴子，和它们在农村的同类进行比较，并把城市动物看作是退化和劣等的。但我们对它们的厌恶才是真的可耻，因为它们只不过适应了我们的恶习，即令人作呕的垃圾。除此以外，它们还代表了致命的威胁。

1760 年 8 月，任何人每捕杀一只狗，伦敦市议会就支付2 先令的赏金。当地球上最致命的狂犬病毒，被认为在四处游荡的犬科动物中流行时，大都市陷入了恐慌。年轻人拿着棍棒在街上巡逻，直到病毒消退。然而，狗并没有从街头消失。1811 年，纽约通过了一项犬类法案，建立了养犬登记员和收税员的职位，他们有权征收 3 美元的养犬税，并捕杀所有在街头游荡的犬科动物。这遭到贫穷工人的反抗，而且通常是以暴力的方式，官方清理街道的努力失败了。取而代之的是，奖励被支付给杀死流浪狗的个人，这导致人们在街上抵抗自由捕杀者，从而产生了更深的怨恨。整个 19 世纪反复出现由狂犬病引起的恐慌。1886 年，在 26 个伦敦人死于狂犬病后，40 158只狗在巴特西狗之家被杀死，其中许多狗属于工薪阶层，他们买不起口套，别无选择，只能让狗在街上捡垃圾吃。[7]

普遍的假设是由于高温、口渴和躁动，犬类在夏季炎热的三伏天暴发狂犬病。但事实上，退化的城市环境才是罪魁祸首，如老鼠和蟑螂等害虫导致霍乱、痢疾和斑疹伤寒等疾病的流行一样。腐烂的内脏和污染水中的微生物引起了可怕的狂犬病病毒。城市生态滋生了大量疾病。这是由于人类以骇人听闻的方式对待城市动物。被关在肮脏牛棚中的奶牛永远不见日光，也无法啃食青草，因而易得口蹄疫、胸膜肺炎和其他疾病。城市里的奶牛以生产酒精的废料为食，生产的牛奶稀薄而发青，必须添加增稠和增白的其他成分。1858 年，领导社会运动的出版商弗兰克·莱斯利（Frank Leslie）发表了一系列引起轰动的报道，讲述城市奶牛场的噩梦。他问纽约人："你知道你喝的是哪种牛奶吗？你知道在纽约和布鲁克林每年有超过7 000名儿童因喝泔水牛奶而死吗？"强迫奶牛进入牛棚，给它们喂泔水，再往奶里掺假是件丑闻。在城市条件下，这样对待其他动物象征了伺机发生的灾难。1872年10月，一种神秘的马病从多伦多狭小、肮脏的马厩中逃逸，通过铁路以惊人的速度传遍了整个北美城市网络。[8]

众所周知，马流感使马匹无法工作。全加拿大和美国的城市陷入停滞，引起了食品短缺和运输停摆。灾难不仅表明了城市有多么依赖动物，而且揭露了它们对待动物的方式有多糟糕。毫不奇怪，19世纪后期出现了夺回城市控制权的运动，以终结退化的、疫病肆虐的动物王国对城市的影响。捡垃圾的狗、流浪猫、臭气熏天的猪圈、令人作呕的牛奶厂和内脏遍地的屠宰场，因危害公共健康、有损城市形象，在城市领域不再有立足之地。城市实施了法令，将牲畜和游荡的宠物驱逐出去。桀骜不驯的动物城市被驯服了。[9]

或者说，它被驯服了吗？20世纪30年代，有传闻说巨大的短吻鳄埋伏在纽约市内。罗伯特·戴利（Robert Daley）在他1959年的著作《城市下面的世界》（*The World Beneath the City*）中，报道了下水道负责人泰迪·梅（Teddy May）在1935年视察完地下世界后发生的事："他坐在桌前，用拳头使劲地揉眼睛，好忘掉一群短吻鳄安静地在他的下水道中游动的景象。"

这个故事是虚构的。没有短吻鳄能在纽约下水道的大肠杆菌和沙门氏菌中长时间存活，更不用说在寒冷的冬季。但这并不是说那里没有任何短吻鳄。相反，20 世纪 30 年代，报纸报道了许多看见短吻鳄的情况。然而，它们都是被主人抛弃的幼小宠物，以为它们必然会很快死去。1984 年 3 月，巴黎的消防队员被派到新桥附近的下水道。在那里的潮湿昏暗中，他们遇到了一条 1 米长的尼罗鳄，龇着牙，甩着尾巴。这条后来被命名为"埃莉诺"的鳄鱼可能被宠物主人抛弃了，她以老鼠为食生活了一个月左右。之后，她在瓦讷的水族馆过上了更幸福的生活，长到 3 米长，至今仍生活在一个被设计成与巴黎下水道相似的围墙中。

持续出现关于下水道短吻鳄和鳄鱼的城市传说，说明我们对城市中自然的恐惧，这是一种根深蒂固的疑心，以为危险力量潜伏在文明单薄的外表之下。这个传说变成了关于邪恶、失明白化鳄鱼的故事。早在 19 世纪 50 年代的伦敦，有传闻说怀孕的母猪掉入了汉普斯特德的下水道，成为一群凶猛、体型庞大的变异猪的母猪王，它们以污水为食，从不见天日，穿行在下水道和被掩埋的河流中，组成另一个地下伦敦。甚至在此之前，罗马人中流传着关于巨型章鱼的古老传说，称它在下水道中游行，进入一所房子，为了吃到储备的腌鱼，用它的大触角打碎了陶制容器。这些故事和纽约的短吻鳄故事一样，都是基于城市对动物的恐惧瞎编的，而人类对动物利用我们的城市环境和污染之后会发生什么，尤其感到恐惧。这些故事围绕我们脚下看不见的阴暗世界展开，也以我们试图遗忘的、满是粪便的下水道为中心。对毒性、突变和动物的恐惧将吞噬我们。

从燕子到猪，从鸢到山羊，在20世纪之前找到生态位的动物可以利用令人生畏的灰色城市，利用人类的行为和凌乱的城市环境。如果向19世纪的人问起城市中动物生活的问题，得到的答案会集中在驮兽、牲畜、野生生物和入侵害虫上，因为城市在动物、水、卫生和空气质量方面是生态重灾区。将动物逐出城市的举措与更广泛地规范城市环境的运动同时发生。野草受到严格的控制，水和垃圾被导入地下，猪和狗被驱逐。下水道短吻鳄的故事还时不时地重新冒头，提醒人们城市中的自然如果不受控制会有什么危险。

然而，正当城市中的许多动物被赶走时，新的物种来到了城镇。大城市即将变得更有野性。

1949年8月12日夜晚，收听英国广播公司9点新闻的听众吃惊地发现，新闻并未以惯常的大本钟钟声开始。之后，英国广播公司给关心此事的听众报告称，钟声没有出现是因为有大量椋鸟栖息在大本钟的分针上使钟表变慢。

20世纪40年代，城市中的椋鸟相对较少，因为它们在世纪之交才迁到城里，但它们的存在已为人所知。秋季和冬季落日时分，成群结队的椋鸟形成大自然的奇观，数万只，有时数十万只椋鸟，在归巢之前会形成迷人的、协调的、脉动的云，聚集在特拉法加广场和莱斯特广场。10万只椋鸟"曾经在伦敦排队看电影的观众上方盘旋，叽叽喳喳叫个不停"。它们为什么在那里？[10]

19 世纪结束时，椋鸟发现城市是栖息的好地方。首先，它冬天比乡村暖和，城市的热岛效应变得越来越明显。它们喜欢有科林斯式柱头、壁龛和壁架的宏伟建筑，比如国家美术馆、纳尔逊纪念柱、大英博物馆、白金汉宫和皇家歌剧院。椋鸟也迷上了优质房地产，只选择在市区最好的地方定居。用伦敦生态学家理查德·菲特（Richard Fitter）的话来说，泰晤士河北岸从威斯敏斯特到伦敦塔之间的宏伟建筑物和广场"必须被看作巨大的椋鸟栖息地"[11]。

椋鸟成了反向通勤者，夜晚在市中心睡觉，白天去乡村和郊区觅食。伦敦的椋鸟讲述了城市外观发生变化的故事。市政当局在 19 世纪末清除了由蔬菜农场、猪圈、粪堆和垃圾堆组成的半乡村城市生态系统，他们还创建了一个新生态系统，那里有公园、成千上万棵新种的树木和休闲场地。纽约中央公园为大西洋迁徙路线上的 210 种鸟类提供了中途停留的地方。实际上，候鸟更喜欢城市公园而不是农村地区，因为那里有更多样化的植物种类，所以有更多的昆虫。但不只是现代城市提供的温暖环境以及公共绿地的增加引发了这些动物界的变化，城市的形态也正在快速改变。城市从紧凑的灰色块地变成巨大而复杂的景观，是椋鸟的理想领地，它们白天待在食物充足的郊区后花园，晚上在白金汉宫度过。红狐狸的故事解释了这个过程。

在城市地区，狐狸基本上不为人所知，20世纪30年代在英国城市才观察到，到50年代才相对常见。然而，它们还未出现在英国以外的地方。一些人把狐狸的迁徙归咎于战争期间乡村狐狸数量的爆炸式增长，因为当时猎场看守人停止捕杀它们；或者因兔子患黏液瘤病大量死亡而食物短缺。这个理论认为，较弱的物种在乡村林地处于劣势，因此在城市边缘躲藏并搜寻食物。根据这个假设，城市狐狸退化了，被迫进入陌生环境并尽其所能地找吃的。

但与其说是狐狸改变了栖息地，不如说是我们自己改变了栖息地。在两次世界大战之间的扩张时期，我们成群结队地涌向郊区。不是狐狸来到城市，而是城市扩张到它们当中。老城是稠密且灰蒙蒙的，新城开阔且绿化得更好，在家庭、工业、休闲和自然空间中，有各种各样吸引椋鸟和狐狸等动物的栖息地。尤其是花园，那里有许多我们带来的异域开花植物和果树，点亮了沉闷的城市景观。在一些地方，城市化能对生物多样性产生积极影响。在亚利桑那州凤凰城的沙漠地区，由于灌溉和观赏性景观设计，城市化使物种丰富度增加。城市是富饶、无干旱（因为我们给植物浇水）且充满奇异植物的人工绿洲。生活在旧金山的白冠麻雀比乡村麻雀拥有更多样化的肠道微生物群，表明它们在广泛的地区栖息。如果说城市曾经有很多猪粪和马粪，为某些物种提供食物，现在的城市里则满是从世界各地进口的植物。大量的开花植物支持了更多昆虫，进而养育了鸟类和小型哺乳动物，使狐狸和猎鹰等较大的动物可以享用它们。

正如郊区扩张导致植物种类的高速增长，它也改变了当地的动物种群。首先到来的是猫和狗，其数量往往等于或超过人类。就像在野外一样，一些物种离开了，而另一些以前不为人知的会入场。20 世纪 60 年代，在纽约长岛郊区的拿骚县开展的对鸟类种群的研究表明，在变化的景观中，新增的物种数量正赶上丧失的物种数量。草地鹨和蝗草鹀等草原鸟类正在消失，而新到来的物种有喜爱城郊花园的候鸟和广布种（generalist）鸟类。20 世纪 40 年代在长岛濒临灭绝的白尾鹿，到 50 年代增加了相当多的数量。[12]

长岛和双城的鹿以及柏林的野猪生活在那里并非没有原因的。它们在城市比在乡村更安全，免受猎人和类似掠食者的威胁。在明尼苏达州面积最小且人口最稠密的拉姆西县，鹿的数量达到 1 200 只。如果那里是乡村，只可能养活 500 只这样的鹿。事实上，人类环境给鹿提供了丰富的食物来源，就像格吕讷瓦尔德森林粗心的野餐者、美味的家庭花园和溢出的垃圾箱都使柏林的野猪数量增加。过去 60 年中城市动物数量和种类的增加与全球郊区的发展和环境的成熟度是成正比的，就像建设带来冲击之后的时期，乔木和灌木生长并蔓延开来一样。[13]

我们改变了环境，但我们自身也发生了变化，而这可能是关键因素。我们不再射杀眼前的哺乳动物和鸟类。出于充分的理由，大多数的城市都是禁猎区。相反，我们喜欢喂养哺乳动物和鸟类邻居，欣赏它们的野性而不是感到害怕。英国人每年在鸟类食物上的花费达 2 亿英镑，美国人达到 40 亿美元。这样的待遇太有吸引力了，以至于黑顶林莺惯常从中欧到西班牙和北非的迁徙路线改变为飞往英国的郊区花园，加入这场盛宴。此外，所有那些被丢在外面的食物垃圾都可供鸟类啄食。

事实证明，狐狸速度快、身体轻盈、活动范围广且行踪诡秘，非常适应这种新兴环境。它们像跑酷者那样自如地驾驭环境，在小缝隙中穿梭，跳过障碍物，爬上桥梁并攀过墙壁，消失在排水管中，沿着铁路走捷径，躲在一小片野生植被中，大部分时间都隐藏起来。狐属是适应性最强、地理分布最广的野生食肉动物之一，它们可以有效地利用从北极苔原到沙漠，以及介于两者之间的各种栖息地。自 20 世纪 30 年代来到城市边缘地带，它们运用这些技能不断靠近城市中心，一边学习，一边传授这些新技能，年复一年地探索这个现在被称为家的迷宫。2011 年，在伦敦部分完工的碎片大厦（Shard Skyscraper）的 72 层发现了一只狐狸，它以建筑工人遗留的食物残渣为食，开心地活着。

在征服城市生态系统的过程中，命运青睐大胆且适应力强的物种。在北美，郊狼已开始表现得像英国狐狸。它们于 20 世纪 90 年代新近来到芝加哥，从那时起，数量增加了 3 000%，从植被繁茂的郊区到树木贫瘠的市中心，它们渗透到大城市的每个角落。现在几乎占据了北美所有的大城市。[14]

像几千年前的老鼠和猕猴，狐狸和郊狼都是既聪明又会投机取巧的广布种，随着 20 世纪的到来，被证明是出类拔萃的城市化共生者（synurbanisers）。大城市可以给有野心的哺乳动物提供许多东西。如我们所看到的，城市既温暖又有丰富的营养。如果能获得这个资源宝库，生活会很轻松。狐狸、浣熊和郊狼等许多物种在城市里的密度比乡村大，而且在城市往往活得更长。芝加哥浣熊不用像农村的同类一样去远方觅食，它们育有更多后代，并且身体状况更好。这同样适用于其他大型哺乳动物，它们也倾向于推迟给幼崽断奶的时间，给下一代更多机会来学习非直觉的生存技能。

它们搬到郊区，在附近定居下来，享受好日子，活到更大的年岁，投入更多时间照顾家庭，不再那么咄咄逼人而且接受一夫一妻制。城市郊狼正快速发生变化，以难以置信的速度离开了乡村老家。有更强可塑性的个体更可能率先进入城市，然后在进化的压力下生存下来。对英国的城市狐狸和它在乡下的同类进行一番比较，会发现城市居住的狐狸和郊狼学会了在复杂的人工栖息地上塑造自己的行为，它们是了不起的城市化共生者，能学会新技能并将其传给后代。但一些永久性的事情也在发生：城市狐狸正长出更短、更宽的鼻子和更小的头颅，而且它们也变得更大胆，更聪明。

鼻子较短的狐狸有较大的鼻区，这使它们能很好地在装满腐烂食物的垃圾箱上嗅闻。由于不再依赖猎捕田鼠、老鼠和兔子，它们不需要长鼻子赋予的极快的下颌咬合速度。相反，它们需要更大的咬合力才能获得垃圾箱的食品，并咬碎包装和骨头。在城市环境中，雌性动物看起来比雄性表现得更好，它们的颅骨缩小得更快，因为它们在养育幼崽时活动范围缩小，这强化了它们对垃圾箱的依赖。随着肾上腺素的下降、有效养分的大幅增加，城市狐狸的领地攻击性正在减弱。由于雌狐会选择最擅长驾驭城市的雄性做伴侣，我们最终会得到在外表和性情上和雌性狐狸更相似的城市型男般的雄性狐狸吗？特征的变化也许标志着驯化的开始，而它们在人类看来也更可爱。不久之后，即使是不经意的观察者，也会立刻将它们和乡村同类区别开来。[15]

城市中的表型变化（phenotype change）发生得很快，也就是说，由于基因和环境的互相影响，物种的可观察特征发生了改变。以暗眼灯草鹀为例。20 世纪 80 年代，数十对山鸟迁入圣地亚哥，经历了一场非凡且快速的转变。在山区，雄性灯草鹀专注于进攻和交配，在短暂的繁殖季激烈竞争。然而，由于圣地亚哥全年供应了非常丰富的食物，它们不必再有咄咄逼人的领地意识。在安逸的加利福尼亚大城市，雌性开始拒绝有阳刚之气的配偶。相反，它们选择了睾丸激素水平较低的雄性，它们能专心照顾孩子，一年养几窝，而不像在森林时，一年只养一窝。在一夫一妻制的家庭中，雄性将他们的基因遗传给后代，其后代数量比好斗的竞争对手要多。灯草鹀的白色尾巴标志着睾丸激素水平高，这在森林里是宝贵的特征，然而在城市里却不受欢迎。圣地亚哥雄性灯草鹀的羽毛更暗淡，鸣叫声更高，表明它们将专注于抚养雏鸟。同时，雌性停止在地面筑巢，搬到了建筑物和树上。和许多其他城市化鸟类一样，它们放弃了迁徙习惯，更喜欢城市温暖的气候和食物资源。然而，城市生活以更深刻的方式改变了灯草鹀等鸣禽，重新连接了它们的神经通路。[16]

研究人员分别将圣地亚哥和森林出生的灯草鹀雏鸟带走，在相同条件下的室内鸟舍饲养它们。研究发现，城市灯草鹀的后代更加大胆，而且更有探险精神。市中心的生活养成了它们天生莽撞的特点，这是应激激素皮质酮水平较低的结果，是出生时所遗传的。其他城市化鸟类如乌鸫和大山雀的血清素转运蛋白变体，使它们更易冒险并追求高回报和新奇事物。谨慎的特质对城市鸟类无益，放松和无拘无束的状态才是关键因素，使它们适应住在由人类、交通、噪声、人造光线和新型食物来源组成的环境。城市化进程从根本上改变了它们中枢神经系统处理信息的方式。行为的改变不仅是后天养成的问题，对灯草鹀来说，它遗传自祖先，是近 30 年定居城市过程中进化的结果。圣地亚哥的暗眼灯草鹀之所以对我们至关重要，是因为考察城市野生动物的行为和生理的实验到目前为止仍非常少见。[17]

对乡村繁殖的鸟类来说，城市同类看起来疯狂冲动，但它们的行为方式可以使自己在新环境里茁壮成长。也许和狐狸一样，只有最大胆的才首先来到城市，在那里它们排他性地和其他城市主义者交配，把基因遗传给后代，在这一过程中很快成为城市窄域种。许多其他城市化物种中也观察到激素和基因发生的变化。芝加哥的郊狼比非城市环境的郊狼更大胆并更具探索性，这表明它们和圣地亚哥的灯草鹀一样，在受到压力时，会激活较低的下丘脑-垂体-肾上腺轴。纽约市的蝾螈胆子更大，攻击性更小。小型哺乳动物，如鼩鼱、蝙蝠、田鼠、鼠和囊鼠，在应对城市景观中席卷而来的、令人眼花缭乱的认知需求时，大脑体积经历了一次飞跃。大脑体积不仅和智力有关，也使行动有更大的灵活性，这对适应新的、极具挑战性且不可预测的栖息地来说是必需的。许多动物物种，包括热带飞龙科蜥蜴、澳大利亚鹩哥、恒河猴和北美浣熊，如果出生在城市，在实验室里会更擅长解决问题。[18]

　　大脑和行为会改变，身体也是如此。为了抓住光滑的城市表面，波多黎各的城市变色蜥蜴长出更长的腿和更黏的脚趾垫。选择在有吸引力的路边地点筑巢的崖沙燕进化出了更短的翅膀，可以快速垂直起飞并在空中旋转，以避免与汽车相撞，而那些长着更长翅膀的崖沙燕在路上会被撞死，这就像波多黎各的蜥蜴无法紧紧地抓住地面，也因此而被移出了基因库。亚利桑那州图森市的家朱雀现在比周围沙漠栖息地的那些鸟长出更长、更宽的喙，因为自然选择青睐那些可以吞下花园喂鸟器中的葵花籽的鸟，而这些食物比它们的天然食物更硬，更大。有些动物能够进化以应对污染和毒素。生活在新泽西河口的大西洋鳉鱼以令人难以置信的速度进化，使它们可以在有毒的水中生存。中央公园里被孤立的白鼠种群有异常基因，使它们能够消化油腻的垃圾食品并中和黄曲霉毒素——一种生长在坚果零食棒上的致癌霉菌。[19]

为什么动物在城市中进化的速度这么快？曼哈顿的老鼠在帮助我们理解这个问题上发挥了重要作用。从前，它们的祖先是在曼哈顿岛上的森林和牧场中游荡的部分种群。现在，它们被困在那里的孤岛中，所在的公园与其他公园以及更广阔的白足鼠基因库隔绝。纽约的每一座公园现在都有一群遗传特征独特的老鼠。这就是众所周知的遗传漂变（genetic drift），用通俗的语言来说就是近亲繁殖。这听起来是负面的，但隔离与遗传漂变让中央公园里吃快餐的白足鼠极其迅速地适应了所处微环境的具体要求。自然选择偏爱那些拥有变异基因的动物，它们可以消化油腻的食物和霉变的零食棒。在高度变化的环境中生存的压力使进化过程在极短的时间内发生。如果老鼠的隔绝状态结束，并有其他老鼠进入中央公园的基因库，这些老鼠将不得不告别它们的垃圾食品。[20]

碎片化的栖息地导致基因流动减少，而基因流动是城市有力驱动进化的主要原因之一。另一个主要原因是性选择。许多物种都偏爱它们出生的栖息地，它们会留下来与城市同伴交配。从遗传学角度讲，里斯本与格拉斯哥的大山雀比邻近乡村的大山雀有更多共同点。这是真的，而且对许多显现出城市与乡村物种分裂迹象的动植物来说，这一点正变得愈发真实。乡村物种表现出更丰富的遗传多样性，而那些选择在大城市生存（或被迫生存）的物种，会随着适应城市生态位的特性，提升其遗传多样性水平。圣地亚哥的灯草鹀是个微小种群，有大约

80 个繁殖对。许多生物之所以在城市中快速进化，是因为种群拥有预先存在的遗传变异，因此当它们遇到城市等完全不同的环境时，这些变异是非常有益的。有这些变异基因的个体突然间成了理想的性伴侣。长肢蜥蜴在原始栖息地很稀有，在城市里突然不那么稀有了：它们在城市中取得的成功意味着基因可以遗传下去。短鼻子狐狸、吃垃圾食品的老鼠、抵抗毒素的鳉鱼、悠闲的灯草鹀和大胆的乌鸦也是如此。[21]

并非所有动物都能适应城市生活或与人类的近距离接触。大多数动物都不能，而我们大量改变其栖息地时，注定要使它们灭绝。但越来越明显的是，比我们想象的要多得多的物种正在人类环境中安家，并在此过程中改变身体和大脑。不管你喜欢与否，这些都是最适合在人类世和物种大灭绝的压力下生存下来的物种。这些生物体在反击我们所造成的灾难。擅长在城市生存的动物正预先适应更温暖的气候和人为改变的环境。

在未来的几十年，当生命系统承受巨大压力时，我们的大城市很可能成为保护全球生物多样性的重要地方。我们要感谢这些动物，是它们使城市更受欢迎。我们已经看到许多物种为了在城市中占有一席之地，在我们有生可见的时光里快速地进化。这一切都发生在眨眼之间。动物中的大多数都是刚刚踏上这个旅程。我们该如何给它们腾出更多空间？

夜幕降临时，它们成群结队地飞过城市上空，形成一幅壮观的景象。灰头狐蝠是一种澳大利亚巨型蝙蝠，翼展超过 1

米，长着毛茸茸的橙色项圈，灰色的脸上嵌着明亮的黑色眼睛。白天，这种巨型哺乳动物倒着睡觉，巨大的翅膀包裹着身体。晚上，这些蝙蝠都会飞出去，在桉树花、雨林果实和100种本地植物中寻找花蜜。它们是关键物种，在澳大利亚东南部生态系统中扮演着至关重要的角色。它们觅食时会飞越50千米的距离给雨林授粉并播种，每晚播种多达6万粒。当一个地区被大火摧毁时，它们会带来复苏。但灰头狐蝠是濒危物种，栖息地受气候变化、农业扩张、丛林大火和城市化的破坏。

　　然而，如果城市造成了这个问题，它也提供了一部分的解决方案。1986年，有一群10~15只的巨型蝙蝠栖息于墨尔本。其种群数量到21世纪20年代达到35 000只。2010年，它们在阿德莱德建立了另一个"营地"（它们的栖息地以此闻名），并迅速增长到17 000只。为什么蝙蝠要从它们原来的栖息地一路飞越400千米迁徙到墨尔本呢？这与我们如何改造城市环境密切相关。欧洲人来墨尔本殖民之前，这里只有3种植物能够支持狐蝠的生存。从20世纪70年代开始，园艺的品味发生变化，澳大利亚的城市人们开始在街上种植桉树和澳洲大叶榕，将数百种澳大利亚本地树木和植物引入花园和公园。作为城市化的副产品，这是对当地环境的全面改造，也意味着蝙蝠一年四季都有丰富的食物。人们也倾向于给植物浇水，从而消除干旱。随着墨尔本城市森林的扩大和多样化发展，它不仅对巨型蝙蝠极富吸引力，还吸引了吸蜜鹦鹉和负鼠。灰头狐蝠发现墨尔本以及另外42个澳大利亚城市是森林般的避难所，使它们免于灭绝，在这一过程中它们已经城市化。[22]

澳大利亚是仅有的 17 个生物多样性大国之一。然而，成千上万的物种正面临灭绝。狐蝠并非个例，有 46% 被列为受威胁的动物现在居住在城市环境中。事实上，澳大利亚城市每平方千米的濒危物种比非城市地区要多得多。其他地方的情况也类似。由于森林砍伐和农业耕种，体型娇小、濒临灭绝的巴西金狮面狨被赶出了原生地，它们在里约热内卢慷慨的郊区居民中找到了庇护者。当印度的拉贾斯坦邦在 1999—2001 年发生干旱时，灰叶猴种群在乡村地区的数量锐减，但焦特布尔的种群数量未受影响，因为那里有充足的食物来源可以渡过难关。当资源稀缺时，黑熊搬到了科罗拉多州的阿斯彭，等食物充足时再回到它们的自然栖息地。[23]

澳大利亚巨型蝙蝠、印度猴子和美国熊的经历很可能为应对气候紧急情况提供了先例。城市有可能成为某些物种的方舟，是它们远离极端环境的避难所。

2020 年全球疫情期间，我们被隔离在家感到无聊时，世界各地新闻机构用我们不在场时城市发生的故事逗乐了我们。鹿在世界各地的城市自由漫步；美洲狮在智利的圣地亚哥昂首阔步；种猪和野猪肆无忌惮地在巴塞罗那和巴黎荒凉的街头徘徊；大象漫步在印度北部的德拉敦；野火鸡接管了旧金山的一所学校；水獭在新加坡的一家商场闲逛，在一家医院的大厅里蹦蹦跳跳。减少车辆、噪声和活动是吸引好奇动物进入城市需要满足的所有条件。我们不必做太多就可以使城市环境吸引野生动物。在某些情况下，小干预可以获得大收益。

夜晚灯火通明的城市对动物来说是一个难以理解的地方，就像它扰乱了我们自己的昼夜节律一样。光污染是城市生态系统最严重的危害之一，与栖息地丧失和化学污染并列。据估计，美国每年在不必要的户外照明上浪费 33 亿美元，释放 2 100 万吨二氧化碳。佛罗里达州明亮的灯光对数以百万计的海龟幼崽产生了致命的误导，使它们错过了海面上星光和月光的微弱反射，并因此白白地丧命。人造光线干扰了数百万只鸟类的迁徙模式。灯火通明的建筑物诱使它们因撞击而死亡。街道照明增加了昆虫夜晚捕食的时间，扰乱其生殖，使昆虫种群的数量大幅减少。植物也深受其害，因为人工照明诱使它们长出更大的叶子和更多的气孔，使它们易受污染和干旱的影响。回到 2001 年，亚利桑那州的弗拉格斯塔夫成为世界上第一座国际暗夜城市。从那时起，其他数十个城市紧随其后，包括图森和匹兹堡。事实上，匹兹堡在 2022 年比其他城市走得更远，它放弃了发出破坏性蓝光的灯泡，改用色温较低的灯泡，在这个过程中每年为自己节省 100 万美元。它还在路灯上增加了遮光装置，防止灯光射向夜空。这些小型的、有针对性的干预措施可以带来许多好处，包括让人类再次拥有了能看到星星的权利。

为避开街道上危险的车流和狗，吼猴走天桥。在巴西的阿雷格里港，受威胁的猴子沿着输电线从一片残余的森林爬到另一片森林，这种在城市中移动的方式很危险。由于在街道上方架设了便宜的绳桥，许多棕色吼猴和白耳负鼠、豪猪等城市攀缘动物免遭触电死亡。在哥斯达黎加，人们不会把树懒当作城里的滑头，但它们正受益于这样的绳桥。在相对凌乱的柏林，研究人员最近惊讶地发现，刺猬的基因流动水平很高。研究结果表明，有足够多相互连接的植被供动物穿越柏林寻找配偶。事实上，遗传分析发现，柏林刺猬的分布范围比农村同类的更广。刺猬在任何情况下都不会爬得很远，但如果它们能穿过城市绿色网格，在夜晚穿过公园、花园、墓地和野生植被区域，从一块绿色踏脚石快速爬到另一块，那么其他哺乳动物和昆虫也可以。[24]

众所周知，城市内部包含生态宝库。但它们往往是碎片化的孤岛。动物需要的是覆盖全市的绿色交通系统，这些通往栖息地的道路矩阵连接长着茂密植物的块地，贯穿混凝土和沥青沙漠。我们都熟悉城市的地铁、公交和电车地图。为什么不让绿色地图同样具有标志性和辨识度呢？一座全新的城市将在我们的脑海中成形。

步行街、自行车道、火车铁轨、河岸、绿树成荫的大道、未修剪的绿地、屋顶花园、绿墙和湿地都可以成为这个自然交通系统中的一环。乌得勒支市在300多个公交车站的顶棚上种植了景天属植物，为蜜蜂找到了额外的觅食点。当布里斯班公路下开凿的排水涵洞加装了狭窄的壁架步道后，考拉、小袋鼠、负鼠、针鼹和巨蜥只用了几个星期就学会了如何在这些昏暗的地下通道中穿行。长期以来，考拉都被认为不适合在城市中生存，但与其他许多物种一样，它们适应新型人类环境的能力令人惊叹。考拉在布里斯班北部的摩顿湾获得帮助，因为那里广泛地种植生长迅速的毕尔瓦山的小桉树，这种桉树本身被列为易危物种。当考拉寻找远离丛林大火和干旱的安全地带时，这些树木给它们提供食物与通往栖息地的途径，帮助考拉进入城市。[25]

树冠上的绳桥，涵洞里的壁架，以及郊区花园篱笆上给刺猬留出的洞口，都是建设绿色网格的经济方法，但有些物种需要的创新手段是昂贵的。在洛杉矶的自由峡谷有一座巨大的草桥，它耗资 8 700 万美元，以便分布广泛的美洲狮、臭鼬、鹿和其他动物可以穿过 101 高速公路，避开每天 30 万辆高速行驶的车辆。只有像这样开放城市，才能使美洲狮和山猫免于遗传隔离和近亲繁殖。动物穿越大地的能力对它们的长期生存至关重要。只要我们想做，就能移除或改良基因流动路径上的障碍物。这意味着需要重新设计城市，使它不仅适宜人类居住，也适宜动物居住。另一种选择是让全球生物多样性热点地区，即城市扩张最猛烈的地方，发生大规模的区域性灭绝。

让我们回到墨尔本的灰头狐蝠和布里斯班的考拉。如我们所见，在过去的 40 年中，城市环境发生了相对适度的改变，将澳大利亚的城市变成一些濒危生物的庇护所。街道、公园、路边和花园种植着各种本地和外来植物群，使城市对众多物种极具吸引力。世界各地的城市，尤其是那些在热带雨林、大草原、牧场和三角洲地区快速发展的城市，需要效仿澳大利亚创新的精髓，避免其最严重的过错。历史上这是第一次，这些热点地区的城市有机会将环保作为城市规划的核心目标，并在不断扩大和蔓延的城市景观中，保护被野生动植物廊道相互连接的、大片的本地栖息地。动物刚刚开始向城市大迁徙。方便它们通行，使濒危物种可以沿着狐蝠和考拉的路径进入城市是当务之急。我们专注于维护未受破坏的荒野，使其适宜动物居住，但也应该以同样的方式看待城市。这意味着要有更宏大的设想，将它们重新视为充满生命力和生态效益的地方。人类已经影响到地球的每一个角落，也许我们至少可以做的是，在地球上最具破坏性的因素之一即城市中支持自然。[26]

野生动物在城市景观中取得的成功肯定是健康城市的标志。狐蝠涌入墨尔本正是因为近几十年那里的本地植物遍地开花。使大城市适宜于巨型蝙蝠的因素同样也使人类受益。但当我们谈论大规模灭绝时，绿化现代城市是新的当务之急。它超越了审美偏好，甚至超越了适应气候变化。如果我们想保护物种免于被毁灭，那就需要使城市更有野性，把自然看作对生存至关重要，而不是漂亮的附加物。

我们很可能发现自己的命运与那些来到城市的动物息息相关。我们或许会发现，让城市环境对动物更友好，会让它们更健康，更快乐，这也是为了我们自己的利益。

后 记

安德雷斯·德·阿文达诺·伊·洛约拉（Andres de Avendano y Loyola）和他的手下翻过了一座又一座山，精疲力竭，饿得半死，他们迷失在热带雨林里，衣服和脸庞都被荆棘划破。最终，在一道山脊上，他们看到了一些难以置信的景象。一座巨大的石塔，覆盖着树木和藤蔓，从厚厚的树冠上伸出。

方济各会的教士阿文达诺和他的手下在1695年逃离了这次失败的任务，没能使偏远岛城诺伊佩滕的国王皈依基督教，并说服他接受西班牙王室的主权。诺伊佩滕是玛雅人在危地马拉低地密不透风的雨林中最后的据点，他们已经反抗西班牙人超过150年，并不准备接受阿文达诺的提议。逃跑时，阿文达诺口渴得发疯，他以为爬上覆盖植被的金字塔时，肯定是来到或者靠近了某个殖民点。但那里既没有城市，也没有村庄，巨大的金字塔被遗弃在丛林中。当时的阿文达诺并没有意识到，500年前，伟大的玛雅都市蒂卡尔因气候变化被抛弃，而他是第一位窥见这座城市孤独遗迹的欧洲人。[1]

许多年以后，美国探险家约翰·劳埃德·斯蒂芬斯（John Lloyd Stephens）听说了这座遗失在雨林中的城市，那里白色的石头建筑从林木线上伸出来。斯蒂芬斯在 1839 年或 1840 年参观了蒂卡尔和其他玛雅古城，他的描述以及他的探险家同伴弗雷德里克·卡塞伍德（Frederick Catherwood）的绘画使这些城市闻名全球。"在世界历史传奇中，"他宣称，"没有什么比这座曾经伟大而美丽的城市给我留下更深刻的印象了，现在它倾覆、荒芜、迷失了；它偶然间被发现，上面覆盖着绵延几英里长的树木，甚至没有一个能认出它的名字。"[2]

在神秘且衰败的文明与狂野又盘根错节的自然之间形成的反差，使他对所造访的地方产生了浓厚的兴趣。斯蒂芬斯对金字塔的探索跃然纸上，栩栩如生：沿着规则的石阶向上爬时，他看到"灌木和树苗生长的力量使有的石阶裂开"，而其他石阶则因"巨树的生长被掀翻下去"。在山顶上，他发现长满茂密树木的大型平台，其中有两棵巨大的木棉树，"周长超过 20 英尺，半裸的根向四周伸展到 50 英尺或 100 英尺，把残垣断壁捆了起来，又用宽大的枝干遮蔽其上"。木棉树的树干长而笔直，树冠如大伞，有巨大卷曲的板状根。它之所以在玛雅人的眼中是神圣的，因为它通过地球将冥界与天空相连接。神圣的木棉高耸于林地之上，紧紧地将伟大的玛雅建筑环抱，威武的样子似乎特别符合它的地位。

走下石阶，斯蒂芬斯和他的同伴用砍刀清理了一片杂草丛生的区域，并确定那里是"一个正方形，四周有台阶，几乎和罗马的圆形剧场一样完美"。是谁在丛林中建造了这座伟大的城市？斯蒂芬斯自问道。"一切都是谜团，黑暗且无法穿透的谜团"，笼罩废墟的巨大森林"强化了这种印象……其程度之强，使人产生近乎狂野的兴趣"。人们对雨林中失落之城的强烈迷恋从未消失。[3]

在过去十年里，配备了激光雷达扫描仪的飞机，在树冠上空 2 000 英尺的地方盘旋，使用与 GPS 相连的激光脉冲测量距离，并制作了非常详细的三维数字地图。激光雷达暴露了古老景观，识别了深埋在雨林之下的特征，包括一座覆盖着植被、一直被认为是一座小山的大型金字塔，城市的轮廓，以及由道路、采石场、梯田、运河、水库和灌溉系统等基础设施组成的网络。人类活动，特别是城市化，在这片土地上刻下了永久的印记，从未被抹去。当不堪承受城市建设的雨林土壤上重新长出了植被，这些植被至今仍与那些在未经开发或使用较少的土地上生长的植物不同。数字化地形表明玛雅人城市化的规模和复杂程度被大大低估，尤其是它完全地改变了广阔的热带地形。

曾经是区域化大城市的所在地，今天是一英里接着一英里的茂密雨林。我们似乎深受一种说法的影响，即植物正迅速毁坏最伟大的杰作，无论是危地马拉的蒂卡尔、柬埔寨的吴哥，还是被野生动植物主宰的、有毒的切尔诺贝利禁区。如斯蒂芬斯所言，这很浪漫。乔治·卢卡斯（George Lucas）利用了蒂卡尔的梦幻特征，在首部《星球大战》中，把它设定为雅汶4号卫星上的叛军基地，其视觉效果暗示着被遗忘的古老文明、衰落，以及无情的历史循环。

对世界末日的兴趣吸引我们来到这些遗址，当树根、攀缘植物和藤蔓植物使石头开裂，又扼住我们最宏伟的建筑，这预示了一切人造物的可怕宿命。它们讲述了大自然的终极力量，它能以惊人的速度改造并抹杀文明。最重要的是，它对我们发出了警告。

尤卡坦半岛上的河流很少，因为降雨很快进入海绵状岩溶石灰岩下100~150米处的巨大坑洞。那里的土壤瘠薄且易流失。气候湿润，但干旱频仍。那里也没有驮兽。它并非理想的城市所在地，更不要说一个人口超过1 000万，由城市、农田和村庄构成的网络。但是，玛雅人改造了雨林景观。

公元250—900年，即玛雅历史上的古典时期，城市文明在自然施加的相当大的限制下得到繁荣发展。他们在建筑方面的实力反映了在数学、天文和艺术方面的进步。玛雅人在建筑方面的超凡技术体现了他们在数学、天文与艺术方面取得的进步。玛雅人能够控制所在地区的水文，将地下坑洞变为水库，为梯田农场提供广泛的灌溉系统。集约化刀耕火种法农业使雨林遭到砍伐。控制环境的能力使玛雅人口在古典时期得到迅速增长。纪念碑的建造在这一时期结束时达到顶峰，象征了他们的财力与信心。蒂卡尔标志性的高大建筑物可以追溯到这个疯狂发展的时期，但正当它加速时，一切都崩溃了。

激光雷达揭示了玛雅特大城市的绝对范围，因此，现代技术部分地解释了它陷入黑暗的原因。斯蒂芬斯可能想象的是玛雅人所在的城市有丛林树冠的遮蔽，但最近对花粉样品的分析表明，公元 8 世纪末，尤卡坦半岛的森林遭到砍伐。城市和田地在光秃秃的平原上扩张。高大的树木被砍伐和焚烧，以制造大量的石膏，而焚烧 20 棵树才能制造 1 平方米的石膏。裸露的土地用于农业。随着越来越多的人要养活，生态系统达到了极限。玛雅人适应力强，采用复杂的管理技术来缓解频繁出现的干旱，但他们却无法适应大约从 760 年开始的这场危机。格陵兰岛的冰川样本显示，大约在这一时期，太阳辐射突然衰减。北半球的气温直线下降，全球气候系统向北转移，浇灌尤卡坦半岛的大西洋降雨并未到来。从该区域湖泊采集的沉积物样本证实，玛雅人遭受了一段漫长且异常严重的干旱。而且，由于雨林的消失，该区域已经遭受降水减少的困扰。

在这场一部分由人类、一部分由自然造成的灾难面前，城市开始逐一被遗弃。整个半岛的土壤因森林砍伐、土壤流失与过度开发而枯竭。气候变化使土地干旱，而玛雅人砍伐森林使之愈发如此。面对资源匮乏，城与城之间争夺日趋减少的资源，玛雅社会陷入混乱。曾经穿越低地、使那里富裕的贸易线路变成了海上交通。到 900 年，蒂卡尔差不多没人了，成了几十个鬼城之一。雨林很快回到了这里。将近 1 000 年后，当阿文达诺跌跌撞撞地穿越雨林时，那里的生态系统可能已经完全恢复了，但城市却没有回来。

　　在柬埔寨，一棵看似有超自然力的巨型榕树的树根把吴哥的宏伟建筑紧紧缠住，那里是公元11—13世纪世界上最大的城市。和蒂卡尔一样，吴哥是一个庞大、分散的城市群，所占土地面积相当于现代巴黎，容纳近100万人口。与玛雅文明一样，它依赖先进的水力网。而且，这座大城市像玛雅城市一样，给生态系统带来了巨大压力。超大城市区域被改造成由运河、灌溉渠和水库组成的高度复杂的基础设施网，以实现集水、保水和再分配水的目的，并应对数月的干旱以及强烈的季风降雨。柬埔寨的城市生活之所以能大规模出现，是因为水资源在1 000平方千米的范围内被重新分配，使全年的农耕成为可能。城市机器由一支庞大的、受到高度控制的劳动力队伍维持运转。城市与农村的土地是重叠的。实际上，两者之间没有区别，因为吴哥就像湿地上一个超大的、连绵不断的村庄，低密度住房集中在稻田的土丘上。数百平方英里的森林被砍伐，以创建一个开放和高度工程化的城市景观。完全操控环境的能力是吴哥养活百万居民的力量和能力之源，但这也是它最大的弱点。

　　对树木年轮的研究告诉我们，东南亚大陆受气候不稳定因素的冲击，这是中世纪暖期向小冰期转变造成的。罕见强降雨使从山上冲下的沉积物堵塞了河道，因此洪水冲毁了大城市。但树轮告诉我们，洪水发生在14—15世纪的两次长期干旱之间，这一时期是上个千年中最潮湿也是最干旱的。季风变得危险而难以预测，是对复杂工程系统的嘲弄，该系统为相对可预测的（有挑战性的）气候设计，因而无法应对几个世纪以来森林砍伐造成的土壤侵蚀和沉积问题。人口开始下降，丛林卷土重来，吞噬了垂死之城不断缩小的边缘。随着庞大劳动力队伍的离去，错综复杂的供水系统得不到维护，因而吴哥的剩余部分更容易受洪水侵袭。这座中世纪的伟大城市最终被遗弃。一小群尽职尽责的僧侣留下来持守宗教仪式。破坏城市的榕树根须把石制建筑摧毁了。

现代系统分析师研究了吴哥的情况，发现这是"极端气候导致的关键基础设施的连锁故障"。吴哥的水资源管理由众多相互作用、相互依赖的部分组成。气候变化引发的这个复杂系统的局部故障会导致故障范围逐步扩大，一直到达无法恢复的临界点。这并非一场突如其来的末世灾难，更确切地说，它是数十年城市环境退化的结果，直到遗弃它成了唯一选择。研究者认为，中世纪的吴哥与现代复杂网络有许多共同的功能特征，因此我们应该把那里发生的事情当作一种警告。[4]

面对气候不稳定，玛雅城市和吴哥的衰亡并非孤立事件。美索不达米亚的阿卡德帝国经历了"4.2千年事件"（the 4.2-kiloyear event）引起的去城市化过程，目睹了大约在公元前2200年开始的大西洋亚极地表面温度的大幅下降。其连锁反应是全球范围的气候变化，包括西南亚的干旱化。它也减弱了亚洲季风，导致从大约公元前1800年以来构成印度河流域文明的数十座大城市被遗弃。当海平面下降、河流改道、灌溉系统不再使用时，美索不达米亚那些伟大的城市，即城市文明的摇篮，逐渐被沙漠吞噬。很久以后，公元535年或536年，也许是由火山活动引起的极端天气事件产生了全球性影响，尤其当时世界第六大城市墨西哥谷的特奥蒂瓦坎的衰落。卡霍基亚是哥伦布发现新大陆前最大的美洲原住民城市（从公元1050年起，位于现代的密苏里州圣路易斯市附近），由于遭受了干旱和密西西比河洪水的双重打击，最终它在14世纪被遗弃。

很长一段时间以来，卡霍基亚的消亡被归结为人类改造环境的后果，特别是森林砍伐与过度耕种。但是，现代学术界一致否认这种生态灭绝的指控。是现代人对人类引发气候变化的焦虑，让我们以这种方式回顾过去，把如今的恐惧投射到对过去社会的理解。诚然，自然气候变化破坏了盛极一时的城市文明，但这些过往的灾难史也可以给我们带来希望。

人类历史有一个特征，就是灾难事件过后我们有能力恢复。回想起来，我们所看到的灾难实际上并非紧急事件或突发灾难，而是逐渐遗弃的过程。当然，吴哥的废弃有气候变化的原因，但它已被无休止的战争以及皇室和大量人口迁往金边所削弱。吴哥失去了柬埔寨主要大城市的地位后，那些了不起的市政工程被忽视。同样，玛雅人也被城邦之间的地方战争和对抗所困扰。城市衰落的原因有许多，当涉及气候时，它往往是众多因素中的一个。当灾难和遗弃发生时，往往不是立即发生，而是历经了好几代人。人口会分散到其他区域，在其他城市定居，或以一种不同的方式生活。通常情况下，社会能够在灾难性事件后重建。尽管单独的城市会消失，城市生活却不会消失。玛雅人是放弃城市的罕见例子。城市被让给丛林或沙漠，是因为社会无法预见并适应不断变化的环境条件。

我们处于既可以预见它也可以适应它的位置。城市是有韧性的，其居民也是如此，即使面对毁灭性灾难，甚至是核袭击，也能生存下来。在城市历史上，你会看到一个不断演变和更新的过程。正是这种蜕变的能力，使我们过去 6000 年的城市化历史如此持久和成功。有许多密度大、人口多的城市位于海岸线上，它们尤其易受气候恶化的影响。然而，生活在灾难的阴影下，它们正显现出适应的迹象。

热带城市国家新加坡是地球上人口最稠密和超现代化的地方之一，游客会立刻被那里的绿色植物震撼。新加坡在很大程度上体现了现代趋势，即建筑环境和自然之间的区别变得极其模糊。地球上很少有城市比新加坡在适应预期的气候变化方面做出更多的努力。在英国广播公司拍摄的《地球脉动》（第二季，2016）中，大卫·爱登堡（David Attenborough）将新加坡描述为城市"与自然和谐共生"的典范。

表面上看，这种说法使人吃惊，因为几乎整个新加坡以及它的海岸线都经历了彻底且不可逆转的人为改造。1819 年英国把新加坡变成贸易站后，当地环境遭到猛烈攻击。到1889 年，岛上 90% 的原始森林变成种植园，先是种植钩藤和胡椒，之后又发展了橡胶和农业，最后它被城市化。到 21 世纪，新加坡的主要植被只占全岛的 0.16%。珊瑚礁面积曾多达 100 平方千米，现在只剩下 40%。英国人到来时面积有 75 平方千米的红树林，现在只剩不到 1/10，而 1819 年之前的沙滩也所剩无几。水生生态系统被开发和贪婪的土地开垦项目破坏，自 20 世纪 60 年代以来，新加坡的领土面积从 581.5 平方千米扩大到 732 平方千米，增加了 25%。摩天大楼林立的中央商务区和标志性的滨海湾花园，占据了 20 世纪 60 年代分割新加坡和印度尼西亚的一部分海域。为了从海浪中夺回这片土地，新加坡从马来西亚、印度尼西亚、缅甸和菲律宾进口了大量沙子，付出沉重的生态代价。沙子占标准混凝土混合物的 1/4，是城市化时代世界上最受欢迎的商品之一，而每 0.6 平方英里的填海土地需要 3 750 万立方米的沙子，140 万辆自卸卡车用来运输。经历了如此规模和强度的生态屠杀，岛上多达 73% 的本地动植物群遭到灭绝也就不足为奇了。[5]

　　新加坡过去 200 年的历史，可以定义为以适应人类需求为目的对自然的设计。这里有一些我们熟悉的东西：像新加坡这样的城市急于改造自然，其行为方式与蒂卡尔和吴哥并没有什么不同。1963 年新加坡脱离英国统治，1965 年脱离了马来西亚联邦。然而，此后它开创性地重新设计自然，这是个截然不同的转变。

　　李光耀总理调动国家的权力和资源，再次改变了新加坡。20 世纪 60 年代，新加坡饱受殖民统治时期的生态遗留问题所累：种植园、污染、潮湿的贫民窟和已变成露天下水道的河流。就李光耀总理而言，把新加坡打造成超大的花园城市不仅象征它从殖民时期退化状态的复苏，而且随着这个贫穷的城市国家变得类似于欧洲人最初遇到的东南亚丛林城市，它还会吸引财富。李光耀戏称自己是"首席园丁"。今天，他留下的这份遗产是显而易见的。新加坡声称自己是超现代的，但闪闪发光的摩天大楼不如这些大楼上层层叠叠、茂密的植物，以及桥梁和路边建筑蔓生的鲜艳三角梅更能传达超现代的理念。半野生的自然和艺术级的建筑物并置产生了惊人的效果，使它在气候紧急时期看起来领先时代。

李氏的花园城市已被重塑为"花园中的城市"（City in a Garden）。新加坡 56% 的表面积被植被覆盖，对这样一座人口稠密的城市来说非常了不起。这座城市在屋顶花园、植物幕墙、城市农业、重新造林、绿色建筑和废水回收方面，都处于世界领先地位。绿化城市最初是为了使它更适合市民居住并吸引投资者。但是，地势低洼的新加坡受海平面上升、气温升高和山洪暴发的致命威胁，因此，始于 20 世纪 90 年代，它是首批开始应对未来气候变化的城市之一。到 21 世纪 20 年代，人类世的现实对这个岛屿的影响太明显了，那里的气温更高，倾盆大雨更猛烈。

新加坡的一切从外观到感觉几乎都是人造的。人为改造的程度很猛烈，同样，岛上的自然也被大幅改造。新加坡著名的滨海湾花园阐明了大城市"科幻植物学"（sci-fi botany）和

"科技自然"（technonature）的含义。坐落在填海土地上的自然公园于 2012 年开放，园内以 18 棵巨型擎天大树组成了人造树栖结构，其上紧贴钢架种植了 16 万株热带花卉、蔓生植物和蕨类植物。其行为和外观都被设计得像真正的树木。光伏电池利用太阳能模拟光合作用；收集雨水，用于灌溉；人造顶棚通过吸收和散发热量来调节温度。作为通风口，它们给公园里的花穹和云雾林降温，这是世界上最大的两座温室，拥有数千种花卉。《地球脉动》中赞美新加坡与自然和谐关系的场景就伴有一只蜂鸟的特写镜头，这只蜂鸟正在擎天大树上生长的垂直花园中采蜜。在这些巨型结构的脚下，在摩天大楼和航运码头之间，一片真正的热带树林正在成熟。[6]

滨海湾花园是新加坡最受欢迎的旅游胜地，在开放 6 年后，于 2018 年迎来了第 5 000 万名游客。它恰当地象征了这座城市，以及所有城市的生态理想。新加坡的原生植物被野蛮地夺去，因此它不得不开拓各种方法来吸引生物多样性的回归，它积极地在高密度建筑的内部、表面以及周围嵌入绿地。它提醒人们，城市是新型生态系统，只有通过持续的人类干预，这些极度受扰的地方才能恢复自然的面貌。诚然，地处热带的新加坡有使人惊叹的生物多样性水平。但那只是一小部分，占城市化之前生物多样性的 27%。这揭露了令人震惊的生态灭绝，而更令人担忧的是，它表明大规模城市化可能会让亚洲和非洲的生物多样性热点地区接下来发生大规模的灭绝。

新加坡在走向繁荣的道路上，经历了如此多的破坏，它自觉成为未来城市建设的典范，而恢复其退化的环境是国家认同的根本。一块块数英亩大的绿地嵌入了原来的灰色地带，这要求我们设想一个未来，并反思城市空间，哪怕在最密集的建筑中，也要最大限度地提高生物多样性。新加坡规定，所有建筑中的 80%，无论新旧，到 2030 年都要完成绿化。这座城市积极地推进了本书探索的许多主题：广泛重新造林，恢复自然河流系统，以及创建湿地和漫滩、生态休闲公园和可持续建筑。新加坡通过限制汽车保有量，释放原本用于道路和停车位的土地，并保持高水平的住房密度，为生物多样性开辟空间。非常明显的是，新加坡的自然与科技交织在一起，生物多样性与未来主义建筑发生碰撞。这样的视觉反差强化了一种观点，即我们必须为自己造成的问题寻求自然的解决方案。新加坡著名的擎天大树象征着以仿生学为技术焦点的未来。

新加坡是地球上最富有的地方之一。它也有强大的中央集权政府，拥有所谓的"生态权威主义"，即不讲废话、不妥协，自上而下实施环保政策。因此，它能投入高昂的成本大规模地部署绿色基础设施就不足为奇了。在新加坡，自然永远是一种资源。但过去它往往被利用到完全耗尽的地步。今天，人们对自然的态度是实用性的，它被设计成在充满变数的 21 世纪保护城市。

然而，其他城市也在适应，而且相对较快，它们不那么强制，往往也没那么繁荣。哥本哈根、武汉和费城等不同城市正在从硬工程转向软工程，利用自然水文来控制洪水。在原来遭到破坏的工业区，河流和海岸线正在恢复。柏林的萨基兰德和纽约的弗莱士河等公园是城市景观向更有野性的景观转变的例子。在其他地方，人们也开始相信自然植被的生态价值远高于修剪整齐的自然形式。在几乎所有的城市，人们都意识到，充分地恢复自然环境是保护城市长久存在的唯一途径。只有大片绿地、城市森林、湿地和清洁的水道才能降低温度并应付过量的水。这相当于默认过去两个多世纪以来，我们城市化的方式违背了自然规律并存在根本性错误，或者说，至少像蒂卡尔或吴哥这样的现代城市，并不是专为即将到来的极端气候而设计的。

有时，可以以廉价的成本让自然重回城市。当我们少开车，不再有整理、割草、除草和到处喷洒除草剂的冲动时，动植物会以惊人的速度重新在城市定居，而这必定会很快发生。然而，生态修复的成本往往极其高昂。富裕城市愿意投资这些修复计划告诉我们，这些计划现在作为缓解策略是多么必要。它也告诉我们，城市在发展时，以环境为中心规划城市更经济，而不是事后斥巨资，用森林、洪泛区、生活岸线（living shorelines）[1]和其他保障措施对其进行改造。

我们会吸取教训吗？在过去四五十年中，快速城市化已成为国家和个人提升自己的途径。在世界许多地方，涌入城市是没有提前计划的，尤其是世界上那些生物多样性丰富，又易

---

1 指供居民游憩的滨海和滨河公园、浴场、水上游乐和水上体育活动场所。

受热浪、洪水、干旱和海平面上升影响的地区。这种规模和速度的城市化往往很少考虑环境，它与全球北方不受约束的历史阶段中的城市化没有不同。发生严重破坏后，超大城市变得无法居住，那时吸取教训也许为时已晚。

雅加达已经在蒂卡尔和吴哥之后重蹈覆辙。也许在它被大海吞没之前就放弃是对的：印度尼西亚政府斥资数十亿将首都迁往婆罗洲岛东加里曼丹省的雨林。在布宜诺斯艾利斯和马斯喀特等缺少绿地的城市，气温上升速度远高于地区平均水平，令人难以忍受。如我们所看到的，在没有大片树冠和开阔水域的建筑区域，温度比周围高出 10℃。马尼拉湾水位的上升速度是全球平均水平的 4 倍，这是破坏该地区保护性红树林的结果。有 1 400 万人口的天津是中国最大的城市之一，到 21 世纪末，那里的极端湿度和高温将使平均温度超出当前水平 2℃~5℃，可能会不适合居住。此外，除非采取缓解策略，否则大部分都市圈可能会被淹没。世界上一些负担不起昂贵改造费用的低洼城市，也将被淹没。如果海平面上升 50 厘米到 1 米之间，拉各斯、亚历山德里亚、阿比让、班珠尔和达卡的大片地区将被淹没。全世界的城市都需要效仿新加坡，这一点再清楚不过了。

如果事情这么简单就好了。

那些有资源和政治意愿来改造并缓解这一情况的城市，将最有可能找到这样做的途径。它们将成为人类世的堡垒，运用硬工程和软工程来保持合理的生活质量。这会不可避免地增加贫富差距：历来与绿色植物共生是富人的特权。大约有 10 亿人住在贫民窟和非正规住区。亚洲和非洲有一半的城市人口，拉丁美洲和加勒比海地区有 1/4 的城市人口，缺乏充足的基本基础设施，包括电力、干净的水和卫生设施，更不要说空地、树木或排水系统等对调节微气候必不可少的绿色基础设施。他们往往是迫不得已才占据了洪泛区、干涸的湿地、低洼海岸、垃圾堆和山坡，而这些地方已经容易受到自然灾害的影响，并且显然缺乏本书所描述的生态系统提供的服务。那里的居住者是对气候变化影响很少的人，然而他们将首当其冲地受到伤害。拉各斯、达累斯萨拉姆和内罗毕等城市为数百万人提供脱贫的途径，而它们发挥潜力之前，很可能已经被淹没在水下或热得难以忍受。

许多特大城市，尤其是那些缺乏稳定政府的城市，正在变成危险地带。即便如此，极端天气条件已经迫使农村人出于安全的考虑搬入城市；当情况变危险时，城市就是堡垒，而且我们应该会看到至少数百万的气候难民使全球的城市人口膨胀。本书的一个重要主题是人们的理想城市和已经发展出的实际城市之间存在冲突。为了捍卫伦敦的古老荒地、柏林的森林、班加罗尔的菩提树，以及德里的古老森林，抗议者们举行的游行示威就是这方面的例子。全世界城市里的人们都是如此，他们一再强调自己有权在无情的城市土地上耕种，以获得快乐并维持生计。城市曾经在边缘地带有很多公地，城市居民可以进入崎岖不平的自然环境，在那里获得消遣并收集资源。

那是因为城市自然以生态服务的形式给我们提供了丰厚的回报。树木为我们遮阴又美化混凝土丛林。无论在哪儿，生物多样性都可以改善我们的情绪，使生活变得可以忍受，它也为人们提供食物和药材。住在贫民窟的人最少接触自然，但他们是最需要自然的人群。哈里尼·纳根德拉在她对班加罗尔非正规住区生态的研究中发现，自然存在的地方提供了一系列公共产品。尽管这些住区比富裕街区的树木少得多，但其中有一半可供药用，比如鼓槌树、苦楝树、菩提树和水黄皮，还有1/3 是果树，最常见的是椰子、樱桃、芒果和蒲桃。高大细长的鼓槌树可以挤进狭窄的贫民窟，为那里的户外活动遮阴，它的种子可以烹饪，叶子可以食用，富含铁元素和维生素。草药也经常被种在窗台和屋顶上，以及废弃的油漆罐、旧炊具、塑料袋和电池罐中。

全球像这样的住区都严重缺乏与自然的接触。纳根德拉的受访者表达了想要更多树木和植物的强烈愿望。如果他们能设计自己的社区，那里将被茂密的水黄皮和苦楝树覆盖，这些树木因其药用价值和荫凉的树冠而备受推崇。涉及非正规住区时，城市规划中的绿色基础设施被排在优先级列表的末尾，生态可持续性很少被提及。因为城市生态对无法负担空调、富含维生素的食物和药物的最贫困的人们有更高的价值，在世界上许多最贫困、最具挑战性的城市，如果当地居民能更主动地采取行动，那里就会变得和更富有的大都市一样郁郁葱葱。在过去几十年里，随着班加罗尔的快速发展，它对自然的侵袭已经严重影响了贫民窟居民和移民。一座曾经以各种食用和药用植物为荣的城市，由于优先选择了观赏植物和草坪，而不是可供觅食的植物，从而导致环境的简化。自然曾是多用途的，但现在它只为观看。城市公地已向发展屈服。最弱势的群体所青睐的似乎是物种丰富度高、多样化的生态系统，与此相反，富人喜爱的是物种丰富度低的生态系统。我们有美化环境并利用自然作为营养与健康来源的本能。通常情况下，这种本能会违背我们的意愿而受到限制，就像大自然长期以来在城市中受限一样。[7]

但再多的树木、清洁的河流和生态花园也无法扭转迫在眉睫的灾难，它们只是暂时延缓影响。"城市中的自然"（nature in the city）这一概念变得越来越重要，但更重要的问题是"自然中的城市"（the city in nature）。

生态系统由生物和非生物成分之间复杂的交互关系构成。生命之网由营养循环和能量流动紧密相连。能量和碳元素通过光合作用进入并通过植物的活组织转移到有机体中。营养物质在植物、动物、微生物和土壤之间，通过进食以及分解死亡的有机物和排泄物进行交换。所有生态系统都会受到干扰，有时甚至是剧烈的干扰，但这些生态系统能够吸收和适应这种冲击，并恢复平衡，这就是所谓的"生态恢复力"。

跟任何生态系统一样，21 世纪的城市要能应对严重且不可预测的环境冲击。但是，尽管城市是生态系统，其行事方式却并不如此。城市吸收了大量的能量和营养，但只是将它们作为污染物、污水、热量和固体垃圾排出，或者将它们封锁在地下水和垃圾填埋场中。在野生生态系统中，流动是环形的，大部分的输入物质被循环利用；而城市生态系统中，流动是线性过程，是一条单行道。

将城市组织成贪婪的输入输出机器，对环境造成了严重的影响。今天，超过50%的人口实现了城市化，但城市产生了全球75%的碳排放量。它们每年从地球开采400亿吨的物质资源，到21世纪中叶，这个数值将达到900亿吨。正如我们所见，城市吸收了大量的养分，而这些养分却没能回归土地，给它施肥。当城市在能源、燃料、食物、水和其他原材料方面不再自给自足时，它们开始给地球带来越来越沉重的负担；随着城市人口的增加，以及随之而来的更大繁荣，城市对物质资源的需求变得越来越危险。由于能源、养分和消费品通过管道、电线和长距离供应链进口，再通过下水道和垃圾填埋场输出，大部分由城市造成的生态破坏被掩盖了。现在，由于使用了大数据，我们可以测量城市足迹，并详细分析能源和资源从原产地到排出的流动情况。发达国家城市约有63%的二氧化碳排放来自其他地方生产但由城市消耗的产品和材料。大量的环境破坏是看不见的。

城市是不可持续的。它们处于环境灾害的前线，将与其大多数居民一起首当其冲地承受灾害的影响。气候变化是城市问题，因此，它需要城市提供解决方案。

建设一座完全循环的城市是阿姆斯特丹正努力要在 2050 年实现的目标。荷兰首都是 17 世纪初现代金融资本主义的发源地。今天，它有一项雄心勃勃的计划，要在 21 世纪重新定义资本主义。荷兰人是贸易和金融领域的先驱，在高度城市化、地势低洼的荷兰，人们始终必须与自然取得平衡，学会与水和洪水共处。荷兰城市极易受气候变化的影响，因此在 2020 年 4 月新冠疫情席卷全球之际，阿姆斯特丹大胆地决定采用科学的措施，到 2050 年实现"至少像健康的当地生态系统那样运转的抱负"[8]。

使一座城市像自然生态系统那样发挥作用，就必须考虑所有进出的多种多样的物质流（material flow）[1]。21 世纪 10 年代后期，阿姆斯特丹为自己举起一面镜子，但它却不喜欢反射回来的景象。这座大城市与发达国家的所有城市一样，消耗资源的方式直接损害了地球的生命支持系统。它贪婪地消耗地球资源，却不能给予回报。问题的核心是权力。阿姆斯特丹正直接为它的能量需求负责。到 2030 年，它将通过使用附近的太阳能阵列、风电场和生物质发电机生产 80% 的能源。其中生产的一半能源将来自社区合作社和企业安装的太阳能电池板。再次实现能源生产自给自足的愿望，并不局限于阿姆斯特丹。加的斯拥有自己的电力公司，给 80% 的家庭提供可再生能源。

---

1 指生态系统中物质运动和转化的动态过程，主要包括地球化学循环过程和生物圈物质循环过程。

洛杉矶也有幸拥有一座公共能源设施。2021 年，洛杉矶市议会投票决定，到 2035 年 100% 使用可再生能源。这是城市具有的一项优势：城市住宅区的密度和规模意味着更高的资源效率。与中央政府相比，城市在控制资源流动、根据自身需求实施大规模改革方面，有更大的权力。城市意识到自身的脆弱性，因此准备好比国家更快速、更深入地采取行动。

在清洁能源方面，阿姆斯特丹超越了单纯的自给自足，它还试图使能量形成闭合的循环。早在 1851 年，亨利·梅休（Henry Mayhew）就对城市生态发表过评论："在自然中，一切都在循环中运动，不断发生变化，但又回到它的起点。……直到现在，我们只想过清除垃圾，脑海里却从未有过利用它的想法。直到科学教会我们一种创造秩序依赖于另一种创造秩序，我们才开始看到那些似乎没有用处的东西是大自然的资本，是给未来生产预备的财富。"

"废弃物并不存在，"阿姆斯特丹港的网站以同样的方式宣称，"只有等待被发现的价值。"阿姆斯特丹追求成为零浪费城市，以模仿自然过程并建立梅休所设想的循环性为核心。生物精炼厂从工业和生活有机废料中回收营养物和化学品。丢弃的食物被转化为堆肥、绿色能源和热量；用于油炸的脂肪被制成生物柴油。磷酸盐、方解石、纤维素和腐植酸从污水污泥和废水中提取。硬币的另一面是粮食生产，它离城市更近了，因此阿姆斯特丹得以消费其腹地的产品，而不是从数千英里外的地方进口。自给自足代表着向可持续发展迈进了一步。

最好一开始就不要产生废料。阿姆斯特丹希望到 2030 年将主要原材料的消耗量减半，并在之后的 20 年内形成完全循环、自给自足的经济体，以大幅度限制对环境造成的影响。在不牺牲生活质量的前提下实现这么大幅度的减排，需要大规模地回收、再利用、维修并改变用途，以无限延长大多数产品的生命周期。比如，纺织业是世界上污染最严重的产业，会留下大量的生态足迹。丢弃的衣服堆积如山，造成巨大的浪费，在阿姆斯特丹的大都市区每年可达 36 500 吨，而回收的衣服可以重新利用并制成低等级材料。阿姆斯特丹优先发展纺织纤维的回收利用，并用它制成优质服装，作为其新兴循环经济的核心。电子产品和家具也是如此。为了给消费者树立榜样，市政府利用其购买力率先只采购二手或翻新的电子产品和办公家具。它通过赞助共享平台、二手商店和维修服务，让阿姆斯特丹人更易养成同样的习惯。

建筑物及其施工占全球碳排放的 39%，其中大部分来自照明、供暖和制冷。随着城市化更进一步发展，世界建筑存量预计到 2060 年会翻倍，还有更多的碳等着被排放。如果阿姆斯特丹想在 21 世纪中叶将碳排放减少 95%，并实现完全循环经济，它将必须实施一系列引人注目的干预措施，以翻新其现有的建筑存量。单个建筑必须在生产能源以及水的收集与再利用方面变得自给自足。新建工程将必须循环利用混凝土，并使用木材等生物基原材料，使城市的构造本身遵循循环原则。

在新加坡，人与野生动植物的紧密联系是显而易见的，阿姆斯特丹希望以一种比新加坡更深入的方式"与自然和谐共生"。阿姆斯特丹是一座自由、有凝聚力且富裕的城市，有希望开展这种规模、复杂性和破坏性的试验。它将依赖市政府来激励个人、社区和随之而来的企业。委婉地说，结果还远未确定，若不经历一番很大程度的痛苦，它将无法实现。至少，当它力求在生活的各个方面实现循环性时，清楚地揭示了城市的新陈代谢过程有多么不自然。同时，只有在单个城市内才能促进循环经济发展，因为企业、消费者和生产者之间的距离很近，为材料和能源的再利用和回收提供了更多经济机会，更不用说提高的效率和减少的运输成本。在实现更可持续的生活方式方面，城市能够推动变革，在整个历史上那里都是创新发生的地方。我们有一丝乐观的理由。

就像4个世纪前荷兰的黄金时代一样，阿姆斯特丹正努力成为新方式的实验室。包括哥本哈根、费城、巴塞罗那、波特兰、奥斯汀和布鲁塞尔在内的城市，已经朝着零浪费的循环经济政策迈出了试探性的一步。在阿姆斯特丹看来，一座城市要形成健康的生态系统，仅仅种植树木、建造屋顶花园、净化河流和野生绿地是不够的；如果它仅仅掩盖了对别处自然的无情破坏，那么所做的这些都是徒劳。[9]

庄严的蜀葵披着亮粉色花朵，从人行道上长出来。这里曾有汽车停泊，车辆在街上一刻不停地来回穿梭。现在，它们消失了，取而代之的是蜀葵、千屈菜、鼠尾草和藤蔓月季，与茂密的灌木、密集的花朵、乔木和青草一起生长。这里现在是可以消磨时间的社交场所，人们在这里见面、聊天、玩耍和用餐，而不是匆忙地路过。

这里，在阿姆斯特丹的弗兰斯哈尔斯社区的街道上，你会发现完全的静谧和令人赞叹的绿意，车辆的喧嚣声已被鸟鸣和儿童玩耍的声音代替，灰色已被郁郁葱葱的绿色征服。在荷兰，人们称之为 knip，字面意思是"切割"，即使用障碍物隔离部分长街，仅允许车辆在送货和取货时驶入。阿姆斯特丹正在走向无车时代。随着占空间大的车辆消失，植物和动物搬了进来，人们也夺回了街道。那里再次成为人们在张开的树冠下交流的地方，一个生机勃勃而不是死气沉沉的区域。在一座城市，汽车可占用多达 40% 的公共空间。清除这些车辆，你就突然有了更多空间来容纳蜀葵和树木，更不用说人了。阿姆斯特丹循环经济的愿景之一是创建属于"人、植物和动物的城市"。也许有一天我们会意识到，一座能或多或少平等惠及所有这三者的城市，是适合居住的。弗兰斯哈尔斯社区是这种新型大城市的典范。

这些街道体现了城市生物群落的精华。毕竟城市现在是我们的栖息地。对汽车的依赖已经对城市造成了严重破坏，使街道变得不那么有趣，破坏了社区，并给空气带来大量污染。减少对私家车的依赖并不容易，我们对它们上瘾的程度很可怕。很明显，尽管大幅度减少城市的机动车辆是痛苦的，但这样做的益处会使城市变得更好。随着树木和口袋公园重新占据停车位和宽阔的道路，城市将更加环保。就像 21 世纪 20 年代安静的封城期间，更多的野生动物来到我们中间生活。

除了使街道更环保的环境效益，居住在健康的生态系统中能极大地改善我们的生活，降低压力水平和减少抑郁情绪，并提高我们的身体素质。对生物多样性和可持续性的追求应该作为终极目标，使我们居住的环境尽可能地成为最适合我们的环境。

纵观历史，城市的密集度使之富有生产力，能够营利，并适宜社交。密集度对环境也很有益，当我们停止向外扩张，就给自然留下了更多土地。如果我们更多地步行、骑自行车并乘坐公共交通工具，也会减少燃烧石油。另一个我们进一步向外扩张的原因是为了亲近自然，被花园、广阔的天空和开敞空间包围，但我们也破坏了所钟爱的自然，因为不受限制的城市扩张对自然来说是致命的。然而，事情正在发生变化，而且变化得很快。人口稠密不再意味着你必须远离自然生活，在地球上，我们正以前所未有的方式使野生动物融入城市组织。也许更重要的是，我们发现，城市生态系统对地球健康起到至关重要的作用。

2019 年，伦敦成为世界上第一座国家公园城市。为什么不呢？它有近一半的绿化面积，60% 无建筑物的土地。在英国首都，有 14 000 种不同的植物、动物和真菌，大城市约有 20% 的表面积由重要自然保护地点组成。该称号明确地认可了所有城市中丰富而独特的生物多样性。它标志着人们不再把自然视为只属于公园等指定的城市空间，在伦敦乃至每个城市，自然无处不在，做着它最擅长的事情或学习新技巧。"游击式地理学家"、伦敦国家公园城市项目背后的智囊丹尼尔·雷文-埃利森（Daniel Raven-Ellison）说，该项目使人以不同的方式看待和对待城市。将国家公园概念应用到伦敦引出了以下问题："自然是什么？它与人类的界线在哪里？"[10]

漫步在纽约弗莱士河公园新生的草地或柏林萨基兰德自然公园成熟的森林中，走进班加罗尔的微型丛林或法兰克福的野花草地，沿着修复自然生态的河流蜿蜒前行或穿过恢复后的城市湿地，迷失在达拉斯的大三一森林或德里的曼加尔巴尼：野性正成为现代城市的显著特征。未来的公共空间围绕着自然再生和野性等概念进行建设。但你甚至不需要去这些地方，因为每一条街道、每一堵墙、每一片空地、每一个建筑工地、每一座花园和每一道混凝土缝隙，都是各种生命的家园。如果我们学会重新解读城市，一个生态系统就在我们眼前成形。散步也可以变成一场城市探奇之旅。

随着我们更多地了解城市中的自然过程和动物生活，我们肯定会开始以截然不同的眼光看待城市世界，把它看作自然之中而不是自然之外的一种存在。如果我们允许，我们对自然的需求以及对社交与文化的需求都可以得到满足。城市应该成为 21 世纪的保护区，是值得我们保护和培育的生态系统。奇迹就发生在我们的家门口。

致　谢

　　我要感谢以下各位的帮助、辛勤工作及建议：克莱尔·康维尔、贝亚·亨明、亚历克斯·拉塞尔、艾莉森·戴维斯、露西·贝雷斯福德-诺克斯、克拉拉·欧文、克丽丝汀·普奥波罗、安娜·埃斯皮诺萨、安妮·杰奎内特、塞尔瓦托·鲁杰罗、埃琳娜·赫尔希、比吉塔·拉贝、尼古拉斯·罗斯和鲁瓦森·罗坦·琼斯。还要衷心感谢为城市更加环保而战的本杰明·沃伊特（Benjamin Voight），他撰写了两部重要著作：《新园林伦理》（*A New Garden Ethic*）与《草原崛起：自然园林设计导论》（*Prairie Up: An Introduction to Natural Garden Design*）。

注 释

前 言

[1]   C. Y. Jim, "Old Stone Walls as an Ecological Habitat for Urban Trees in Hong Kong", *Landscape and Urban Planning*, 42/1 (July 1998); Christopher Dewolf, "A Tree Worthy of Worship: Hong Kong's Banyans", *Zolima City Mag*, 1/6/2016; Chi Yung Jim, "Impacts of Intensive Urbanization on Trees in Hong Kong", *Environmental Conservation*, 25/2 (June 1998), p. 115. Bureau of Forestry and Landscaping of Guangzhou Municipality, 'Description on the Improvement of Road Greening Quality in Guangzhou', 31/5/2021, http://lyylj.gz.gov.cn/zmhd/rdhy/content/post_7308343.html.

[2]   Anthony Reid, "The Structure of Cities in Southeast Asia, Fifteenth to Seventeenth Centuries", *Journal of Southeast Asian Studies*, 11/2 (Sept.1980), p. 241.

[3]   Richard A. Fuller *et al*, "Psychological Benefits of Greenspace Increase with Biodiversity", *Biology Letters*, 3/4 (Aug. 2007).

第 1 章   边缘地带

[1]   T. McGee, "Urbanisasi or Kotadesasi? Evolving patterns of urbanization in Asia", in F. J. Costa et al (eds.), *Urbanisation in Asia* (Honolulu, 1989); T. McGee, "The Emergence of Desakota Regions in Asia: expanding a

hypothesis"，in N. Ginbsberg et al (eds.), *The Extended Metropolis: settlement transition in Asia* (Honolulu, 1991); Stephen Cairns, "Troubling Real-estate: Reflecting on Urban Form in Southeast Asia"，in T. Bunnell, L. Drummond and K. C. Ho (eds.), *Critical Reflections on Cities in Southeast Asia* (Singapore, 2002).

[2] Ross Barrett, "Speculations in Paint: Ernest Lawson and the urbanization of New York"，*Winterhur Portfolio*, 42/1 (Spring 2008); James Reuel Smith, *Springs and Wells of Manhattan and the Bronx, New York City, at the End of the Nineteenth Century* (New York, 1938), pp. 48–50, 97–98.

[3] Ted Steinberg, *Gotham Unbound: the ecological history of Greater New York* (New York, 2014), pp. 90ff, 207, 217, 269.

[4] *Ibid.*, pp. 269, 283, 293.

[5] *Ibid.*, p. 281; Samuel J. Kearing, "The Politics of Garbage"，*New York*, April 1970, p. 32.

[6] Steinberg, p. 269.

[7] K. Gardner, *Global Migrants, Local Lives* (Oxford, 1995), p. 23.

[8] Ben Wilson, *Metropolis: a history of humankind's greatest invention* (London, 2020), pp. 354f（中译本见 [英] 本·威尔逊:《大城市的兴衰：人类文明的乌托邦与反乌托邦》，龚昊、乌媛译，长沙，湖南文艺出版社，2023 年 ）; Karen C. Seto, Burak Güneralp and Lucy R. Hutyra, "Global Forecasts of Urban Expansion to 2030 and Direct Impacts on Biodiversity and Carbon Pools"，*PNAS*, 109/40 (Oct. 2012); "Hotspot Cities"，Atlas for the End of the World, http://atlas-for-the-end-of-the-world.com/hotspot_cities_main.html; B Güneralp and K. C. Seto, "Futures of Global Urban Expansion: uncertainties and implications for biodiversity conservation"，*Environmental Research Letters*, 8 (2013).

[9] Kristin Poling, *Germany's Urban Frontiers: nature and history on the edge of the nineteenth-century city* (Pittsburgh, 2020), pp. 19ff.

[10] C. D. Preston, "Engulfed by Suburbia or Destroyed by the Plough: the ecology of extinction in Middlesex and Cambridgeshire"，*Watsonia*, 23 (2000), p. 73; Sir Richard Phillips, *A Morning's Walk from London to*

Kew (London, 1817), p. 156; Walter George Bell, *Where London Sleeps: historical journeyings into the suburbs* (London, 1926), p. 43.

[11] Walter Besant, *South London* (London, 1912), p. 308; William Bardwell, *Healthy Homes, and How to Make Them* (London, 1854), pp. 45–50.

[12] John Stow, *A Survey of London, written in the year 1598* (London, 1842), p. 38; Steinberg, pp. 214–215, 250; Poling, ch. 4.

[13] Leigh Hunt, "On the Suburbs of Genoa and the Country about London", *Literary Examiner*, 16/8/1823, p. 98; Thomas de Quincey, *Confessions of an English Opium-eater* (Edinburgh, 1856), pp. 189–190. (中译本见 [英] 托马斯·德·昆西:《一个英国瘾君子的自白》, 于中华译, 北京, 中国对外翻译出版有限公司, 2012 年。)

[14] Ben Wilson, *The Laughter of Triumph: William Hone and the fight for the free press* (London, 2005), p. 360.

[15] Michael Rawson, "The March of Bricks and Mortar", *Environmental History*, 17/4 (Oct. 2012), p. 844.

[16] Phillips, p. 171; Élie Halévy, *A History of the English People in the Nineteenth Century: England in 1815* (London, 1924), p. 202.

[17] Neil P. Thornton, "The Taming of London's Commons" [unpublished PhD thesis] (University of Adelaide, 1988), pp. 41ff.

[18] Rawson, p. 848ff.

[19] H. J. Dyos, *Victorian Suburb: a study of the growth of Camberwell* (Leicester, 1973), pp. 19–20, 56ff.

[20] J. C. Loudon, "Hints for Breathing Places for the Metropolis", *Gardener's Magazine*, 5, (1829), pp. 686–690.

[21] Alona Martinez Perez, "Garden Cities, Suburbs and Fringes: the Green Belt in a global setting", in P. Bishop *et al* (eds.), *Repurposing the Green Belt in the 21st Century* (London, 2020), pp. 60ff.

[22] Frank Lloyd Wright, "Experimenting with Human Lives" (1923), in *Collected Writings*, i, p. 172.

[23] Jens Lachmund, *Greening Berlin: the co-production of science, politics, and urban nature* (Cambridge, Mass., 2013), p. 29.

[24] Barry A. Jackisch, "The Nature of Berlin: green space and visions of a new German capital, 1900—1945", *Central European History*, 47/2 (June 2014), 216ff; P. Abercrombie and J. Forshaw, *County of London Plan Prepared for the LCC, 1943* (London, 1943), p. 39.

[25] Mark A. Goddard *et al*, "Scaling up from Gardens: biodiversity conservation in urban environments", *Trends in Ecology and Evolution*, 25/2 (Feb. 2010), p. 90.

[26] Sarah Bilson, " 'They Congregate in Towns and Suburbs' : the shape of middle-class life in John Claudius Loudon's *The Suburban Gardener*", *Victorian Review* 37/1 (Spring 2011); Howard Leathlean, "Loudon's *Gardener's Magazine* and the morality of landscape", *Ecumene*, 4/1 (Jan. 1997).

[27] John Claudius Loudon, *The Suburban Gardener, and Villa Companion* (London, 1838), pp. 330ff.

[28] Gillen D'Arcy Wood, "Leigh Hunt's New Suburbia: an eco-historical study in climate poetics and public health", *Interdisciplinary Studies in Literature and Environment* 18/3 (Summer 2011), p. 530.

[29] Susan M. Neild, "Colonial Urbanism: the development of Madras City in the Eighteenth and Nineteenth Centuries", *Modern Asian Studies*, 13/2(1979), p. 241ff; John Archer, "Colonial Suburbs in South Asia, 1700—1850, and the Spaces of Modernity", in Roger Silverstone (ed.), *Visions of Suburbia* (London, 1997), pp. 1–25; Mark Girouard, *Cities and People: a social and architectural history* (New Haven, 1985), pp. 242, 277–280; Todd Kuchta, *Semi-Detached Empire: suburbia and the colonization of Britain, 1880 to the present* (Charlottesville, 2010), pp. 18ff; Eugenia W. Herbert, *Flora's Empire: British gardens in India* (Philadelphia, 2011), ch. 1.

[30] Margaret Willes, *The Gardens of the British Working Class* (New Haven, 2014), pp. 251f, 271f, 338.

[31] *Ibid.*, p. 318.

[32] *Ibid.*, p. 319–320.

[33] Charles S. Elton, *The Pattern of Animal Communities* (London, 1966), p. 78.

[34]   Jennifer Owen, *The Ecology of a Garden: a thirty-year study* (London, 2010).

[35]   关于花园生态的进一步研究，参见：http://www.bugs. group.shef.ac.uk/ BUGS1/updates.html. 比较研究参见：Kevin J. Gaston and Sian Gaston, "Urban Gardens and Biodiversity", in Ian Douglas *et al* (eds.), *The Routledge Handbook of Urban Ecology* (London, 2011), pp. 451ff.

[36]   K. Thompson *et al*, "Urban Domestic Gardens (III): composition and diversity of lawn floras", *Journal of Vegetation Science*, 15 (2004); Herbert Sukopp, "Berlin", in John G. Kelcey *et al* (eds.), *Plants and Habitats of European Cities* (New York, 2011), p. 65.

[37]   D. Macaulay *et al* (eds.), *Royal Horticultural Society Plant Finder 2002— 2003* (London, 2002).

[38]   William H. Whyte, "Urban Sprawl", *Fortune*, Jan. 1958, 103.

[39]   Christopher C. Sellers, *Crabgrass Crucible: suburban nature and the rise of environmentalism in twentieth-century America* (Chapel Hill, 2012), pp. 156, 164; Meghan Avolio *et al*, "Urban Plant Diversity in Los Angeles, California: species and functional type turnover in cultivated landscapes", *Plants, People, Planet*, 2/2 (March, 2020), pp. 144–156.

[40]   Sellers, pp. 157–159.

[41]   Norbert Müller *et al*, "Patterns and Trends in Urban Biodiversity and Landscape Design", in Thomas Elmqvist *et al* (eds.), *Urbanization, Biodiversity and Ecosystem Services: challenges and opportunities* (Dordrecht, 2013), p. 128; P. P. Garcilán *et al*, "Analysis of the non-native flora of Ensenada, a fast-growing city in northwestern Baja California", *Urban Ecosystems*, 12/4 (Dec. 2009), pp. 449–463; A. Pauchard *et al*, "Multiple Effects of Urbanization on the Biodiversity of Developing Countries: the case of a fast-growing metropolitan area (Concepción, Chile)", *Biological Conservation*, 127 (Jan. 2006), pp. 272–281.

[42]   R. Decandido, "Recent Changes in Plant Species Diversity in Urban Pelham Bay Park, 1947—1998", *Biological Conservation*, 120/1 (Nov. 2004), pp. 129–136; Decandido *et al*, "The Naturally Occurring Historical and Extant

Flora of Central Park", New York City, New York (1857—2007), *Journal of the Torrey Botanical Society*, 134/4 (2007), pp. 552–569.

[43] Greater London Authority, *Crazy Paving: the environmental importance of London's front gardens* (London, 2005).

[44] *Ibid*.; Conor Dougherty, "Where the Suburbs End", *New York Times*, 8/10/2021; Diederik Baazil, "One Way to Green a City: knock out the tiles", Bloomberg City Lab, 5/1/2021, https://www.bloomberg.com/news/features/2021-01-05/how-dutch-cities-are-creating-more-green-space.

[45] Preston Lerner, "Whither the Lawn", *Los Angeles Times*, 4/5/2003.

[46] *Ibid*.

[47] John Vidal, "A Bleak Corner of Essex is being hailed as England's Rainforest", *Guardian*, 3/5/2003.

[48] Steinberg, p. 154.

[49] Jodi A. Hilty *et al*, *Corridor Ecology: linking landscapes for biodiversity conservation and climate adaptation* (Washington D.C., 2019); Aysel Uslu and Nasim Shakouri, "Urban Landscape Design and Biodiversity", in Murat Ozyavuz (ed.), *Advances in Landscape Architecture* (Rijeka, 2013); Briony Norton *et al*, "Urban Biodiversity and Landscape Ecology: patterns, processes and planning", *Current Landscape Ecology Reports*, 1 (2016); Ellen Damschen *et al*, "Corridors Increase Plant Species Richness at Large Scales", *Science*, 313 (Sept. 2006); Holly Kirk *et al*, "Building Biodiversity into the Urban Fabric: a case study in applying Biodiversity Sensitive Urban Design (BSUD)", *Urban Forestry and Urban Greening*, 62 (July 2021).

第 2 章 公园与休闲

[1] Field Operations, "Fresh Kills Park: draft master plan" (New York, 2006), https://freshkillspark.org/wp-content/uploads/2013/07/Fresh-Kills-Park-Draft-Master-Plan.pdf; Madeline Gressel, "Reinventing Staten Island: the ecological philosophy of turning a garbage dump into a park", *Nautilus*, 12/7/2017, https://nautil.us/issue/62/systems/reinventing-staten-island-rp.

[2]   M. F. Quigley, "Potemkin Gardens: biodiversity in small designed landscapes", in J. Niemelä et al (eds.), *Urban Ecology: patterns, processes and applications* (New York, 2011).

[3]   Rabun Taylor et al, "*Rus in Urbe*: a garden city", in Rabun Taylor et al (eds.), *Rome: an urban history from antiquity to the present* (Cambridge, 2016).

[4]   María Elena Bernal-García, "Dance of Time: the procession of space at Mexico-Tenochtitlan's desert garden", in Michael Conan, *Sacred Gardens and Landscapes: ritual and agency* (Washington D.C., 2007).

[5]   Ali Mohammad Khan, *Mirat-i-Ahamadi*, trans. Syed Nawab Ali, 2 vols. (Baroda, 1927—1930), Supplement, p. 22.

[6]   The Marchioness of Dufferin and Ava, *Our Viceregal Life in India: selections from my journal, 1884—1888*, 2 vols. (London, 1890), vol. 1, p. 138.

[7]   F. L. Olmsted, "Public Parks and the Enlargement of Towns", *Journal of Social Sciences: containing the transactions of the American Association*, 3 (1871), p. 27.

[8]   "Particulars of Construction and Estimate for a Plan of the Central Park", *Documents of the Assembly of the State of New York*, 64, 9/2/1860, appendix A, p. 14; Carol. J. Nicholson, "Elegance and Grass Roots: the neglected philosophy of Frederick Law Olmsted", *Transactions of the Charles S. Peirce Society*, 40/2 (Spring 2004).

[9]   Tim Richardson, *The Arcadian Friends: inventing the English landscape Garden* (London, 2007), ch. 8 *passim*.

[10]   John Claudius Loudon, *The Suburban Gardener, and Villa Companion* (London, 1838), p. 137.

[11]   J. C. Loudon and Joseph Strutt, *The Derby Arboretum* (London, 1840), p. 83.

[12]   Morrison H. Heckscher, *Creating Central Park* (New York, 2008), p. 12.

[13]   Frederick Law Olmsted, *Walks and Talks of an American Farmer in England* (Columbus, Ohio, 1859), p. 62.

[14]   Charles E. Beveridge and Paul Rocheleau, *Frederick Law Olmsted: designing*

the American landscape (New York, 1998), p. 48; Olmsted, "Public Parks, 34; George L. Scheper, "The Reformist Vision of Frederick Law Olmsted and the Poetics of Park Design", *The New England Quarterly*, 62/3 (Sept. 1989).

[15]   *The Times*, 7/9/1847.

[16]   Oliver Gilbert, *The Ecology of Urban Habitats* (London, 1989).

[17]   Maria Ignatieva and Glenn Stewart, "Homogeneity of Urban Biotopes and Similarity of Landscape Design Language in Former Colonial Cities", in Mark McDonnell *et al* (eds.), *Ecology of Cities and Towns: a comparative approach* (Cambridge, 2009).

[18]   C. M. Villiers-Stuart, *Gardens of the Great Mughals* (London, 1913), p. 336; cf. pp. 48, 53–55, 90, 208, 213, 240, 264–266.

[19]   *Ibid.*, p. 16; George Curzon, 1st Marquess Curzon of Kedleston, "The Queen Victoria Memorial Hall in India", *The Nineteenth Century and After, a Monthly Review*, 39 (Jan.–June 1901), pp. 949–959.

[20]   Maria Ignatieva and Karin Ahrné, "Biodiverse Green Infrastructure for the 21st Century: from 'green desert' of lawns to biophilic cities", *Journal of Architecture and Urbanism* 37/1 (March 2013), p. 3; Maria Ignatieva *et al*, "Lawns in Cities: from a globalised urban green space phenomenon to sustainable nature-based solutions", *Land,* 9 (March 2020).

[21]   Nigel Reeve, "Managing for Biodiversity in London's Royal Parks", lecture, Gresham College, 9/10/2006.

[22]   Fengping Yang *et al*; Ignatieva and Ahrné (2013); Ignatieva *et al* (2020); "Blades of Glory: America's love affair with lawns", *The Week*, 8/1/2015.

[23]   Norbert Müller *et al*, pp. 136ff; C. Meurk, "Beyond the Forest: restoring the 'herbs'", in I. Spellerberg and D. Given (eds.), *Going Native* (Christchurch, 2004); G. H. Stewart *et al*, "URban Biotopes of Aotearoa New Zealand (URBANZ) (I): composition and diversity of temperate urban lawns in Christchurch", *Urban Ecosystems*, 12 (2009).

[24]   Saraswathy Nagarajan, "Woke Gardeners Replace Green Deserts with Urban Jungle", *Hindu*, 6/10/2021; Raghvendra Vanjari *et al*, "The Other Side

of Development IV: green carpet or green desert?", Small Farm Dynamics in India blog, https://smallfarmdynamics.blog/2018/09/04/green-carpet-or-green-desert/#_ftn1.

[25]   Harini Nagendra, "Protecting Urban Nature: lessons from ecological history", *Hindu*, 10/10/2016.

[26]   "Encroachments on Epping Forest: demonstration on Wanstead Flats", *Illustrated Times*, 15/7/1871; "The Epping Forest Agitation: meeting at Wanstead Flats", *Morning Advertiser*, 10/7/1871; "The Epping Forest Agitation– Meeting on Wanstead Flats– Destruction of Fences", *Standard*, 10/7/1871.

[27]   "Wanstead Flats", *The Graphic*, 15/7/1871; Parliamentary Papers, *Special Report from the Select Committee on Metropolitan Commons Act (1866) Amendment Bill*, pp. 1868—1869 (333), X, 507, q. 257.

[28]   Parl. Debs. (series 3) vol. 176, col. 434 (28/6/1864).

[29]   W. Ivor Jennings, *Royal Commission on Common Land 1955—1958* (London, 1958), p. 455.

[30]   Reeve.

[31]   Steen Eiler Rasmussen, *London: the unique city* (London, 1937), pp. 333–338.

[32]   Stefan Bechtel, *Mr Hornaday's War: how a peculiar Victorian zookeeper waged a lonely crusade for wildlife that changed the world* (Boston, 2012).

[33]   Ignatieva and Ahrné (2013).

[34]   Alec Brownlow, "Inherited Fragmentations and Narratives of Environmental Control in Entrepreneurial Philadelphia", in Nik Heynen *et al* (eds.), *In the Nature of Cities: urban political ecology and the politics of urban metabolism* (Abingdon, 2006).

[35]   Tom Burr, "Circa 1977, Platzspitz Park Installation", in Joel Sanders (ed.), *Stud: architectures of masculinity* (Abingdon, 1996).

第 3 章　混凝土缝隙

[1]   Jens Lachmund, "Exploring the City of Rubble: botanical fieldwork in

bombed cities in Germany after World War II", *Osiris*2, 18 (2003), p. 242.

[2]　　Ibid., p. 239; *Washington Post*, 13/10/1946.

[3]　　R. S. R. Fitter, *London's Natural History* (London, 1945), pp. 73, 132, 231; Job Edward Lousley, "The Pioneer Flora of Bombed Sites in Central London", *Botanical Society and Exchange Club of the British Isles*, 12/5 (1941—1942), p. 528.

[4]　　Lousley, 529; "Flowers on Bombed Sites", *Times*, 3/5/1945; Edward James Salisbury, "The Flora of Bombed Areas", *Nature*, p. 151 (April, 1943); Fitter, appendix.

[5]　　Philip Lawton et al, "Natura Urbana: the brachen of Berlin", *The AAG Review of Books*, 7/3 (2019), p. 220.

[6]　　Herbert Sukopp, "Flora and Vegetation Reflecting the Urban History of Berlin", *Die Erde*, 134 (2003), p. 308.

[7]　　Fitter, pp. 123ff; Lachmund (2013), p. 55; Sukopp, "Flora and Vegetation" (2003), p. 310.

[8]　　John Kieran, *Natural History of New York City* (NY, 1959), p. 18.

[9]　　Lachmund (2003), p. 241; Lachmund (2013), pp. 52ff.

[10]　　Lachmund (2013), pp. 54–59.

[11]　　Herbert Sukopp and Angelica Wurzel, "The Effects of Climate Change on the Vegetation of Central European Cities", *Urban Habitats*, 24 (Dec. 2003), https://www.urbanhabitats.org/v01n01/climatechange_full.html. 关于祖科普的国际影响，参见: Ingo Kowarik, "Herbert Sukopp– an inspiring pioneer in the field of urban ecology", *Urban Ecosystems*, 23 (March 2020).

[12]　　Sukopp, "Flora and Vegetation" (2003), p. 310.

[13]　　Lachmund (2013), p. 74; Sukopp, "Flora and Vegetation" (2003), 308.

[14]　　Lachmund (2013), pp. 77ff, 84.

[15]　　Ibid., pp. 97f.

[16]　　Herbert Sukopp et al, "The Soil, Flora, and Vegetation of Berlin's Waste Lands", in Ian C. Laurie (ed.), *Nature in Cities: the natural environment in the design and development of urban green space* (Chichester, 1979), pp.

121–122, 123, 127, 130.

[17] Neil Clayton, "Weeds, People and Contested Places", *Environment and History*, 9/3 (Aug. 2003).

[18] Herbert Sukopp, "On the Early History of Urban Ecology in Europe", in John M. Marzluff *et al* (eds.), *Urban Ecology: an international perspective on the interaction between humans and nature* (NY, 2008), p. 84.

[19] Fitter, p. 192.

[20] Sukopp (2008), p. 81.

[21] Zachary J. S. Falck, *Weeds: an environmental history of metropolitan America* (Pittsburgh, 2016), p. 27.

[22] *Ibid.*, pp. 3–4.

[23] *Ibid.*, pp. 36, 61–62.

[24] Joseph Vallot, *Essai sur la Flore du Pavé de Paris Limité aux Boulevards Extérieurs* (Paris, 1884), p. 2.

[25] Falck, pp. 25ff.

[26] *Ibid.*, p. 44.

[27] "Urban Wildflowers", *New York Times*, 20/5/1985, col. 5.

[28] *New York Times*, 1/9/1983.

[29] Lachmund (2013), ch. 3 *passim*.

[30] *Ibid.*, pp. 148ff.

[31] Lachmund (2013), pp. 66–67, 165ff, 180ff.

[32] *Ibid.*, pp. 172ff.

[33] Falck, p. 95; Timon McPhearson and Katinka Wijsman, "Transitioning Complex Urban Systems: the importance of urban ecology for sustainability in New York City", in Niki Frantzeskaki *et al* (eds.), *Urban Sustainability Transitions* (New York, 2017), pp. 71–72.

[34] Richard Mabey, *Weeds: in defense of nature's most unloved plants* (New York, 2010), p. 20.

[35] Peleg Kremer *et al*, "A Social-ecological Assessment of Vacant Lots in New York City", *Landscape and Urban Planning*, 120 (Dec. 2013), pp. 218–233.

[36]　Sébastien Bonthoux, "More Than Weeds: spontaneous vegetation in streets as a neglected element of urban biodiversity", *Landscape and Urban Planning*, 185 (May 2019); Sukopp, "Berlin" (2011), p. 71.

[37]　Adrian J. Marshall *et al*, "From Little Things: more than a third of public green space is road verge", *Urban Forestry and Urban Greening*, 44 (Aug. 2019); Megan Backhouse, "Nature Strips Gardening Enthusiasm Grows, But New Guidelines Dampen Cheer", *The Age*, 24/12/2021, https://www. tijdelijkenatuur.nl/.

第 4 章　树　冠

[1]　Sohail Hashmi, "Last Forest Standing", *Hindu*, 11/8/2012; Shilpy Arora, "The Doughty Dhau, and why it's important to the Aravali ecosystem", *Times of India*, 7/1/2019; Pradip Krishen, *Trees of Delhi: a field guide* (Delhi, 2006), pp. 90ff.

[2]　Rama Lakshmi, "Villagers Just Protected a Sacred Forest Outside India's Polluted Capital", *Washington Post* 1/5/2016.

[3]　*Ibid.*

[4]　Shily Arora, "Saving Mangar Bani", *Times of India*, 4/10/2018.

[5]　Syed Shaz, "Knock on Woods", *Hindu Businessline* 28/4/2021.

[6]　Tetsuya Matsui, "Meiji Shrine: an early old-growth forest creation in Tokyo", *Ecological Restoration*, 14/1 (Jan. 1996); Shinji Isoya, "Creating Serenity: the construction of the Meiji Shrine Forest", *Nippon.com*, 8/7/2020, https://www.nippon.com/en/japan-topics/g00866/.

[7]　Henry W. Lawrence, "Origins of the Tree-lined Boulevard", *Geographical Review*, 78/4 (Oct. 1988); Henry W. Lawrence, *City Trees: a historical geography from the Renaissance through the nineteenth century* (Charlottesville, 2006), pp. 38f, 54ff.

[8]　Lawrence (2006), pp. 32ff.

[9]　*Ibid.*, pp. 34ff, 39ff.

[10]　*Ibid.*, pp. 42ff.

[11]　Peter Kalm, *Travels into North America*, 2 vols. (London, 1772), vol. 1, pp.

193–194.

[12] David Gobel, "Interweaving Country and City in the Urban Design of Savannah, Georgia", *Global Environment*, 9/1 (2016).

[13] Franco Panzini, "Pines, Palms and Holm Oaks: historicist modes in modern Italian cityscapes", *Studies in the History of Art*, 78 (2015), Symposium Papers LV.

[14] Dinya Patel and Mushirul Hasan (eds.), *From Ghalib's Dilli to Lutyen's New Delhi* (Delhi, 2014), p. 61.

[15] Kai Wang *et al*, "Urban Heat Island Modelling of a Tropical City: case of Kuala Lumpur", *Geoscience Letters*, 6 (2019).

[16] Food and Agriculture Organization of the United Nations, *Forests and Sustainable Cities: inspiring stories from around the world* (Rome, 2018), pp. 61ff.

[17] James Fallows, "'Gingko Fever in Chongqing': the billion-dollar trees of Central China", *The Atlantic*, 13/5/2011; https://www.theatlantic.com/international/archive/2011/05/gingko-fever-in-chongqing-the-billion-dollar-trees-of-central-china/238885/.

[18] 参见前言注释 [1]; Yuan Ye and Zhu Ruiying, "Guangzhou Officials Punished for Axing City's Beloved Banyan Trees", *Sixth Tone*, 13/12/21, https://www.sixthtone.com/news/1009194/guangzhou-officials-punished-for-axing-citys-beloved-banyan-trees.

[19] T. V. Ramachandra *et al*, "Frequent Floods in Bangalore: causes and remedial measures", *ENVIS Technical Report*, 123 (Aug. 2017); Y. Maheswara Reddy, "How Bengaluru Lost Over 70 lakh Trees", *Bangalore Mirror*, 2/3/2020; Harini Nagendra, *Nature in the City: Bengaluru in the past, present and future* (New Delhi, 2019), ch. 6 *passim*; Prashant Rupera, "Banyan City Lost 50 per cent of its Canopy: MSU study", *Times of India*, 16/11/2020; Renu Singhal, "Where Have All the Peepal Trees Gone?", *Hindu*, 11/5/2017.

[20] Harini Nagendra, "Citizens Save the Day", *Bangalore Mirror*, 19/6/2017; "How the People of Delhi Saved 16,000 Trees from the Axe", BBC News,

9/7/2018, https://www.bbc.co.uk/news/world-asia-india-44678680.

[21]   Divya Gopal, "Sacred Sites, Biodiversity and Urbanization in an Indian Megacity", *Urban Ecosystems*, 22 (Feb. 2019); Aike P. Rots, "Sacred Forests, Sacred Nation: the Shinto environmentalist paradigm and the rediscovery of *Chinju no Mori*", *Japanese Journal of Religious Studies*, 42/2 (2015); Elizabeth Hewitt, "Why 'Tiny Forests' are Popping up in Big Cities", *National Geographic*, 22/6/2021; Akira Miyawaki, "A Call to Plant Trees", Blue Planet Prize essay (2006), https://www.af-info.or.jp/blueplanet/assets/pdf/list/2006essay-miyawaki.pdf; "Plant Native Trees, Recreate Forests to Protect the Future", *JFS Newsletter*, 103 (March 2011).

[22]   Lela Nargi, "The Miyawaki Method: a better way to build forests?", JSTOR Daily, 24/7/2019, https://daily.jstor.org/the-miyawaki-method-a-better-way-to-build-forests/; S. Lalitha, "Miyawaki Miracle in Bengaluru", *New Indian Express*, 26/5/2019; "Could Miniature Forests Help Air-condition Cities?", *The Economist*, 3/7/2021; Himanshu Nitnaware, "Bengaluru Man Grows Urban Jungle of 1700 Trees on Terrace, Doesn't Need Fans in Summers", The Better India, 30/3/2021 https://www.thebetterindia.com/251997/bengaluru-engineer-terrace-gardening-urban-jungle-organic-food-compost-green-hero-him16/; "How did this Man Create a Forest in the Middle of Bangalore City?", YouTube, https://www.youtube.com/watch?v=dUaOftgup6U; Nagarajan.

[23]   参见：http://senseable.mit.edu/treepedia.

[24]   Robert Wilonsky, "Dallas Vows, Again, to Protect the Great Trinity Forest, but what does that even mean?", *Dallas Morning News*, 24/5/2019.

[25]   Andreas W. Daum and Christof Mauch (eds.), *Berlin—Washington 1800—2000: capital cities, cultural representation, and national identities* (Washington, D.C., 2005), p. 205.

[26]   Wilonsky, "Dallas Vows".

[27]   Herbert Eiden and Franz Irsigler, "Environs and Hinterland: Cologne and Nuremberg in the later middle ages", in James A. Galloway, *Trade, Urban*

Hinterlands and Market Integration c1300—1600 (London, 2000).

[28]   James A. Galloway, Derek Keene and Margaret Murphy, "Fuelling the City: production and distribution of firewood and fuel in London's region, 1290—1400", *Economic History Review*, NS, 49/3 (Aug. 1996); John. T. Wing, "Keeping Spain Afloat: state forestry and imperial defense in the sixteenth century", *Environmental History*, 17/1 (Jan. 2012); Paul Warde, "Fear of Wood Shortage and the Reality of the Woodland in Europe, c. 1450—1850", *History Workshop Journal*, 62 (Autumn 2006).

[29]   Jeffrey K. Wilson, *The German Forest: nature, identity, and the contestation of a national symbol, 1871—1914* (Toronto, 2012), pp. 41f, 66; Poling, pp. 67f, 104ff.

[30]   Wilson, *The German Forest*, ch. 3 *passim*.

[31]   NYC Environmental Protection, "DEP Launches First Ever Watershed Forest Management Plan to Protect Water Quality", Press Release, 22/12/2011, https://www1.nyc.gov/html/dep/html/press_releases/11-109pr. shtml#.YelkqP7P3cs.

[32]   Yiyuan Qin and Todd Gartner, "Watersheds Lost Up to 22 per cent of their Forests in 14 years. Here's how it affects your water supply", World Resources Institute, 30/8/2016, https://www.wri.org/insights/watersheds-lost-22-their-forests-14-years-heres-how-it-affects-your-water-supply; Suzanne Ozment and Rafael Feltran-Barbieri, "Restoring Rio de Janeiro's Forests Could Save $70 Million in Water Treatment Costs", World Resources Institute, 18/12/2018, https://www.wri.org/insights/restoring-rio-de-janeiros-forests-could-save-79-million-water-treatment-costs; Robert I. McDonald *et al*, "Estimating Watershed Degradation Over the Last Century and its Impact on Water-Treatment Costs for the World's Largest Cities", *Proceedings of the National Academy of Sciences of the United States of America*, 113 (Aug. 2016).

[33]   Fred Pearce, "Rivers in the Sky: how deforestation is affecting global water cycles", Yale Environment, 360 24/7/2018, https://e360.yale.edu/features/

how-deforestation-affecting-global-water-cycles-climate-change; Nigel Dudley and Sue Stolton (eds.), *Running Pure: the importance of forest protected areas to drinking water* (2003); Patrick W. Keys *et al*, "Megacity Precipitationsheds Reveal Tele-connected Water Security Challenges", *PLoS One*, 13/3 (March 2018).

第 5 章 生命力

[1] Blake Gumprecht, *The Los Angeles River: its life, death, and possible rebirth* (Baltimore, 2001), ch. 1 *passim*.

[2] Barbara E. Munday, *The Death of Aztec Tenochtitlan, the Life of Mexico City* (Austin, 2015), ch. 2 *passim*; Beth Tellman *et al*, "Adaptive Pathways and Coupled Infrastructure: seven centuries of adaptation to water risk and the production of vulnerability in Mexico City", *Ecology and Society*, 23/1 (March 2018).

[3] New York District U.S. Army Corps of Engineers (USACE), *Hudson-Raritan Estuary Ecosystem Restoration Feasibility Study* (New York, 2020), ch. 5, p. 29.

[4] *Ibid.*, ch. 1, p. 12.

[5] Steinberg, pp. 138ff.

[6] *Ibid.*, pp. 206ff.

[7] *Ibid.*, pp. 198ff.

[8] "Wetlands Disappearing Three Times Faster than Forests", United Nations Climate Change, 1/10/2018, https://unfccc.int/news/wetlands-disappearing-three-times-faster-than-forests.

[9] "Staten Island's Wildlife Periled by Reclamation and New Homes", *New York Times*, 9/5/1960, 31.

[10] USACE, *South Shore of Staten Island Coastal Storm Risk Management. Draft environmental impact statement* (June 2015); Georgetown Climate Center, *Managing the Retreat from Rising Seas. Staten Island, New York: Oakwood Beach buyout committee and program* (Georgetown, 2020); Regina F. Graham, "How Three Staten Island Neighbourhoods are being

Demolished and Returned Back to Nature in New York's First 'Managed Retreat' from Rising Sea Levels", *Daily Mail*, 21/8/2018.

[11] "Surveying the Destruction Caused by Hurricane Sandy", *New York Times*, 20/11/12, news graphic, https://www.nytimes.com/newsgraphics/2012/1120-sandy/survey-of-the-flooding-in-new-york-after-the-hurricane.html.

[12] USACE, *Hudson-Raritan Estuary Ecosystem*, ch. 1, pp. 5–6.

[13] *Ibid.*

[14] Rachel K. Gittman *et al*, "Marshes With and Without Sills Protect Estuarine Shorelines from Erosion Better than Bulkheads During a Category 1 Hurricane", *Ocean & Coastal Management*, 102/A (Dec. 2014); Gittman *et al*, "Ecological Consequences of Shoreline Hardening: a meta-analysis", *BioScience*, 66/9 (Sept. 2016); Ariana E. Sutton-Grier *et al*, "Investing in Natural and Nature-Based Infrastructure: building better along our coasts", *Sustainability*, 12/2 (Feb. 2018); Zhenchang Zhu *et al*, "Historic Storms and the Hidden Value of Coastal Wetlands for Nature-based Flood Defence", *Nature Sustainability*, 3 (June 2020); Iris Möller *et al*, "Wave Attenuation Over Coastal Salt Marshes Under Storm Surge Conditions", *Nature Geoscience*, 7 (Sept. 2014).

[15] Brian McGrath, "Bangkok: the architecture of three ecologies", *Perspecta*, 39 (2007).

[16] Copenhagen Cloudburst Plans, https://acwi.gov/climate_wkg/minutes/Copenhagen_Cloudburst_Ramboll_April_20_2016 per cent20(4).pdf; "Copenhagen Unveils First City-wide Masterplan for Cloudburst", *Source*, 1/3/2016, https://www.thesourcemagazine.org/copenhagen-unveils-first-city-wide-masterplan-for-cloudburst/.

[17] Bruce Stutz, "With a Green Makeover, Philadelphia is Tackling its Stormwater Problem", *Yale Environment 360*, 29/3/2018, https://e360.yale.edu/features/with-a-green-makeover-philadelphia-tackles-its-stormwater-problem.

[18] Chris Courtney, *The Nature of Disaster in China: the 1931 Yangzi River*

flood (Cambridge, 2018), ch. 1 *passim*.

[19] "Wuhan Yangtze Riverfront Park", Sasaki, https://www.sasaki.com/projects/wuhan-yangtze-riverfront-park/.

第 6 章 收 获

[1] E. C. Spary, *Feeding France: new sciences of food, 1760—1815* (Cambridge, 2014), ch. 5.

[2] Francesco Orsini *et al*, "Exploring the Production Capacity of Rooftop Gardens in Urban Agriculture: the potential impact on food and nutrition security, biodiversity and other ecosystem services in the city of Bologna", *Food Security*, 6 (Dec. 2014).

[3] John Weathers, *French Market-Gardening: including practical details of 'intensive cultivation' for English growers* (London, 1909); William Robinson, *The Parks, Promenades and Gardens of Paris* (London, 1869), pp. 462ff; Eliot Coleman, *The Winter Harvest Handbook* (White River Junction, 2009), pp. 13ff.

[4] Henry Hopper, "French Gardening in England", *Estate Magazine*, Sept. 1908, p. 404

[5] Andrew Morris, "'Fight for Fertilizer!' Excrement, public health, and mobilization in New China", *Journal of Unconventional History*, 6/3 (Spring, 1995); Joshua Goldstein, *Remains of the Everyday: a century of recycling in Beijing* (Oakland, 2021), pp. 82ff.

[6] Kayo Tajima, "The Marketing of Urban Human Waste in the Early Modern Edo/Tokyo Metropolitan Area", *Environnement Urbain/Urban Environment*, 1 (2007).

[7] Dean T. Ferguson, "Nightsoil and the 'Great Divergence': human waste, the urban economy, and economic productivity, 1500—1900", *Journal of Global History*, 9/3 (2014); Susan B. Hanley, "Urban Sanitation in Preindustrial Japan", *Journal of Interdisciplinary History*, 18/1 (Summer 1987); Marta E. Szczygiel, "Cultural Origins of Japan's Premodern Night Soil Collection System", *Worldwide Waste: Journal of Interdisciplinary*

Studies, 3/1 (2020).

[8]   Catherine McNeur, *Taming Manhattan: environmental battles and the antebellum city* (Cambridge, Mass., 2014), ch. 3ff; Marc Linder and Lawrence S. Zacharias, *Of Cabbages and Kings County: agriculture and the formation of modern Brooklyn* (Iowa City, 1999), p. 3.

[9]   Sellers, p. 148.

[10]   M. Crippa *et al*, "Food Systems are Responsible for a Third of Global Anthropogenic GHG Emissions", *Nature Food*, 2 (March 2021); United Nations Environment Programme, *Global Environment Outlook 2000* (London, 2000).

[11]   Alan Macfarlane, "The non-use of night soil in England" (2002), http://www.alanmacfarlane.com/savage/A-NIGHT.PDF; F. H. King, *Farmers of Forty Centuries: permanent agriculture in China, Korea and Japan* (1911), ch. 9.

[12]   Christopher W. Smith, "Sustainable Land Application of Sewer Sludge as a Biosolid", *Nature Resources and Environment*, 28/3 (Winter 2014); Steve Spicer, "Fertilizers, Manure, or Biosolids?", *Water, Environment and Technology*, 14/7 (July 2002); Maria Cristina Collivignarelli *et al*, "Legislation for the Reuse of Biosolids on Agricultural Land in Europe: overview", *Sustainability*, 11 (2019); John C. Radcliffe and Declan Page, "Water Reuse and Recycling in Australia–history, current situation and future perspectives", *Water Cycle*, 1 (2020).

[13]   Tracey E. Watts, "Martial's Farm in the Window", *Hermathena*, 198 (Summer 2015).

[14]   "Shantytown", *Century Magazine*, 20 (May– Oct.1880).

[15]   Poling, ch. 4.

[16]   *Ibid.*, p. 124.

[17]   Elizabeth Anne Scott, "Cockney Plots: working class politics and garden allotments in London's East End, 1890—1918", MA Thesis (University of Saskatchewan, 2005), pp. 48–49.

[18]   *Ibid.*, p. 92.

[19]　*Ibid.*, p. 81; Willes, p. 298.

[20]　Barry A. Jackisch, "The Nature of Berlin: green space and visions of a new German capital, 1900—1945", *Central European History*, 47/2 (June 2014), 315.

[21]　Patrick Mayoyo, "How to Grow Food in a Slum: lessons from the sack farmers of Kibera", *Guardian*, 18/5/2015; Sam Ikua, "Urban Agriculture Thrives in Nairobi During COVID-19 Crisis", RUAF blogs, 11/6/2020, https://ruaf.org/news/urban-agriculture-thrives-in-nairobi-during-covid-19-crisis/; United Nations Environment Programme, *Building Urban Resilience: assessing urban and peri-urban agriculture in Kampala, Uganda* (Nairobi, 2014), p. 17; Richard Wetaya, "Urban Agriculture Thriving in East Africa During COVID-19", Alliance for Science, 3/8/2020, https://allianceforscience.cornell.edu/blog/2020/08/urbanagriculture-thriving-in-east-africa-during-covid-19/; "Urban Farming in Kampala", BBC News, 5/4/2019, https://www.bbc.co.uk/news/av/business-47834804.

[22]　United Nations Environment Programme, *Urban Resilience: assessing urban and peri-urban agriculture in Dar-es-Salaam, Tanzania* (Nairobi, 2014); Emily Brownell, "Growing Hungry: the politics of food distribution and the shifting boundaries between urban and rural in Dar es Salaam", *Global Environment*, 9/1 (Spring 2016); L. McLees, "Access to Land for Urban Farming in Dar es Salaam, Tanzania: histories, benefits and insecure tenure", *Journal of Modern African Studies*, 49/4 (Winter 2011); H. S. Mkwela, "Urban Agriculture in Dar es Salaam: a dream or a reality?", in C. A. Brebbia (ed.), *Sustainable Development and Planning VI* (Longhurst, 2013).

第 7 章　动物城市

[1]　"Cheeky Boar Leaves Nudist Grunting in Laptop Chase", BBC News, 7/8/2020, https://www.bbc.co.uk/news/world-europe-53692475.

[2]　McNeur, pp. 25ff.

[3]　Hannah Velten, *Beastly London: a history of animals in the city* (London,

2013), pp. 28, 72; Alec Forshaw and Theo Bergström, *Smithfield: past and present* (London, 1980), p. 36.

[4] Mark Ravinet *et al*, "Signatures of Human-commensalism in the House Sparrow Genome", *Proceedings of the Royal Society B*, 285/1884 (Aug. 2018).

[5] Nishant Kumar *et al*, "Offspring Defense by an Urban Raptor Responds to Human Subsidies and Ritual Animal-feeding Practices", *PLOS ONE*, 13/10 (Oct. 2018); Kumar *et al*, "The Population of an Urban Raptor is Inextricably Tied to Human Cultural Practices", *Proceedings of the Royal Society B*, 286/1900 (April 2019); Kumar *et al*, "Density, Laying Date, Breeding Success and Diet of Black Kites *Milvus migrans govinda* in the City of Delhi (India)", *Bird Study*, 61/1 (2014); Kumar *et al*, "GPS-telemetry Unveils the Regular High-Elevation Crossing of the Himalayas by a Migratory Raptor: implications for definition of a 'Central Asian Flyway'", *Scientific Reports*, 10 (2020).

[6] Virna L. Saenz *et al*, "Genetic Analysis of Bed Bug Populations", *Journal of Medical Entomology*, 49/4 (July 2012).

[7] Velten, pp. 71ff; McNeur, pp. 17ff.

[8] McNeur, pp. 135ff.

[9] Sean Kheraj, "The Great Epizootic of 1872—1873: networks of animal disease in North American urban environments", *Environmental History*, 23/3 (July 2018); McNeur, *passim*.

[10] Michael McCarthy, "Are Starlings Going the Way of Sparrows?", *Independent*, 13/11/2000.

[11] Fitter, pp. 128–129.

[12] Sellers, p. 89.

[13] Bob Shaw, "Deer are Everywhere in the Metro Area – and cities are fighting back, *Twin Cities Pioneer Press*, 8/1/2011.

[14] Christine Dell'Amore, "City Slickers", *Smithsonian Magazine* (March 2006).

[15] K. J. Parsons *et al*, "Skull Morphology Diverges Between Urban and

Rural Populations of Red Foxes Mirroring Patterns of Domestication and Macroevolution", *Proceedings of the Royal Society B*, 287/1928 (June 2020); Anthony Adducci et al, "Urban Coyotes are Genetically Distinct from Coyotes in Natural Habitats", *Journal of Urban Ecology*, 6/1 (May 2020).

[16]　Pamela J. Yeh, "Rapid Evolution of a Sexually Selected Trait Following Population Establishment in a Novel Habitat", *Evolution*, 58 (Jan. 2004); Trevor D. Price et al, "Phenotypic Plasticity and the Evolution of a Socially Selected Trait Following Colonization of a Novel Environment", *American Naturalist*, 172/1 (July 2008).

[17]　Jonathan W. Atwell et al, "Boldness Behaviour and Stress Physiology in a Novel Urban Environment Suggest Rapid Correlated Evolutionary Adaptation", *Behavioural Ecology*, 23/5 (Sept.–Oct. 2012); Killu Timm et al, "*SERT* Gene Polymorphisms are Associated with Risk-taking Behaviour and Breeding Parameters in Wild Great Tits", *Journal of Experimental Biology*, 221/4 (Jan. 2018); Anders Pape Møller et al, "Urbanized Birds Have Superior Establishment Success in Novel Environments", *Oecologia*, 178/3 (July 2015).

[18]　Atwell et al; Stewart W. Breck et al, "The Intrepid Urban Coyote: a comparison of bold and exploratory behaviour in coyotes from urban and rural environments", *Scientific Reports*, vol. 9 (Feb. 2019); Emilie C. Snell-Rood and Naomi Wick, "Anthropogenic Environments Exert Variable Selection on Cranial Capacity in Mammals", *Proceedings of the Royal Society B*, 280/1769 (Oct. 2013).

[19]　Kristin M. Winchell, "Phenotype Shifts in Urban Areas in the Tropical Lizard *Anolis cristatellus*", *Evolution*, 70/5 (May 2016); Charles R. Brown, "Where has all the Road Kill Gone", *Current Biology*, 23/6 (March 2013); Stephen E. Harris et al, "Urbanization Shapes the Demographic History of a Native Rodent (the white-footed mouse, *Peromyscus leucopus*) in New York City", *Biology Letters*, 12/4 (April 2016); Stephen E. Harris and Jason Munshi-South, "Signatures of Positive Selection and Local Adaptation

to Urbanization in White-footed Mice (*Peromyscus leucopus*)", *Molecular Ecology*, 26/22 (Oct. 2017).

[20] Marc T. J. Johnson and Jason Munshi-South, "Evolution of Life in Urban Environments", *Science*, 358/6383 (Nov. 2017); Lindsay S. Miles *et al*, "Gene Flow and Genetic Drift in Urban Environments", *Molecular Ecology*, 28/18 (Sept. 2019); Jason Munshi-South *et al*, "Population Genomics of the Anthropocene: urbanization is negatively associated with genome-wide variation in white-footed mouse populations", *Evolutionary Applications*, 9/4 (April 2016).

[21] Pablo Salmón *et al*, "Continent-wide Genomic Signatures of Adaptation to Urbanisation in a Songbird Across Europe", *Nature Communications*, 12 (May 2021).

[22] E. McDonald-Madden *et al*, "Factors Affecting Grey-headed Flying-fox (*Pteropus poliocephalus*: Pteropodidae) foraging in the Melbourne Metropolitan Area, Australia", *Austral Ecology*, 30 (Aug. 2005).

[23] Christopher D. Ives *et al*, "Cities are Hotspots for Threatened Species", *Global Ecology and Biogeography*, 25/1 (Jan. 2016); Australian Conservation Foundation, *The Extinction Crisis in Australia's Cities and Towns* (Carlton, 2020); Kylie Soanes and Pia E. Lentini, "When Cities are the Last Chance for Saving Species", *Frontiers in Ecology and the Environment*, 17/4 (May 2019); Tom A. Waite *et al*, "Sanctuary in the City: urban monkeys buffered against catastrophic die-off during ENSO-related drought", *EcoHealth*, 4 (2007); Sharon Baruch-Mordo *et al*, "Stochasticity in Natural Forage Production Affects Use of Urban Areas by Black Bears: implications to management of human-bear conflicts", *PLOS ONE*, 9/1 (Jan. 2014).

[24] Fernanaa Zimmermann Teixeira *et al*, "Canopy Bridges as Road Overpasses for Wildlife in Urban Fragmented Landscapes", *Biota Neotropica*, 13/1 (March 2013); Sarah Holder, "How to Design a City for Sloths", Bloomberg CityLab, 30/11/2021, https://www.bloomberg.com/news/articles/2021-11-30/fast-paced-urban-living-can-be-stressful-for-

sloths; Leon M. F. Barthel *et al*, "Unexpected Gene-flow in Urban Environments: the example of the European hedgehog", *Animals*, 10/12 (Dec. 2020).

[25] Darryl Jones, "Safe Passage: we can help save koalas through urban design", *The Conversation*, 4/8/2016, https://theconversation.com/safe-passage-we-can-help-save-koalas-through-urban-design-63123; Stephen J. Trueman *et al,* "Designing Food and Habitat Trees for Urban Koalas: tree height, foliage palatability and clonal propagation of *Eucalyptus kabiana*", *Urban Forestry and Urban Greening*, 27 (Oct. 2017); Moreton Bay Regional Council, "Urban Koala Project", https://www.moretonbay.qld.gov.au/Services/Environment/Research-Partnerships/Urban-Koala-Project.

[26] Erica N. Spotswood *et al*, "The Biological Desert Fallacy: cities in their landscapes contribute more than we think to regional biodiversity", *BioScience*, 71/2 (Feb. 2021).

后 记

[1] Philip Ainsworth Means (ed.), *History of the Spanish Conquest of Yucatan and of the Itzas* (Cambridge, Mass., 1917), ch. 9.

[2] John Lloyd Stephens, *Incidents of Travel in Central America, Chiapas and Yucatan*, ed. Frederick Catherwood (London, 1854), p. 530.

[3] *Ibid*., pp. 61–62.

[4] Dan Penny *et al*, "The Demise of Angkor: systemic vulnerability of urban infrastructure to climatic variations", *Science Advances*, 4/10 (Oct. 2018).

[5] Emma Young, "Biodiversity Wipeout Facing South East Asia", *New Scientist*, 23/7/2003.

[6] Matthew Schneider-Mayerson, "Some Islands Will Rise: Singapore in the Anthropocene", *Resilience: A Journal of the Environmental Humanities*, 4/2–3 (Spring-Fall 2017).

[7] Nagendra, *Nature in the City*, ch. 5.

[8] Doughnut Economics Action Lab, *The Amsterdam City Doughnut*

(Amsterdam, March 2020), p. 8.

[9] City of Amsterdam, *Amsterdam Circular 2020—2050 Strategy* (Amsterdam, 2020).

[10] Simon Usborne, "47 per cent of London is Green Space: is it time for our capital to become a national park?", *Independent* 26/9/2014.

译后记

　　2023 年初，我应中信出版集团邀请，翻译英国历史作家本·威尔逊的新作《城市丛林：城市的野化，历史与未来》一书。书中论及的全球城市生态问题与每一个受极端气候影响的个体都密切相关。

　　当前，全球气候危机仍在加剧。世界气象组织在《2023年全球气候状况临时报告》中确认，2023 年的气候数据已打破多项纪录，其中，温室气体浓度持续上升，海平面和海面温度上升幅度创历史新高，而南极海冰面积创历史新低。2024年 1 月 16 日，世界经济论坛和奥纬咨询联合发布报告《量化气候变化对人类健康的影响》，强调极端天气对人类生命健康的影响和对全球经济的冲击。该报告指出，气候变化会引起干旱、野火、热浪、海平面上升、强降雨和洪水等极端天气和自然灾害；同时，报告预测，截至 2050 年，全球极端气候危机可能会造成 1 450 万人死亡，经济损失约 12.5 万亿美元，多达 12 亿人口会成为"气候难民"。城市作为人类活动的中心和温室气体的主要来源，正面临极端气候事件可能诱发的气候灾害风险。

在严峻的人类世现实面前，本书从全球和历史的角度回溯城市生态的历史和现状，论述未来城市生态规划的前景，内容涉及城市化、城市景观设计、城市生态系统中的边缘地带、动植物、水资源和农业等。它强调城市应对气候危机的紧迫性，以及实施有生态效益和社会价值的城市规划和设计的必要性。

本书的英文版于 2023 年分别在英美问世，这是继《大城市的兴衰：人类文明的乌托邦与反乌托邦》（*Metropolis: A History of the City, Humankind's Greatest Invention*，2020）之后，威尔逊出版的又一城市研究成果。这部著作超越了传统史学家对城市历史的研究范围，选取了城市中被忽视的垃圾填埋场、荒地、空屋顶、铁丝网围栏四周和铁路沿线等作为研究对象，考察那里的环境对城市生物多样性的影响。威尔逊不仅梳理了城市化以来，特别是工业革命以来城市景观中的自然环境和生态系统的发展情况，还展现了全球城市化进程中"城市中的乡村"理念的演变过程，及其对城市景观的影响。本书还介绍了部分全球低碳城市在建筑物设计、城市道路交通规划、绿地规划和社区发展等方面的措施。一方面，威尔逊论证了恢复城市的自然生态并实施野化工程是保护城市自然环境、丰富其生物多样性的重要途径；另一方面，他强调以保护城市自然环境和生态系统为核心的城市规划方案能够使城市在应对未来气候危机时更具韧性，有利于城市的可持续发展。正如威尔逊所说：只有深入地回望过去，审视当下，并着眼于未来，我们才能真正理解这个极富魅力的城市生态系统和它的巨大潜力。

本书共设 7 个章节，以及前言与后记。前言以生动的笔触描绘了吴哥窟遗址上强大的榕树根须，将衰落的城市文明与强大的自然力呈现在读者眼前，勾勒出气候危机下城市的危险处境。通过引用 17 世纪耶稣会士眼中东南亚城市与自然相交织的美景，威尔逊指出，人类历来渴望与自然亲近，而当前的紧迫问题是建设生态足迹大幅减少的可持续城市。通过简要论述历史上人类城市与自然的关系，他强调让所有人在大城市中都能享受自然是关乎社会正义的问题，而理解并欣赏城市已经形成的独特生态系统是建设可持续城市的第一步。

第 1 章"边缘地带"讲述城市与乡村的过渡地带在城市化过程中被侵占、被改造的遭遇。它以纽约的弗莱士河湿地为例，讲述了它自 1955 年起从生态宝库沦为垃圾填埋场的噩运。它的遭遇是自 20 世纪 30—40 年代以来全球城市开发狂潮中城市边缘地带的写照。正常的生态系统应有森林、草原、湿地和潮汐沼泽，它们是应对气候变化多重影响的重要缓冲。威尔逊指出，城市边缘地带是人与自然栖息地交汇的半野生地带，是群落交错区，它可以成为生态缓冲区，既保护本地生态，也可以抵御严重的洪水、空气污染和荒漠化。然而，随着 19 世纪的工业化发展，城市变得越来越拥挤，这时的圈地运动将城市周边的公地用于商业开发。为了更靠近乡村和荒野，一部分中产阶级选择搬到更远的地方，然而贫穷的劳动者越来越难走进大自然或者享受它提供的生态服务。为了接近自然、避免乡村被开发并限制城市随意扩张，全球不同城市实践了楔形绿地、花园城市、线形城市、广亩城市等方案，但这些绿化方案并没有将城市边缘地带构想为生物多样性丰富的地方，也没能从根本上影响城市内部生态。

第 2 章"公园与休闲"从弗莱士河的案例谈起，主要介绍了历史上尤其是英国公园的发展史。弗莱士河在 21 世纪从一个垃圾填埋场被恢复成有草甸、林地和盐水沼泽的大型休闲公园，吸引了许多野生动植物回归。这一章追溯了历史上修建的皇家花园，如尼禄的金宫、阿兹特克皇家花园、帖木儿和巴布尔分别建造的几何图形花园。这些整齐有序的美丽花园无一不彰显君主的权力与尊严，与自然界的杂乱无序形成对比，强调了人类驯服大自然的必要性，并暗示了统治的合法性。到了 19 世纪，景观设计者寄希望于完美整洁的城市公园能在提升各阶层市民的心智方面发挥作用，他们将英国贵族的乡村庄园景观引入城市的公共绿地，表达了设计者对社会正义和民主的追求。然而，随着大英帝国的扩张，英式公园被输出到世界其他城市，然而，在新的城市，英式草地需要大量浇水并使用杀虫剂和化肥，这导致生物多样性减少，"绿色荒漠"随之形成。英国国内则为保护公地和荒野的野生状态而进行抗争，这也预示了后来城市公园的设计理念向着有杂草、凌乱但生物多样性丰富的景观转变。威尔逊指出，野性与公园很难兼容，因为有利于生物多样性的繁茂的自然环境具有不受监管的野性，会带来安全风险。

第3章"混凝土缝隙"围绕城市的野生空间和杂草展开，讲述了在炸弹坑、过火区域、建筑工地等受扰区域中自然环境快速恢复的情况，以及历史上不同城市对待杂草的态度。二战后的欧美研究者不约而同地研究城市中的自然：英国的R. S. R. 菲特在《伦敦博物志》（1945）中叙述了人类与自然相交织的状况；德国的赫伯特·祖科普关注城市中不整洁的休耕地（荒地）上的生物多样性。祖科普留意到战后废墟上最顽强的植物是入侵种，随着它们在受扰土地上定殖，其数量会迅速增加，具有很高的生态价值。这些科学发现一方面促成城市生态学学科的建立，另一方面促成《柏林自然保护法》（1979）的颁布。该法律制定了物种保护计划，使自然生长的杂草受到保护，从而使现在的柏林比其他城市有更多粗糙、富有野性也更加多彩的荒野景观，因为它能最大限度地提高生物多样性。

第4章"树冠"论述了城市与树木之间的联系。威尔逊首先阐述了树木在印度、日本等国宗教传统中的特殊含义，解释它们受保护并得以自然再生的宗教因素。接着，他追溯了历史上城市与树木的联系，强调树木是城市生态系统中的宝贵资源：树木和杂草类似，可以耐受空气污染并利用退化的土地形成小型生物多样性热点；树枝和树叶能组成空中网络，为动物提供空中廊道；树木可以缓解城市的热岛效应，改善生活质量；可以过滤、净化空气，促进身心健康；还能保护土壤，减少暴雨后的径流等。为了增强城市抵御气候变化的能力，也为了美化城市，吸引投资，许多城市都大规模植树。威尔逊指出，我们应该把森林看作海洋，避免在森林上建设城市，而且应该止步于森林边缘，绕着森林发展城市，就像德国、瑞士和奥地利一样，那里有最广阔的城市森林，形成了一种可持续的发展模式。

第 5 章 "生命力" 论述了城市保护蓝色基础设施、构建蓝绿生态缓冲带的重要性。威尔逊以 "天使之城" 洛杉矶为例，追溯了城市化过程中自然水生生态被人类硬工程替代的经历，说明破坏湿地生态系统带来的后果。与之形成对比的是 15 世纪阿兹特克人对当地水资源的理解，他们选择去适应季节性降雨和洪水，以此管理、引导水资源，将它转化为高产的湿地农业生态系统，实现了与水共生。接着，威尔逊介绍了当前城市创建绿色基础设施的做法，包括：模仿自然水文来修建屋顶花园、雨水花园、人造湿地等缓解强降雨；通过暗渠复明使河流和河岸恢复自然状态等。威尔逊指出，修复河流的成本远高于保护水源的成本，这是全球城市特别是生态脆弱、发展最快速的城市应吸取的教训。

第 6 章 "收获" 阐述了发展城市农业对促进可持续城市化的重要作用。威尔逊回顾了 1793 年法国遭遇政治和粮食危机时，法国各市耕种粮食实现自给自足并增加绿化的情况。他还追溯了 20 世纪以前在亚洲、中美洲和欧洲城市中常见的营养物交换的良性循环。这一章还介绍了 21 世纪在城市中开展的屋顶农场和屋顶绿化项目：在城市的屋顶、墙壁、窗台等空间开展种植可以增加绿化面积，促进城市的空间利用，并丰富城市的生物多样性；屋顶绿化还可以减少雨水径流和对空调的需求，是适应气候变化的关键部分；开展城市农业鼓励人们食用本地食物，减少包装和运输需求，从而减少生态足迹和食物里程；人们还可以从中收获种植的乐趣。当前世界各地都在试验零英亩农场，通过气栽和水培的方法在没有土壤、阳光、农药或化肥的环境中垂直堆叠栽培，但这种农业形式还未普及。威尔逊指出，发展城市农业也许不能让城市自给自足，但它可以使城市变得更加丰饶，而且可以应对气候变化、流行病和不可预见的灾难造成的供应链中断。

第 7 章 "动物城市" 探讨了城市中动物进化为城市化共生者的过程及意义。由于城市扩张以及自然灾害等原因，动物的原生栖息地被扰乱，它们不得不在城市寻找另一种生活方式。在这一过程中，动物会快速进化并重塑自己在城市环境中的行为模式，学会新技能的动物才能存活下来并将基因遗传给后代。威尔逊指出，在城市环境的影响下，动物的可观察特征随着基因变异发生改变。面对人类世和物种大灭绝的压力，这些在城市生存下来的动物是在协助人类反击环境灾难，而未来的城市很可能成为保护全球生物多样性的重要地方，因此，现代城市应担负起保护物种免于灭亡的责任。他进一步强调，把环境保护作为城市生态规划的核心目标，就要在城市不断扩张的同时形成连接栖息地斑块的植物廊道，方便动物通行，总的来说，城市绿化需要超越审美偏好，城市环境需要对动物更友好。

后记呼应了前言对衰落城市文明遗址的描写。威尔逊以玛雅城市蒂卡尔和柬埔寨的吴哥为例，论述了城市化过程中这两座古城因森林砍伐、土壤流失与过度开发导致的环境退化，并在极端气候的打击下逐渐被遗弃的历史。他指出，我们现在比古人更有能力预见不断变化的环境条件，可以通过持续的干预提高城市应对环境变化的能力。威尔逊进一步强调，以环境保护为中心规划城市生态会更加经济，因为一旦环境被破坏，生态修复的成本极其昂贵，目前只有少数国家可以承担。健康的城市生态则有利于丰富物种多样性，可以改善人的情绪，提供荫凉、食物和药材，这对穷人具有更高的价值，因为他们往往居住在易受自然灾害影响的地方，难以享受自然提供的生态服务。由此他认为，21 世纪的城市应成为受保护的生态系统，应尽力实现能量和营养物的自给自足和循环利用，从而使城市具备生态恢复力。

在讲述新加坡、阿姆斯特丹等城市实施的城市生态环境保护措施时，书中提到这些城市对自身发展方式的深刻反思。以阿姆斯特丹为例，在 21 世纪第一个十年末期，它对自己消耗资源的方式感到不满，并承认这种方式损害了地球的生态系统。当前，它已决心为自己的能源需求负责，一方面减少城市对主要原材料的消耗，另一方面减少废弃物的产生，力争实现能源自给自足。同时，这座城市的相关负责人也坦诚地指出，如果一座城市在形成健康的生态系统方面做出的努力只是为了掩盖在别处对自然无情的破坏，那么它的这些努力都是徒劳。如这座城市的人们所认识到的，城市只有坦然面对自己的能源生产和消耗方式，并仔细计算所有进出城市的物质流，才能像健康的自然生态那样形成完全循环、自给自足的经济体。此外，威尔逊肯定了市民在影响城市生态方面发挥的积极作用。他提倡人们在窗台上种植物，经营私家花园，以及在社区农圃种粮食和蔬菜，因为这有利于丰富城市的生物多样性并改善个体的身心健康。同时，我们也看到威尔逊在本书中关注的不仅是人类的城市和生存环境，更重要的是，他将城市看作气候危机下野生动植物的庇护所，因而认为能尽可能惠及人类、动物和植物三者的城市才是宜居的，健康的自然环境和生态系统对城市的可持续发展具有重要意义。在一定程度上，威尔逊对城市生态的研究受到菲特的影响，菲特研究伦敦市的生态时选取的就是"非官方的"自然地点，比如污水系统、水库、废弃沙坑、垃圾场等，而且他将人与其他动物都看成这个生态系统的一部分。

从前文概括的各章内容可以看出，本书的时间跨度和空间维度较为广阔。纵观全书，在时间上，它追溯到公元前 5000 年美索不达米亚的三角洲沼泽上建立的城市雏形，展现了公元 15 世纪阿兹特克人在特诺奇蒂特兰城建立的奇昂帕农业体系。

在勾勒历史上的城市绿化时，它描绘了公元前 7 世纪亚述国王
在尼尼微修筑的空中花园，回溯了 16 世纪莫卧儿王朝建立之
初巴布尔修建户外花园的理由，又分析了 19 世纪的纽约中央
公园和 21 世纪的新型城市公园的设计理念。在论述气候变化
对城市的影响时，它讲述了公元前 1800 年全球气候变化引发
的印度河流域数十座大城市被遗弃的过程，讲述了 14 世纪哥
伦布发现新大陆前卡霍基亚因干旱和洪水被遗弃的遭遇，讲到
21 世纪城市为应对极端气候大幅恢复自然环境的措施。在空
间上，它不仅讲述了在工业化和城市化进程中，城市扩张对周
边区域野生动植物造成的影响，也探索了饱受战争、自然灾害
影响的地区生态。

　　本书对城市生态史的叙述手法很独特：它的叙述没有按
照时间发展的顺序或者按照各洲、各国、各城逐一展开，而是
将城市生态分为 7 个主题，分别对应着 7 个章节的内容，包括
城市周边区域、城市景观公园、城市野生空间、城市树木、城
市水资源利用、城市农业发展，以及城市与动物的共生模式。
这些章节呈现了传统发展模式中城市生态环境与城市化之间的
矛盾，也探讨了当下有利于自然环境和生态系统的城市规划与
发展模式。基于丰富的史料，各章的编排基本包括了描述现
状，追溯历史问题或成因，以及分析当前的措施与意义。因
此，各章自成一体，又与其他章节相互关联，共同展现了城市
生态的历史和城市生态系统的方方面面，既可以提升读者对历
史上大城市生态系统发展状况的认知，也可以帮助读者了解当

前城市绿色基础设施建设和生态环境保护的前沿和动态。

威尔逊在剑桥大学彭布罗克学院受到人文学科方面的专业训练，这让他能娴熟地运用档案研究、文本细读等方法对丰富的文献进行分析、阐释，一方面支撑他的论证，另一方面也让本书具有较强的知识性与趣味性。在论述人类历史上对杂草的态度时，他从《圣经》、乔叟的《坎特伯雷故事》、莎士比亚的戏剧、狄更斯的小说等经典作品中找到例证。在阐述巴黎、伦敦等主要大城市最早建在湿地上时，他从市名入手，讨论词源并讲述市名的来历和城市历史。通过援引雨果给巴黎的别称"泥潭之城鲁特蒂亚"，他追溯了巴黎建立之前作为罗马城市的市名来历，以及尤利乌斯·恺撒攻占鲁特蒂亚时，因那里的泥水屏障受阻的故事。在论述树木如何融入欧洲的城市景观时，他从 17 世纪与树木相关的三个词语"林荫大道"（boulevard）、"林荫道"（avenue）和"林荫步道"（mall）入手，讲述了欧洲城市景观被树木改造的过程。他对词源的讨论还延伸至"公园"、"杂草"、印度城市巴罗达的名字、日本的松树名等词的含义。

本书涉及大量跨学科的文献资料，比如园林设计、城乡规划、生态学、地理学、植物学、动物学等，也使用了较多的新闻报道以还原城市生态发展的历史情境。然而，丰富的专业文献并没有使这本书晦涩难懂，威尔逊的贡献就在于他以简练、生动的笔触，使读者能快速了解城市化进程中城市生态的历史、现状与未来。同时，本书也可以为城市景观设计、城乡规划、城市生态学、城市历史研究等相关学科的研究者提供参考。

许彤彤博士为书中生态学相关术语的翻译提供了帮助。胡明峰编辑和叶嘉莹编辑细致审校了译稿。本书也得到西北工业大学精品学术著作培育项目的大力支持，在此一并表示感谢。

朱沅沅

2024 年 2 月 21 日